工业机器人技术应用系列

ABB 工业机器人虚拟仿真与离线编程

◎**主　编**　赵　伟　王文斌　王振华

◎**副主编**　宋振东　王志强　叶　晖

電子工業出版社

Publishing House of Electronics Industry

北京 · BEIJING

内 容 简 介

本书基于 ABB 公司的 RobotStudio 2021 软件，以“1+X”工业机器人应用编程职业技能中级证书考核标准为依据，介绍创建机器人工作站、创建仿真工作站动态效果、机器人汉字书写工作站离线编程与真机验证、机器人装配工作站仿真及 VR 验证、机器人打磨工作站仿真等内容。本书针对学生在学习中经常遇到但又比较难理解的内容，如运动学奇点、欧拉角与四元数等，也进行了详细讲解，为学生提供了实现对机器人更深层次理解的通道。

本书可作为职业院校机电一体化、电气自动化、工业机器人技术应用等专业的学生用书。

图书在版编目（CIP）数据

ABB 工业机器人虚拟仿真与离线编程 / 赵伟，王文斌，王振华主编. —北京：电子工业出版社，2023.8
ISBN 978-7-121-46203-0

Ⅰ. ①A… Ⅱ. ①赵… ②王… ③王… Ⅲ. ①工业机器人—计算机仿真 ②工业机器人—程序设计
Ⅳ. ①TP242.2

中国国家版本馆 CIP 数据核字（2023）第 159203 号

责任编辑：孙　伟
印　　刷：山东华立印务有限公司
装　　订：山东华立印务有限公司
出版发行：电子工业出版社
　　　　　北京市海淀区万寿路 173 信箱　　邮编　100036
开　　本：787×1 092　1/16　印张：14.75　字数：377.6 千字
版　　次：2023 年 8 月第 1 版
印　　次：2023 年 8 月第 1 次印刷
定　　价：49.80 元

凡所购买电子工业出版社图书有缺损问题，请向购买书店调换。若书店售缺，请与本社发行部联系，联系及邮购电话：（010）88254888，88258888。

质量投诉请发邮件至 zlts@phei.com.cn，盗版侵权举报请发邮件至 dbqq@phei.com.cn。

本书咨询联系方式：（010）88254608，sunw@phei.com.cn。

前　言

工业机器人是智能制造业中最具代表性的装备，是推动工业数字化、网络化、智能化发展的重要因素。目前我国工业机器人行业人才缺口巨大，已经成为制造业转型升级的重要制约要素。尽管机器人产业技术人才的培养受到中职、高职、本科等各层次院校的重视，但在人才培养方面所做出的成绩仍不能与产业需求相匹配。

随着社会对产品质量、生产效率的要求不断提高，工业机器人所承担任务的复杂程度不断增加，因此机器人编程的方式、效率和质量越来越重要。降低编程的难度和工作量，提高编程效率，实现编程的自适应性，从而提高生产效率，是机器人编程技术发展的终极追求。随着仿真技术的不断发展，工业机器人的编程方式也在不断变革。离线编程可以在不消耗任何实际生产资源的情况下对实际生产过程进行动态模拟，并且具有减少机器人的停机时间、可预知设计缺陷、适用范围广、可轻松完成复杂任务编程、便于实现程序和节拍优化等一系列优点，成为工业机器人编程的主流方式。

本书基于 ABB 公司的 RobotStudio 2021 软件，以工业机器人的装配、打磨等典型工作应用为驱动，介绍机器人仿真工作站的创建、动态效果的制作、离线程序的编写、真机验证操作、虚拟现实及基于 OPC UA 的联合仿真等内容。

本书具有如下主要特色：

（1）以装配、打磨等典型工业机器人应用项目为驱动，对照《工业机器人应用编程职业技能等级标准》，覆盖“1+X”工业机器人应用编程职业技能等级中级证书考核内容，将技能点融于项目中，实现了书证融通。

（2）依托 RobotStudio 2021 软件，将虚拟现实、基于 OPC UA 的联合仿真等新技术和方法融于项目中，帮助读者熟悉工业机器人技术的新发展。

（3）以工业机器人工作站的虚拟仿真及离线编程的技能训练为主线，基于“有用、适用、够用”的原则将理论知识点融于项目中。

（4）实现了传统教材与信息技术的融合，采用“纸质教材+数字课程”的形式，突出立体化教学资源的优势，读者通过扫描二维码即可观看动画、视频、习题等数字资源，突破了传统课堂教学的时空限制。

本书由深圳职业技术大学赵伟、王文斌，江苏汇博机器人技术股份有限公司王振华任主编，深圳职业技术大学宋振东、北京赛育达科教有限责任公司王志强、上海 ABB 工程有限公司叶晖任副主编。本书适合作为职业院校机电一体化、电气自动化、工业机器人技术应用等专业的学生用书，也可作为“1+X”工业机器人应用编程职业技能中级证书配套教材，还适用于技术人员学习及企业内部培训等。

本书在编写过程中得到了吴博雄、鲍丹阳、马金平、王浩、文双全、钟森明等技术人员的帮助，得到了北京赛育达科教有限责任公司、江苏汇博机器人技术股份有限公司、上海 ABB 工程有限公司等组织的大力支持，在此一并表示感谢。由于编者水平有限，书中不足之处在所难免，欢迎广大读者提出宝贵的意见和建议。

本书编写组

2023 年 1 月

目 录

绪论——工业机器人离线编程与虚拟仿真概述

扫码观看

机器人离线编程与虚拟仿真概述

一、学习目标

（1）了解工业机器人虚拟仿真技术；
（2）了解工业机器人离线编程与示教编程的优缺点；
（3）了解主流的工业机器人虚拟仿真技术及离线编程软件。

二、主要内容

工业机器人被誉为“制造业皇冠顶端的明珠”，是现代产业体系的关键环节，是实现工业生产数字化、网络化、智能化的重要装备，是衡量一个国家创造能力和产业竞争力的重要标志，对实现经济社会高质量发展发挥着重要的战略作用。

2020年我国的工业机器人保有量约为90万台，年销量达到16.97万台，年销量已经连续八年位居世界首位，成为全球第一大工业机器人应用市场。工业机器人的应用涉及汽车、机械、电子、危险品制造、国防军工、化工、轻工等各个领域。工业机器人的应用催生了大量的工业机器人操作、工业机器人运维等岗位需求。工业机器人编程是工业机器人操作的重要内容，是提升产品质量、提高机器人利用率的重要手段。

1. 工业机器人编程方法

工业机器人所承担任务的复杂程度不断增加，用户对工业机器人所加工产品质量、效率的追求也越来越高。目前应用于工业机器人（简称机器人）的编程方法主要有示教编程、离线编程和自主编程三种。

1）示教编程

示教编程通常是由操作人员通过示教盒控制机器人工具末端到达指定的姿态和位置，记录机器人位置和姿态数据并编写机器人运动指令，完成机器人加工程序的编写。

示教编程的优点是直观快捷，但也存在诸多缺点。示教编程过程烦琐，编程人员示教时需要反复操作机器人，工作量大、编程周期长、效率低；示教完成位置是示教者根据目测决定的，精度难以保证；示教编程为现场作业，必须要占用机器人的工作时间，降低了机器人的使用率。因此，虽然目前示教编程的方式仍然占据着主流地位，但是由于其本身存在的局限性，其应用仅限于机器人轨迹相对简单的工作场景，如搬运、码垛和点焊作业等。

2）离线编程

离线编程是在专门的软件环境下，用专用或通用程序在离线情况下进行机器人轨迹规划编程的一种方法。离线编程通过专门软件的解释或编译产生目标程序代码，最后生成机器人路径规划数据。与示教编程相比，离线编程具有可减少机器人停机时间，可实现复杂任务编程，可进行碰撞和干涉检查，便于及时修改和优化数据等优点。但由于虚拟环境和真实模型不可能完全吻合，所以在真实模型中应用离线程序时还需要进行离线程序微调或实时偏差控制。

3）自主编程

自主编程是实现机器人智能化的基础。它通过使用各种外部传感器使机器人能够全方位感知真实工作环境，确定工艺参数。自主编程无须繁杂的示教，减少了机器人和编程者的工作时间，也无须根据工作信息对机器人的工作偏差进行纠正，大大提高了机器人的自主性和适应性。目前，自主编程技术主要被应用于焊接机器人中。

2. 虚拟仿真技术

虚拟仿真技术是指通过计算机对实际的机器人系统进行模拟，利用计算机图形学技术，建立机器人及其工作环境的模型，利用机器人语言和相关算法，通过对图形的控制和操作在离线的情况下进行轨迹规划，并将程序的运行结果进行可视化输出的技术。现代计算机软硬件技术、计算机图形技术的高速发展，数字仿真技术的广泛应用，都为工业机器人离线编程和虚拟仿真技术的实际应用提供了有利条件。虚拟仿真技术可以通过交互式计算机图形技术和机器人学理论等，在计算机中生成机器人的几何图形，并对其进行三维显示，用于确定机器人的本体及工作环境的动态变化过程。

工业机器人离线编程与虚拟仿真技术为工业机器人的应用建立了以下优势。

（1）减少机器人的停机时间，提升机器人的利用率。当通过仿真软件对机器人的下一个任务进行规划和编程时，机器人并不需要停机，它可继续在生产线上进行工作。

（2）可预知设计缺陷。通过仿真功能，可预知机器人工作站设计中存在的问题并进行修正，保障了人员和财产安全。

（3）适用范围广。工业机器人离线编程与虚拟仿真技术可针对不同品牌、不同构型的机器人，方便地优化其程序。

（4）可轻松实现复杂任务编程。

（5）便于实现程序和节拍优化。

（6）可实现与可编程控制器的联合仿真。通过与可编程控制器的联合仿真，可实现整条生产线的虚拟联调。

使用仿真软件进行离线编程和仿真，并将离线程序应用至生产线中的大致流程如下。

首先应在离线编程软件中通过第三方软件导入或者直接建模的方式搭建一个与真实环境相对应的仿真场景；然后通过对模型信息的计算进行机器人轨迹的规划设计，并将其转换为仿真程序；接着进行机器人及其工作环境的仿真，完成碰撞检测、路径优化、工艺优化等任务；最后将仿真结果进行输出，将程序下载到真实机器人上，进行程序微调及真机调试。

3. 主流离线编程软件

机器人离线编程软件可以分为专用型和通用型两类。专用型离线编程软件一般由机器人本体厂家自行或者委托第三方软件公司开发和维护。这类软件只支持本品牌的机器人仿真、编程和后置输出，但这类软件有更强大和实用的功能，与机器人本体的兼容性更好。通用型离线编程软件一般由第三方软件公司负责开发和维护，可以支持多种品牌机器人的仿真和编程，但是对机器人的支持力度不如专用型离线编程软件的支持力度大。

目前在市场上占有率最高的机器人品牌分别是 ABB、发那科（FANUC）、安川（YASKAWA）和库卡（KUKA），它们都拥有独立开发的离线编程软件，如 ABB 的 RobotStudio，发那科的 ROBOGUIDE，安川的 MotoSim EG-VRC 和库卡的 Sim。而通用型软件应用比较多的是 Robotmaster、RobotWorks 和 RQArt（原 RobotArt）等，这几款软件的介绍如下。

1）Robotmaster

Robotmaster 是来自加拿大的工业机器人编程软件，支持市场上绝大多数机器人品牌。它在 Mastercam 软件中无缝集成了机器人编程、仿真和代码生成功能，提高了机器人编程速度。Robotmaster 拥有独特的优化功能，运动学规划和碰撞检测都非常精确，支持外部轴系统（直线导轨系统、旋转系统），支持复合外部轴组合系统。

2）RobotWorks

RobotWorks 是来自以色列的机器人离线编程仿真软件，是基于 SolidWorks 软件进行二次开发的软件。它拥有全面的数据接口、强大的编程能力、完备的工业机器人数据库、较强的仿真模拟能力和自定义工艺库，可通过多种方式生成轨迹，支持多种机器人和外部轴应用。但由于 SolidWorks 软件本身不带计算辅助制造功能，致使编程过程比较烦琐，机器人运动学规划的智能化程度较低。

3）RQArt（原 RobotArt）

RQArt 是北京华航唯实机器人科技股份有限公司推出的拥有自主知识产权的工业机器人离线编程软件。它根据几何数模的拓扑信息生成机器人运动轨迹，集成处理轨迹仿真、路径优化和后置代码，同时集碰撞检测、场景渲染、动画输出等功能于一体，可快速生成效果逼真的模拟动画，被广泛应用于打磨、去毛刺、焊接、激光切割、数控加工等工作场景中。该软件的缺点是不支持生产线仿真，不能兼容一些国外小品牌的机器人。

项目 1

创建机器人工作站

在进行工业机器人离线编程和虚拟仿真前，需要先进行机器人工作站的创建。机器人工作站的创建包括机器人模型的导入、机器人虚拟控制器的创建、周边设备模型的创建与导入、机器人工具的创建及机械装置的创建等内容。本项目首先介绍 RobotStudio 软件的基本操作，然后以“1+X”工业机器人应用编程职业技能等级证书考核平台（下文简称为“1+X”考核平台）的模型为载体，对机器人工作站的创建过程进行讲解。

任务 1.1　RobotStudio 的功能及操作界面介绍

一、任务目标

（1）了解 RobotStudio 的主要功能；
（2）了解 RobotStudio 的下载、安装及激活过程；
（3）熟悉 RobotStudio 的操作界面。

二、任务实施

1. RobotStudio 的主要功能

RobotStudio 是优秀的工业机器人离线编程仿真软件，适用于机器人寿命周期的各个阶段。RobotStudio 软件的优点如下。

1）支持 CAD 数据导入

RobotStudio 支持各种主要的 CAD 格式（包括 IGES、VRML、VDAFS、ACIS、CATIA）数据导入。RobotStudio 通过导入并使用精确的 3D 模型数据，可以生成更为精确的机器人程序，提高产品质量。

2）自动路径生成

通过使用待加工部件的 CAD 模型，RobotStudio 可自动生成跟踪曲线，获取所需的机器人位置，大大节省编程时间。

3）自动分析能力

操作者可以灵活移动机器人或工件，直至到达需要的位置，方便快速地验证和优化工作单元布局。

4）碰撞检测

RobotStudio 可以对机器人在运动过程中是否可能与周边设备发生碰撞进行验证和确认，以确保机器人离线编程得出的程序是可用的。

5）在线作业

通过与真实的机器人连接通信，RobotStudio 对机器人进行便捷的监控、程序修改、参数设定、文件传送及备份恢复等操作。

6）模拟仿真

RobotStudio 可以根据设计对工业机器人工作站进行动作模拟仿真和周期节拍优化，为工程的实施提供真实的验证。

7）应用功能包

针对不同的应用，RobotStudio 推出了功能强大的工艺功能包，将机器人更好地与工艺应用进行有效融合。

8）支持二次开发

RobotStudio 提供功能强大的二次开发平台，使机器人应用的实现具有了更多的可能，满足了对机器人进行科研的需要。

2. RobotStudio 的下载、安装及激活过程

扫码观看

初识 RobotStudio

在使用 Robotstudio 前需要先在计算机上进行软件的安装和授权。RobotStudio 软件的安装包可直接从 RobotStudio 的官网下载。进入下载页面后，单击图标，进入图 1.1.1 所示界面，单击“Register to download it now”，注册完成后，通过注册邮箱里的链接完成下载。

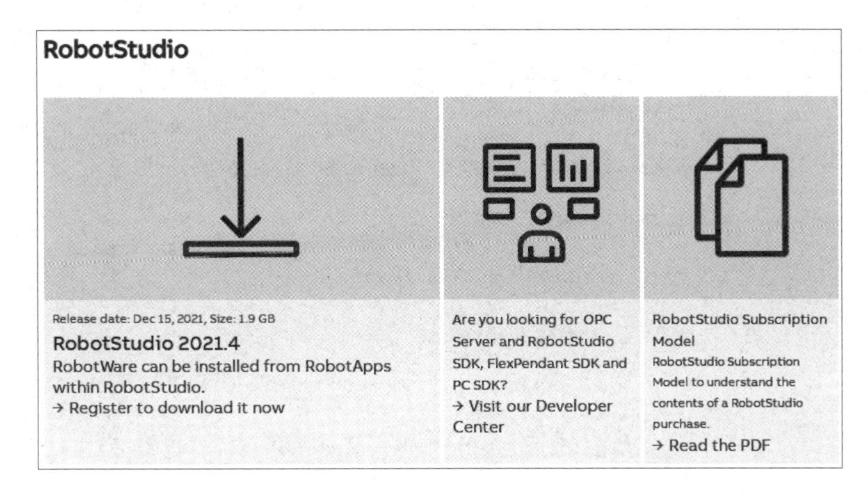

图 1.1.1　RobotStudio 软件下载页面

下载完成后，对安装包进行解压，按照提示进行安装即可。在安装时，需要注意以下几点：安装路径不能修改；安装路径中不能有中文；关闭计算机上的防火墙及杀毒软件。

RobotStudio 软件有四种版本类型：基本版、高级版、免费试用版和学校版。基本版提供基本的功能，如配置、编程和运行虚拟控制器，也可通过以太网对实际控制器进行在线操作。高级版提供所有的离线编程功能和多机器人仿真功能，需要激活后使用。第一次正确安装后可获得高级版 30 天的免费试用权，30 天后如未进行授权操作，就只能使用基本版功能。学校版是 ABB 公司提供给学校用于教学的版本。

双击“RobotStudio 2021”图标，打开 RobotStudio 软件。软件打开后默认在“文件”选项卡，此时双击“空工作站解决方案”或者单击右侧的“创建”选项，均可创建一个新的工作站，如图 1.1.2 所示。在“帮助”选区中，包含了软件的“支持”“文档”及“关于 RobotStudio”选项，在“关于 RobotStudio”选项中显示了当前所安装软件的版本及授权信息等，如图 1.1.3 所示。

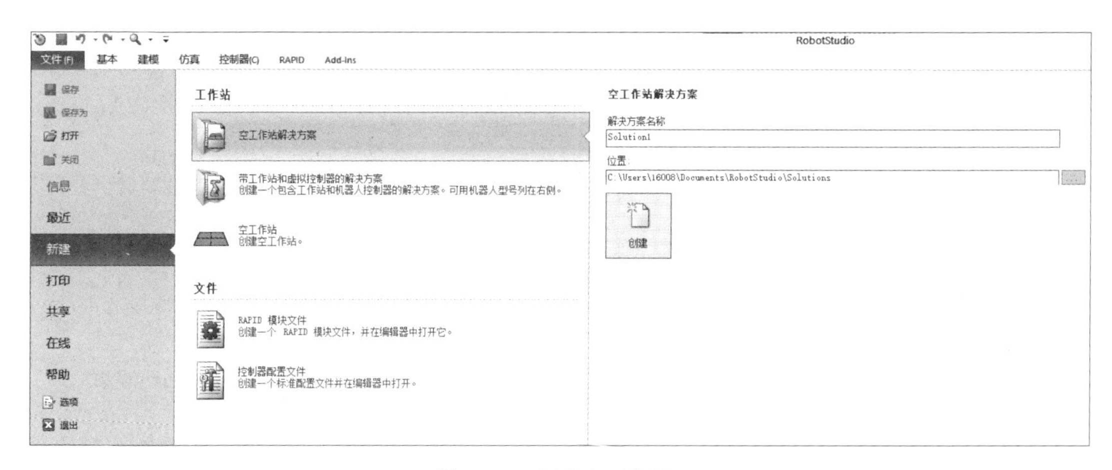

图 1.1.2 创建空工作站

图 1.1.3 “关于 RobotStudio”选项中对版本及授权信息等的说明

从 ABB 公司获得的授权许可证有两种：一种是单机许可证，另一种是网络许可证。单机许可证只能激活一台计算机上的 RobotStudio 软件；而网络许可证可在一个局域网内建立一台网络许可证服务器，对局域网内的 RobotStudio 客户端进行授权许可，可授权客户端的数量由网络许可证决定。在授权激活后，如果计算机系统出现问题并重新安装 RobotStudio，将会造成授权失效。

授权激活的操作如下。

（1）将计算机连接互联网，因为通过互联网激活 RobotStudio 会比较便捷。

（2）在“文件”选项卡的下拉菜单中单击“选项”，弹出“选项”窗口，如图 1.1.4 所示。

（3）在“选项”窗口中选择“授权”选项，并单击“激活向导”。

图 1.1.4　“选项”窗口

（4）根据授权许可证选择“单机许可证”或“网络许可证”，如图 1.1.5 所示，选择完成后，单击“下一个”按钮，按照提示完成激活操作。

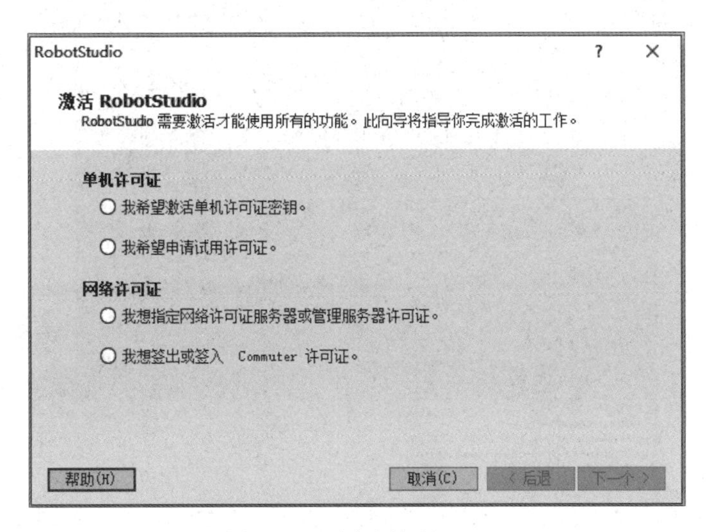

图 1.1.5　选择授权许可证

3. RobotStudio 的操作界面介绍

扫码观看

RobotStudio 的操作界面介绍

在图 1.1.2 所示的软件界面中，上方的功能区共有“文件”“基本”“建模”“仿真”“控制器”“RAPID”“Add-Ins”七个选项卡，左上角是自定义快速工具栏，单击 图标可自定义快速访问项目和窗口布局。七个选项卡的基本功能如下。

“文件”选项卡：完成整个工作站的操作，包括“新建”“打开”“保存”“共享”等选项。

“基本”选项卡：完成工作站的基本操作，包括“构建工作站”“路径编程”“设置”“Freehand”“图形”等选项。

“建模”选项卡：完成模型的建立与控制，如 2D 和 3D 模型的建立及逻辑运算、尺寸的测量、Smart 组件等。

“仿真”选项卡：实现碰撞检测监控、配置、仿真控制、监控和记录仿真等功能。

“控制器”选项卡：包含用于虚拟控制器的配置和所分配任务的控制措施，管理真实控制器等功能。

“RAPID”选项卡：提供用于创建、编辑和管理 RAPID 程序的工具和功能，可以管理真实控制器上的在线 RAPID 程序、虚拟控制器上的离线 RAPID 程序等。

“Add-Ins”选项卡：提供 RobotWare 插件、RobotStudio 插件和一些组件等。

在没有创建或者打开工作站文件的情况下，各个选项卡的大部分功能按钮均呈暗灰色，处于不可用状态。创建新工作站后，软件会自动跳转到“基本”选项卡，如图 1.1.6 所示。软件默认打开了“视图”“文档”“输出”等多个窗口，如果不小心关闭了其中的某些窗口（如“布局”“路径与目标点”“标记”“输出”窗口等），从而无法找到对应的操作对象或查看相关的信息，可通过自定义快速工具栏中的“默认布局”或“窗口”选项进行恢复，如图 1.1.7 所示。“默认布局”选项可以恢复到软件初始界面，“窗口”选项可用于打开指定的窗口。

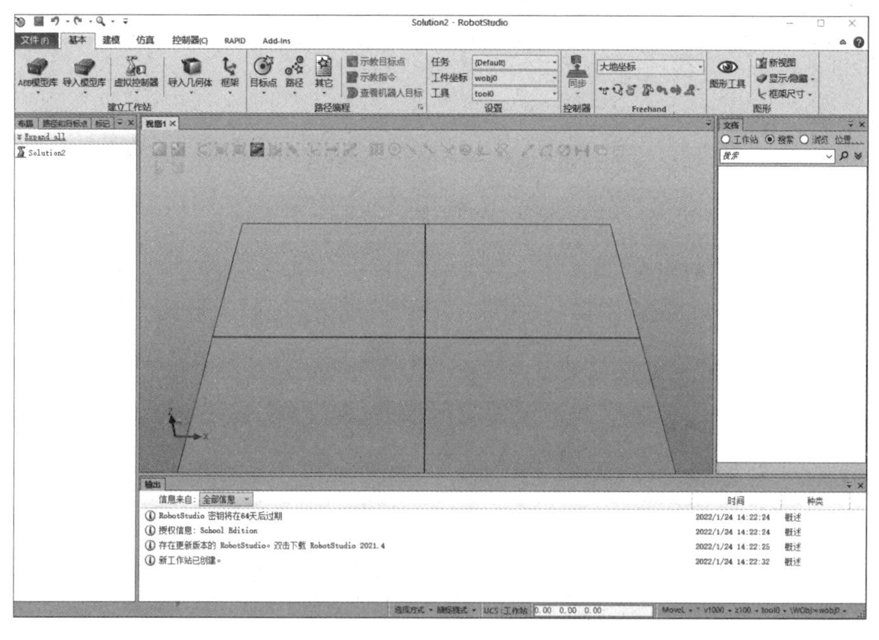

图 1.1.6 “基本”选项卡

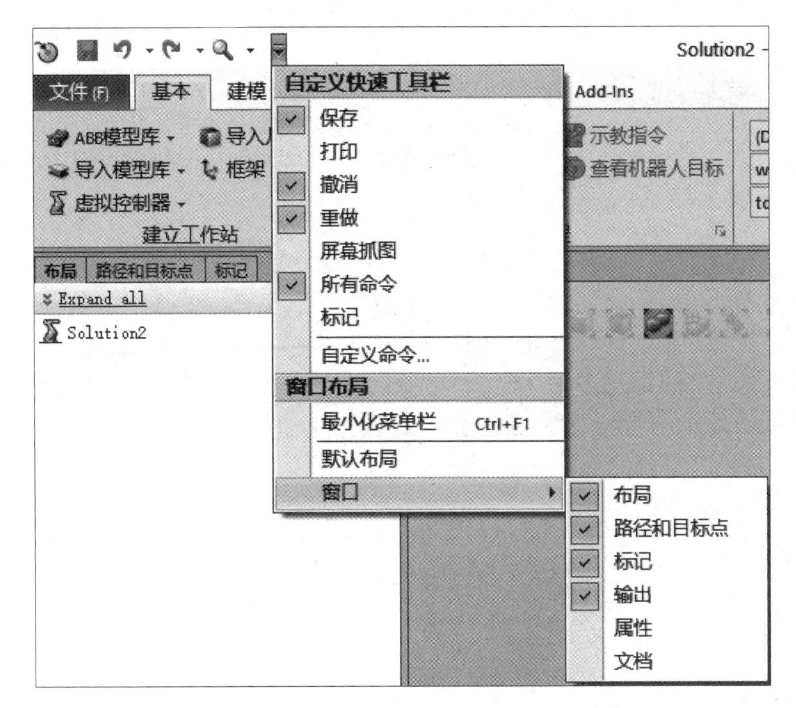

图 1.1.7　在自定义快速工具栏中恢复软件窗口

在“视图”窗口的上方放置了一些快捷工具按钮，包括视图操作工具、选择方式工具、捕捉模式工具、测量工具和仿真工具，如图 1.1.8 所示。它们的作用分别如下。

视图操作工具：可快速查看工作站全貌或者中心点。视图的操作可以通过“键盘+鼠标”的快捷组合方式完成，常用的视图操作快捷组合方式可参考表 2.1.1。

选择方式工具：可对对象的类型进行选择。

捕捉模式工具：可对对象的捕捉方式进行选择。

测量工具：可快速选择测量方式，与“建模”选项卡的“测量”选项相比，多了“保持测量”和“跟踪移动对象”功能。

仿真工具：可控制仿真的开始和停止。

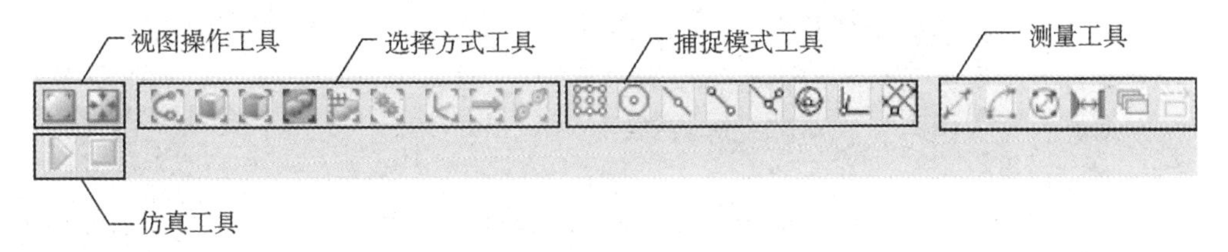

图 1.1.8　快捷工具按钮

表 2.1.1　常用的视图操作快捷组合方式

操作目的	“键盘+鼠标”组合方式	说明
平移工作站	Ctrl 键+鼠标左键	按住 Ctrl 键和鼠标左键的同时，拖动鼠标对工作站进行平移
旋转工作站	“Ctrl+Shift”键+鼠标左键	按住“Ctrl+Shift”键和鼠标左键的同时，拖动鼠标对工作站进行旋转
缩放工作站	鼠标滚轮或 Ctrl 键+鼠标右键	滚动鼠标滚轮可直接放大和缩小工作站；按住 Ctrl 键和鼠标右键的同时，将鼠标拖至左侧（右侧）可以缩小（放大）工作站

续表

操作目的	“键盘+鼠标”组合方式	说明
使用窗口缩放	Shift 键+鼠标右键	按住 Shift 键和鼠标右键的同时，将鼠标拖过要放大的区域
使用窗口选择	Shift 键+鼠标左键	按住 Shift 键和鼠标左键的同时，将鼠标拖过某一区域，可选择与当前层级匹配的所有选项

三、任务小结

本任务讲解了 RobotStudio 的主要功能，展示了 RobotStudio 2021 的操作界面，介绍了界面上方的自定义快捷工具及其作用。在使用 RobotStudio 2021 前需要做好如下准备：

（1）从官方网站下载软件；

（2）安装软件；

（3）购买激活码并激活软件。

四、思考与练习

（1）RobotStudio 的选项卡有哪些？

（2）如何恢复 RobotStudio 的窗口？

任务 1.2　机器人属性设置及虚拟控制器的创建

一、任务目标

（1）能导入机器人模型并对机器人的属性进行设置；

（2）能导入机器人工具并对其进行安装与拆除；

（3）掌握机器人虚拟控制器的创建方法。

扫码观看

机器人模型和工具的导入

二、任务实施

1. 导入机器人模型及设置机器人属性

在 RobotStudio 中新建一个空工作站，在菜单栏中找到“基本”选项卡，选择“ABB 模型库”选项，会弹出 ABB 现有的所有机器人、变位机、导轨等模型。选择型号为 IRB120 的机器人，会弹出“IRB120”机器人版本选择窗口，如图 1.2.1 所示，这里直接单击“确定”按钮，将机器人模型导入视图区。

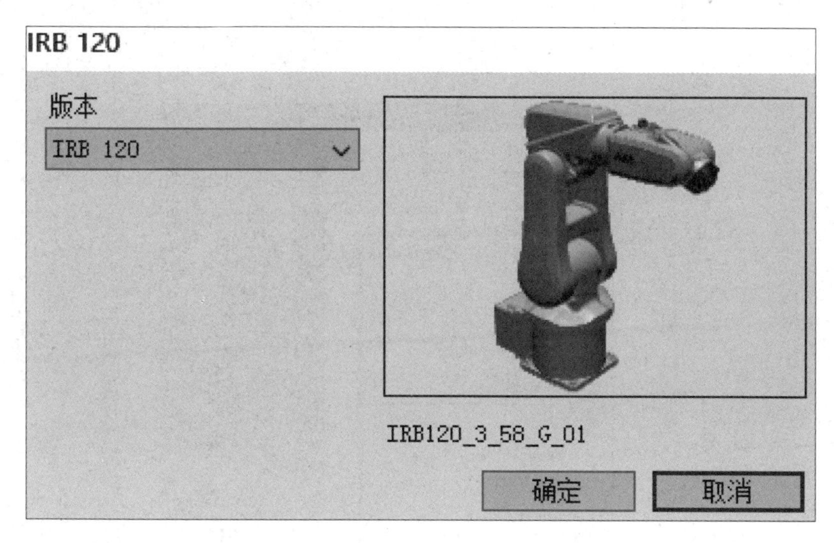

图 1.2.1 “IRB 120”机器人版本选择窗口

机器人模型导入后，会在左侧“布局”窗口中生成一个名为“IRB120_3_58_ _01”的机器人图标，在名字上右击，会弹出机器人属性设置菜单，如图 1.2.2 所示。导入不同的机器或设备模型后都会在“布局”窗口里显示其名字，针对不同类型的模型右击，均可弹出相应的属性设置菜单。在机器人的属性设置菜单中，需要重点关注“可见”“位置”“机械装置手动关节”“机械装置手动线性”“配置参数”“移动到姿态”“显示机器人工作区域”等选项。

可见：默认为勾选状态，取消勾选后，机器人本体在工作站中不显示。

位置：在位置的子菜单中可以设置机器人的放置位置和方向等信息。

机械装置手动关节：可以更改机器人各个轴的角度，既可以在窗口中选中任意一轴，直接通过键盘输入角度的方式调整轴的角度，也可以更改“Setp”的数值之后，通过角度条右侧的箭头调整角度。这里通过键盘输入角度的方式将机器人 5 轴角度修改为 90 度，如图 1.2.3 所示。

机械装置手动线性：可以让机器人沿 TCP 做线性运动。在建立机器人虚拟控制器前，此选项不可用。建立机器人虚拟控制器后，可弹出如图 1.2.4 所示的窗口，用于对末端执行器在空间内精确位置的控制。

配置参数：机器人到达目标点时，可能存在多种关节轴组合的情况，需配置多种轴参数，可以通过此选项手动选择机器人的关节组合。在建立机器人虚拟控制器前，此选项不可用。

移动到姿态：可以让机器人的各个轴的角度回到某一预设状态，“回到机械原点”可使 IRB120 机器人六个轴的角度为[0，0，0，0，30，0]度，也可以根据需要对六个轴的角度进行设置。

显示机器人工作区域：显示机器人末端参考点的运动范围，如图 1.2.5 所示。2D 轮廓显示当前参考点在 *XZ* 平面内的可达范围，如图 1.2.5 中白色线条所示。3D 体积显示当前参考点在整个运动空间内的可达范围。

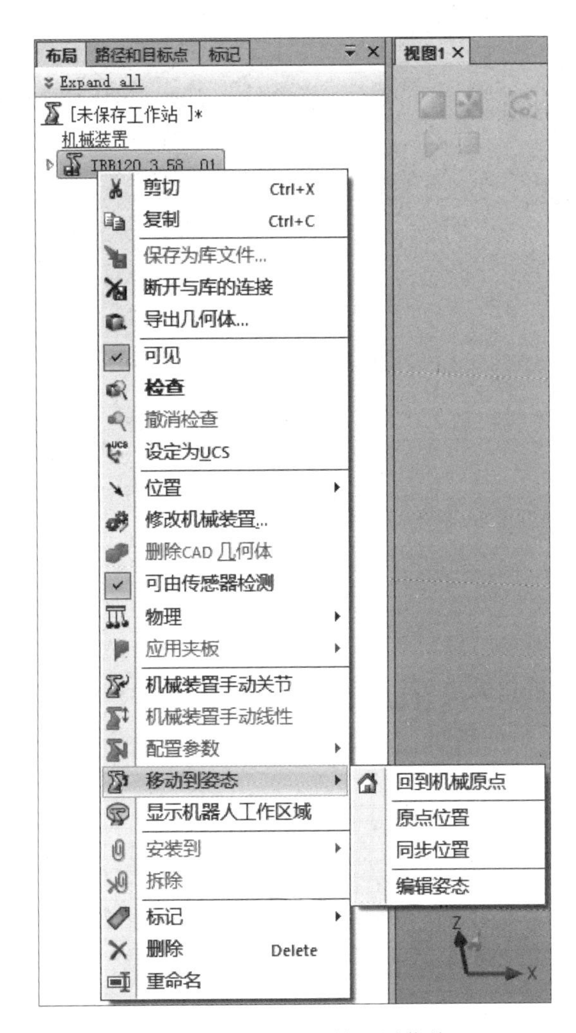

图 1.2.2　机器人属性设置菜单

手动关节运动: IRB120_3_58__01

-165.00	0.00	165.00	<	>
-110.00	0.00	110.00	<	>
-90.00	0.00	70.00	<	>
-160.00	0.00	160.00	<	>
-120.00	90.00	.00	<	>
-400.00	0.00	400.00	<	>

CFG: 0 0 0 0

TCP: 302.00 0.00 558.00

Step: 1.00 deg

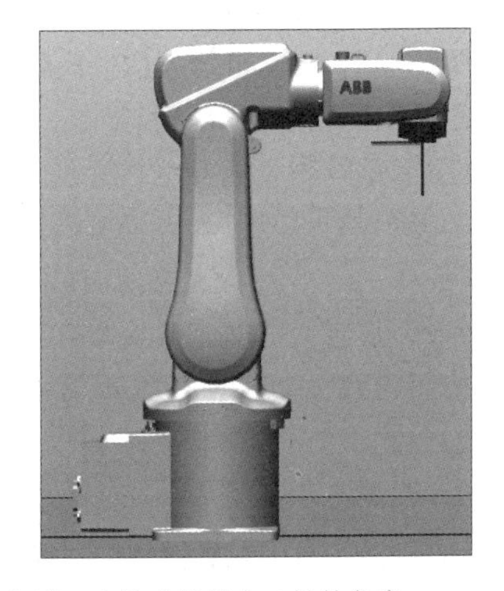

图 1.2.3　在“手动关节运动：IRB120_3_58__01”窗口中修改机器人 5 轴的角度

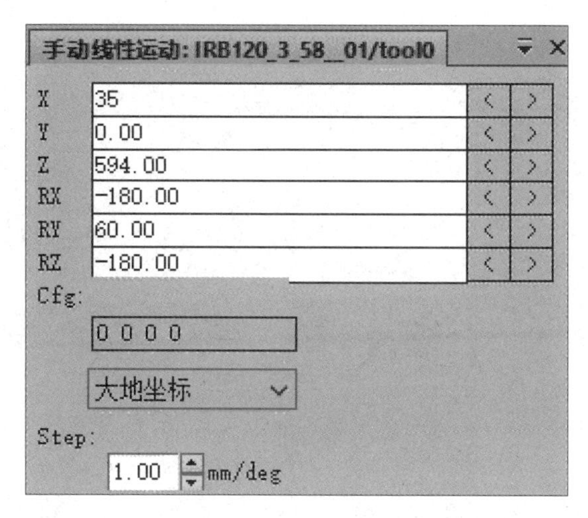

图 1.2.4　“手动线性运动：IRB120_3_58__01/tool0”窗口

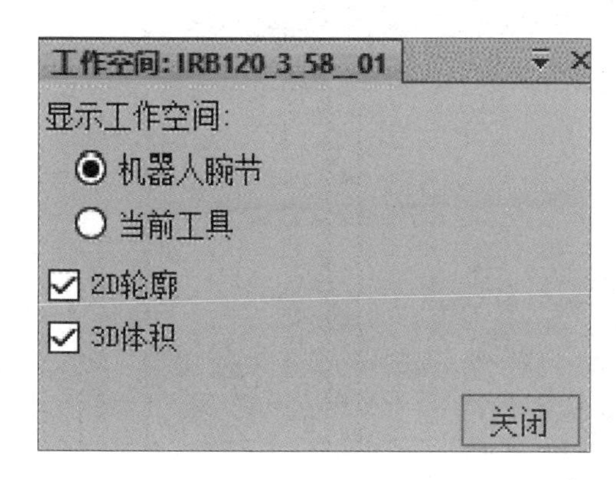

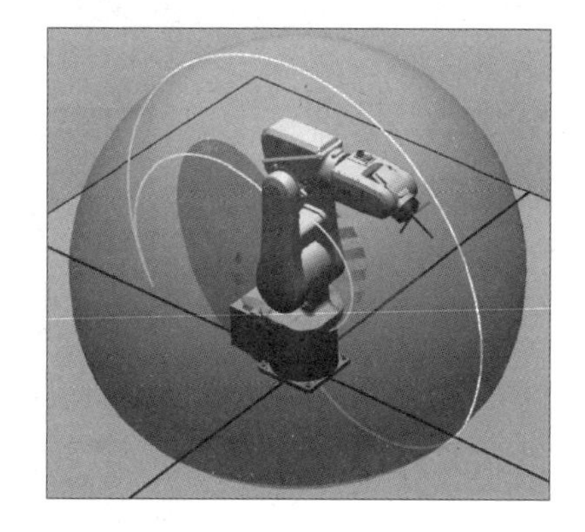

图 1.2.5　显示机器人工作区域

2. 机器人工具的导入、安装与拆除

在“基本”选项卡，选择“导入模型库”选项，选择“设备”子菜单，这时会显示软件提供的设备的模型，包括“控制器机柜”“弧焊设备”“输送链”等，如图 1.2.6 所示。

此处选择“Binzel WH455D”，这时将在工作区中导入一把焊枪，并且焊枪处于工作区原点位置，同时在左侧“布局”窗口里也出现了所导入焊枪的名字。在其名字前有一个类似扳手工具的图标，代表当前导入的设备是一件机器人工具。机器人工具具有工具原点坐标系和工具参考点坐标系，可以直接安装在机器人末端，并且安装时工具原点坐标系与机器人的 Tool0 重合。将工具安装到机器人末端有两种方法。

（1）拖移安装法：在左侧“布局”窗口中，单击“Binzel WH455D”，并按住鼠标左键，将其拖至“IRB120_3_58__01”上松开鼠标，弹出的“更新位置”对话框中，如图 1.2.7 所示，单击“是”按钮，即可完成工具安装。

（2）右键安装法：在左侧“布局”窗口中，右击 “Binzel WH455D”，在弹出的快捷菜单中选择“安装到”，然后选择“IRB120_3_58__01”，在弹出的“更新位置”对话框中，单击“是”按钮，即可完成工具安装，如图 1.2.8 所示。

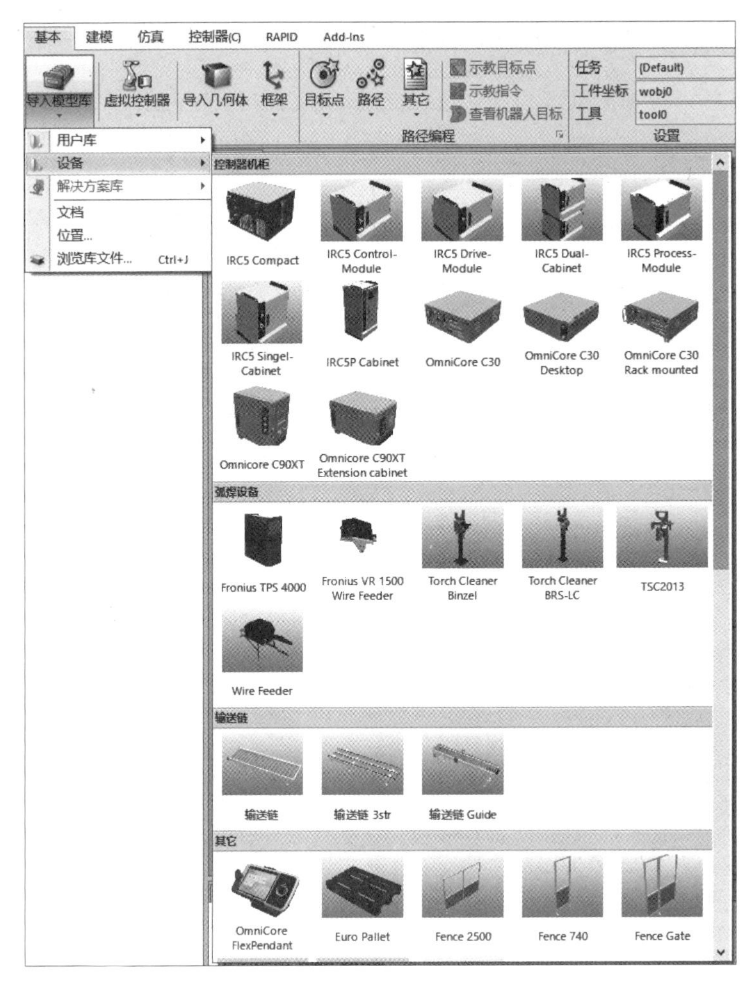

图 1.2.6　软件模型库设备的导入

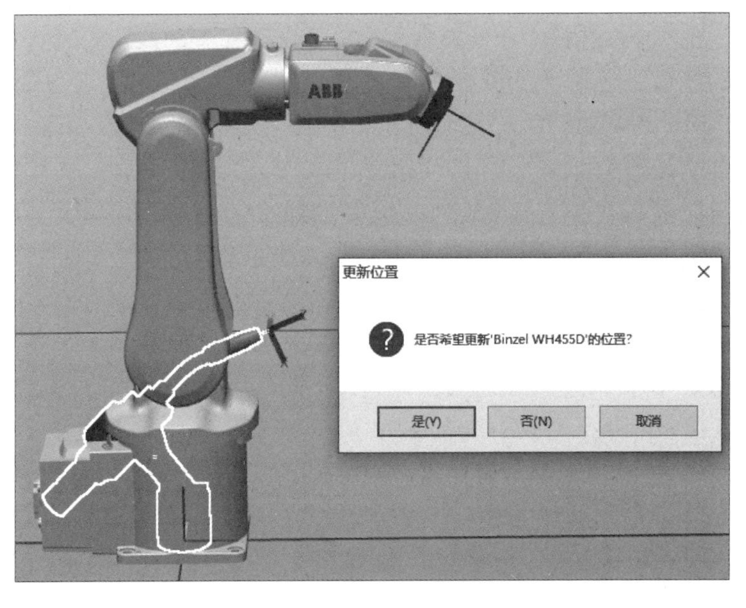

图 1.2.7　“更新位置”对话框

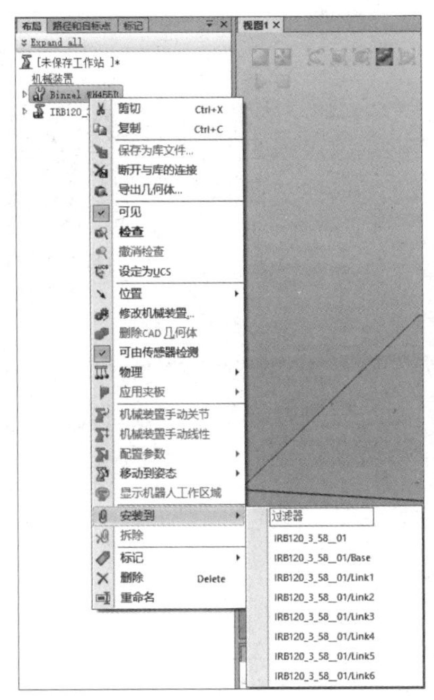

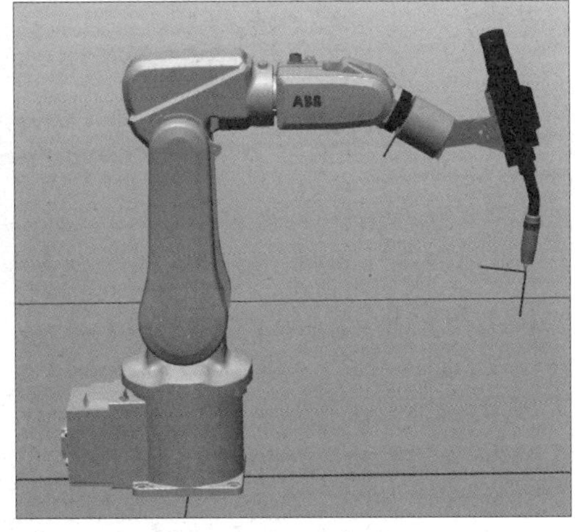

图 1.2.8　使用右键安装法安装工具

如要拆除工具，可在左侧“布局”窗口中，右击“Binzel WH455D”，在弹出的快捷菜单中选择“拆除”选项，会弹出“更新位置”对话框，如图 1.2.9 所示。如果在对话框中单击“是”按钮，可完成工具的拆除，并且拆除后的工具自动回到导入时的位置；如果在“更新位置”对话框中单击“否”按钮，那么拆除后的工具仍保持在当前位置。如果不再需要此工具，那么直接选择快捷菜单中的“删除”选项。

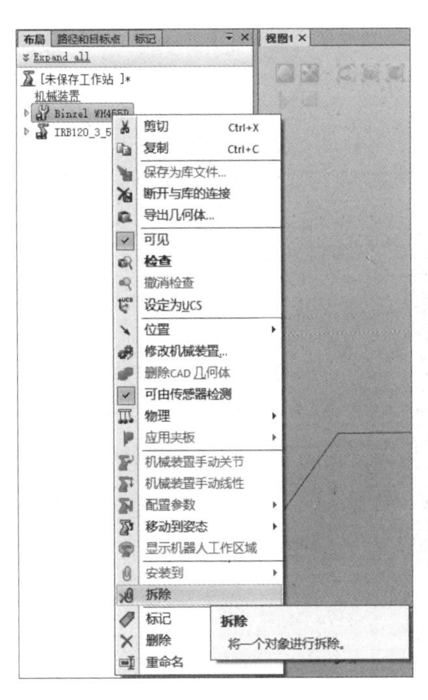

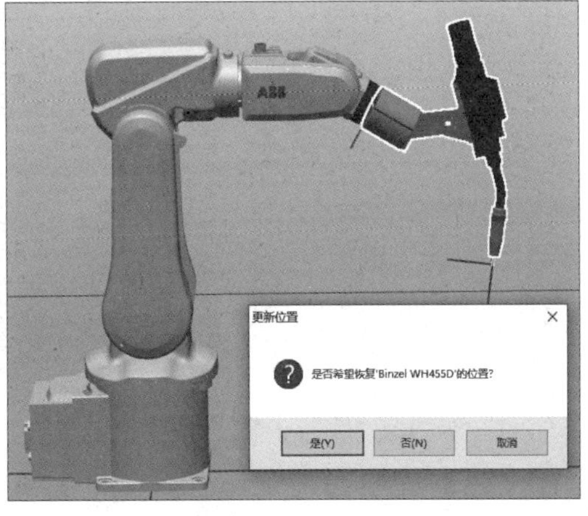

图 1.2.9　使用右键菜单拆除工具

3. 创建工业机器人虚拟控制器

扫码观看

虚拟控制器的创建及手动操纵

在完成了机器人机械本体的布局后，还要为机器人创建虚拟控制器，使其具有电气特性，具备可控性。机器人虚拟控制器的创建过程如下。

（1）选择“基本”选项卡“建立工作站”组的“虚拟控制器”选项，可以看到有“从布局”“新控制器”“现有控制器”三个子选项，如图 1.2.10 所示。“从布局”选项是指根据现有的工作站布局进行虚拟控制器的创建；“新控制器”选项是指创建一个新的虚拟控制器并加入到已布局好的工作站中；“现有控制器”选项是指为工作站添加一个现有的机器人虚拟控制器。这里选择“从布局”选项，系统弹出“从布局创建控制器”对话框，此时对话框显示“控制器名字和位置”界面，将“名称”设置为“t-Controller”，“RobotWare”版本选择“6.08.01.00”，如图 1.2.11 所示。

图 1.2.10 “虚拟控制器”选项下的三个子选项

图 1.2.11 在“从布局创建控制器”对话框中进行设置

（2）然后单击“下一个”按钮，进入“选择控制器机制”界面，在其中勾选“IRB120_3_58__01”复选框，如图 1.2.12 所示。

（3）再单击“下一个”按钮，进入“控制器选项”界面，如图 1.2.13 所示。单击“选项”按钮，在“Default Language”中勾选“Chinese”复选框，并在“Industrial Networks”中勾选“709-1 DeviceNet Master/Slave”复选框，如图 1.2.14 所示。设置完成后，单击“关闭”按钮。如果在创建虚拟控制器时忘记勾选某些选项，可在虚拟控制器创建完成后，右击虚拟控制器，在弹出的快捷菜单中选择“选项”选项，并在弹出窗口中重新进行勾选。

（4）单击“完成”按钮，系统弹出“控制器状态”对话框，如图 1.2.15 所示。当右下角显示为红色时，表示系统正在创建控制器；当右下角变成绿色时，表示控制器创建完成。创建完成后，单击“控制器”选项卡，可在左侧“控制器”窗口中显示创建立的控制器。

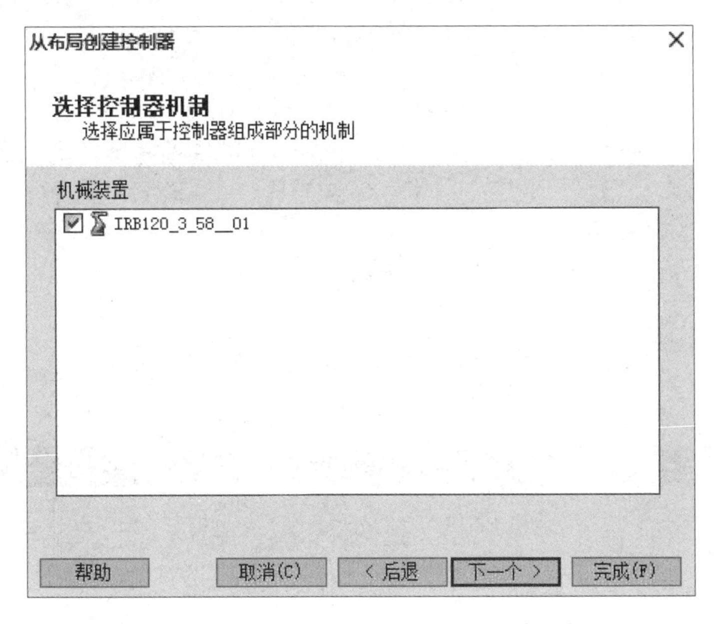

图 1.2.12　勾选“IRB120_3_58__01”复选框

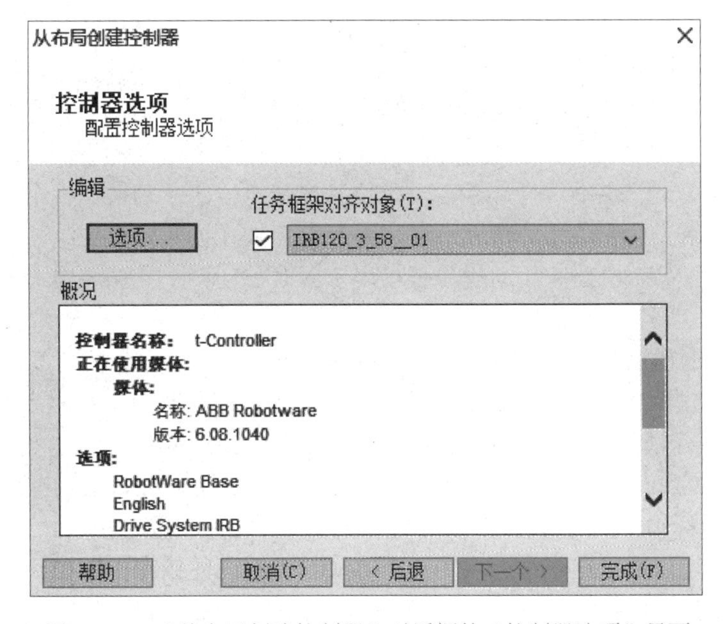

图 1.2.13　“从布局创建控制器”对话框的“控制器选项”界面

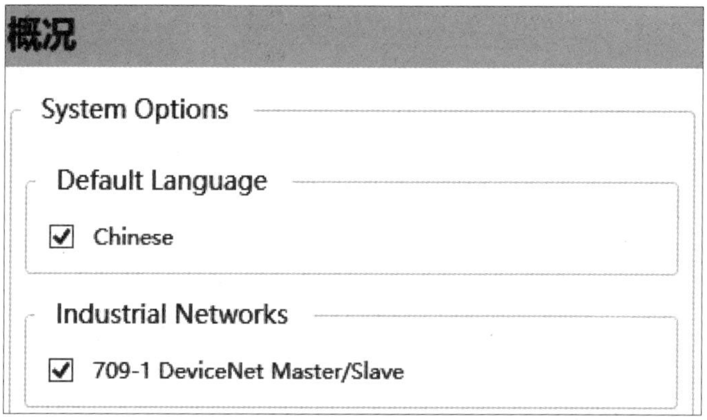

概况
System Options
Default Language
Chinese
Industrial Networks
709-1 DeviceNet Master/Slave

图 1.2.14　在"选项"中进行设置

控制器状态
控制器
状态
模式
工作站控制器
t-Controller
正在启动
MoveL * v1000 z100 tool0 \WObj:=wobj0
控制器状态: 0/1

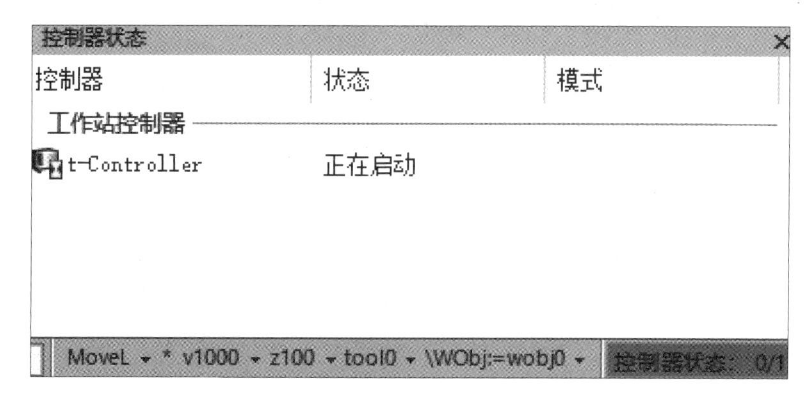

图 1.2.15　"控制器状态"对话框

4. 机器人的手动操作

建立机器人虚拟控制器后，可以对机器人进行手动关节、手动线性和手动重定位操作。在"基本"选项卡找到"设置"组，如图 1.2.16 所示，可以选择当前所使用的工件坐标和工具，这里分别将其设置为"wobj0"和"Binzel"。然后在"基本"选项卡找到"Freehand"组，如图 1.2.17 所示，上面一行可以通过倒三角按钮选择当前运动所参考的坐标系，共有大地坐标、本地、UCS、当前工件坐标、当前工具坐标五个选项。下面一行共有移动、旋转、拖曳、手动关节、手动线性、手动重定位和多个机器人手动操作七个选项。移动、旋转和拖曳可以适用于所有装置的位置调整，一般机器人在创建虚拟控制器后不再进行相关的位置更改操作。多个机器人手动操作选项用于同时移动多个机械装置。与单个机器人相关的操作选项有以下三个。

手动关节：选择该选项后，可手动拖动机器人轴以更改每个轴的角度。

手动线性：选择该选项后，再单击机器人，此时在当前所选择的工具上会显示一个笛卡儿坐标系，拖动坐标轴可带动机器人沿当前选择的参考坐标系做线性运动，如图 1.2.18 所示。

手动重定位：选择该选项后，再单击机器人，此时在当前所选择的工具上会显示一个旋转坐标系，拖动坐标轴可带动机器人沿当前选择的参考坐标系做重定位运动，如图 1.2.19 所示。

需要注意的是，通过这三个选项均无法实现对机器人的精准手动控制。精确手动控制可通过机器人属性菜单打开"机械装置手动关节"或"机械装置手动线性"窗口，在窗口中通过手动输入精确数值的方式实现。

单击软件界面左上角的“保存工作站”按钮，并以“t2-finished”命名新建的工作站。

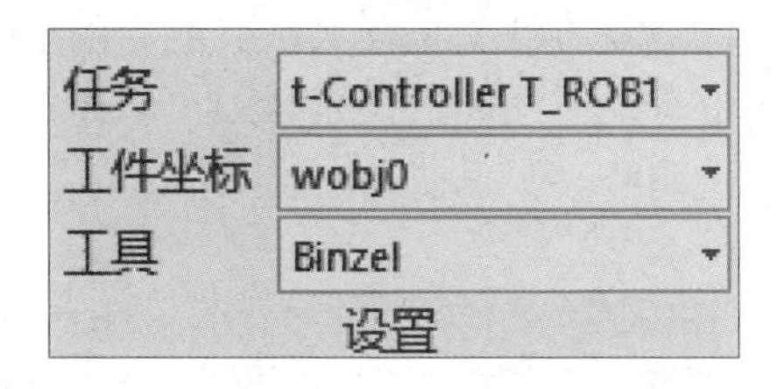

图 1.2.16　“设置”组

图 1.2.17　“Freehand”组

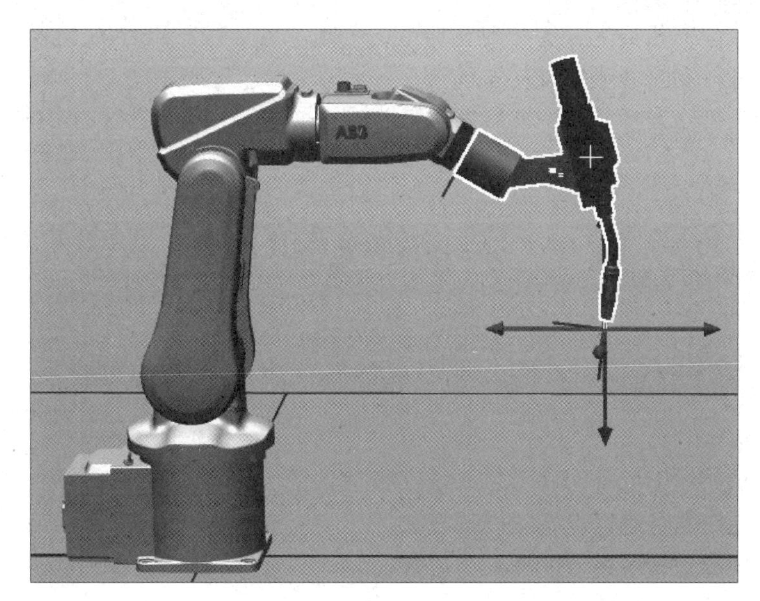

图 1.2.18　通过“手动线性”选项控制机器人

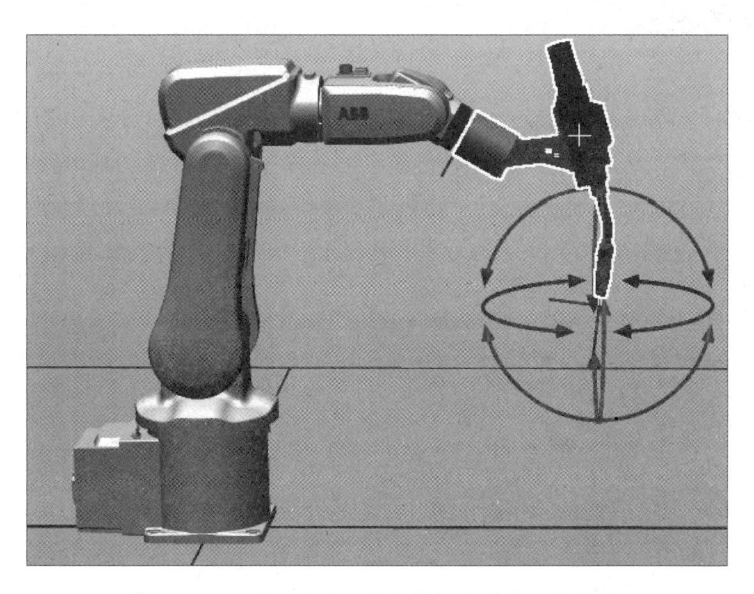

图 1.2.19　通过“手动重定位”选项控制机器人

三、任务小结

本任务介绍了机器人模型的导入及机器人属性的设置方法、机器人工具的导入及拆装方法、机器人虚拟控制器的创建过程及手动操作机器人的方法。机器人必须在创建虚拟控制器后才具有电气特性，才能对其进行手动关节、手动线性、手动重定位操作。

四、思考与练习

（1）如何拖动机器人沿着工具坐标的 Z 轴做线性运动？

（2）如果在建立机器人虚拟控制器时忘记勾选“709-1 DeviceNet Master/Slave”复选框，如何在虚拟控制器创建后进行勾选？

（3）在导入机器人模型后，机器人的第 5 轴不是零度，这么设置的目的是什么？

任务 1.3 周边设备模型的创建与导入

一、任务目标

扫码观看

RobotStudio 模型库中设备的导入与放置

（1）掌握模型库中设备的导入与放置方法；

（2）熟悉通过软件进行设备建模的方法；

（3）能实现周边设备模型的导入与放置。

二、任务实施

一个完整的机器人工作站除了机器人本体外，还需要有周边设备模型的支撑，如机器人安装座、工作台等。机器人工作站中的周边设备模型可以通过三种途径创建或导入：第一种，常用模型可以从 RobotStudio 的模型库中直接导入中；第二种，简单模型可通过 RobotStudio 的建模功能建立；第三种，复杂模型可在由第三方建模软件建立后导入 RobotStudio 中。

1. 模型库中设备的导入与放置

1）工作台的导入与放置

打开“t2-finished（或 t3）”工作站，通过“基本”选项卡里的“导入模型库”选项导入“Training Objects”组中的“propeller table”，这时会在工作区导入一张工作台。通过显示机器人当前工具工作空间的 2D 轮廓，可以观察工作台的摆放位置是否合适，如果不合适可以通过两种方法进行调整。第一种方法是通过“基本”选项卡“Freehand”组中的“移动”

选项对其进行手动拖动，如图 1.3.1 所示，拖动图中的坐标轴即可使工作台的位置随着选中的坐标轴的移动而移动。工作台的旋转可通过“Freehand”组中的“旋转”选项实现。第二种方法是在左侧“布局”窗口里，右击“table_and_fixture_140”，在弹出的快捷菜单里找到“位置”子菜单，通过“设定位置”“偏移位置”“旋转”等选项对工作台的摆放位置和姿态进行调整，如图 1.3.2 所示。“设定位置”选项用于在指定的坐标系中定位对象，“偏移位置”选项用于让对象的位置相对于当前位置进行一定量的偏移，“旋转”选项用于旋转对象。这里选择“设定位置”选项，将会弹出“设定位置”窗口，将“位置 X、Y、Z”设置为[450，−175，0]，“方向”全部设置为 0，如图 1.3.3 所示，单击“应用”按钮并关闭窗口，此时工作台已经移动至设定的位置。

2）轨迹工作模块的导入与放置

根据任务要求，还需要在工作台上放置一个轨迹工作模块。导入模型库“Training Objects”组中的“Curve_thing”，这时会在工作区导入一个轨迹工作模块，如图 1.3.4 所示。接下来需要将轨迹工作模块放置在工作台上，并使它们的角点对齐。在 RobotStudio 中放置部件的方法有一点法、两点法、三点法、框架法、两个框架法五种，可根据具体的工作对象进行选择，这里使用两点法完成轨迹工作模块的放置。

在左侧“布局”窗口中右击“Curve_thing”，在弹出的快捷菜单中依次选择“位置”→“放置”→“两点”，如图 1.3.5 所示，之后会弹出如图 1.3.6 所示的“放置对象：Curve_thing”窗口。

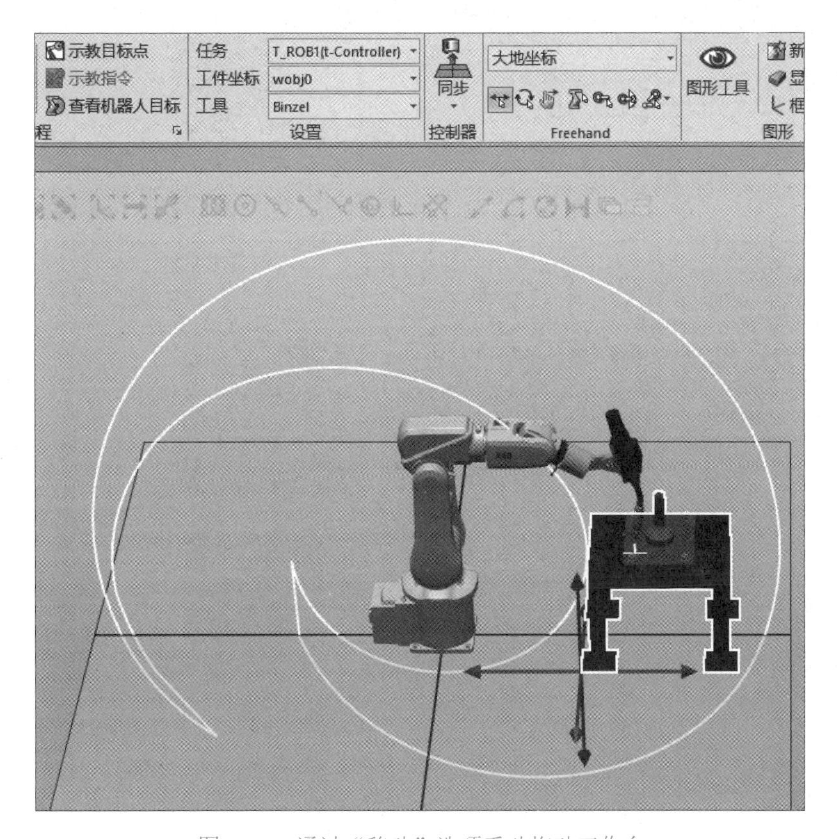

图 1.3.1　通过“移动”选项手动拖动工作台

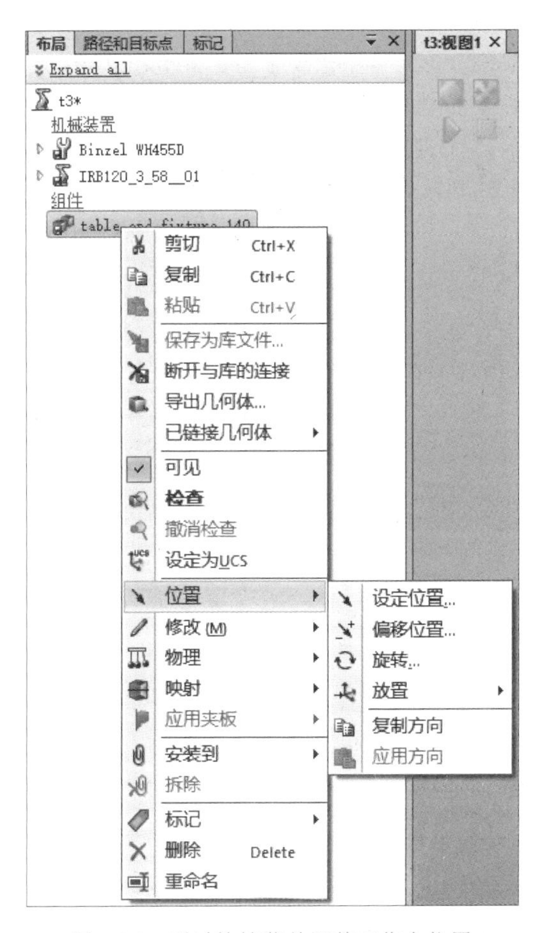

图 1.3.2　通过快捷菜单调整工作台位置

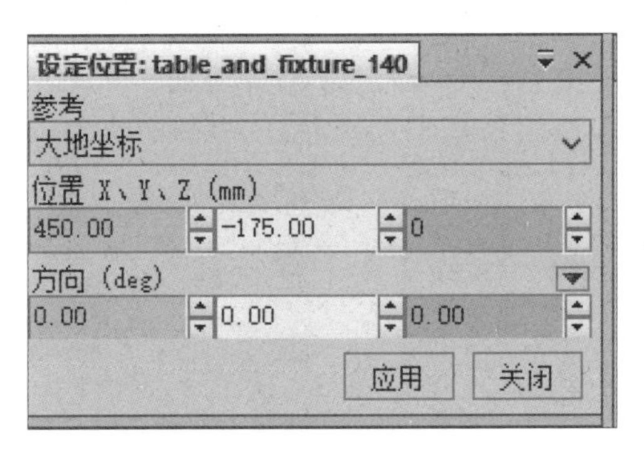

图 1.3.3　在“设定位置”窗口中进行设置

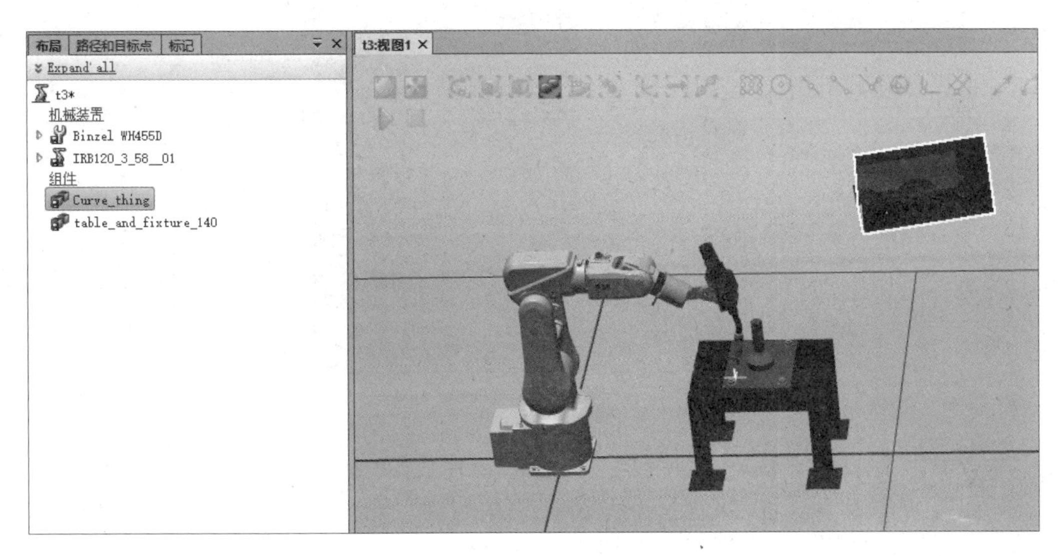

图 1.3.4　导入轨迹工作模块

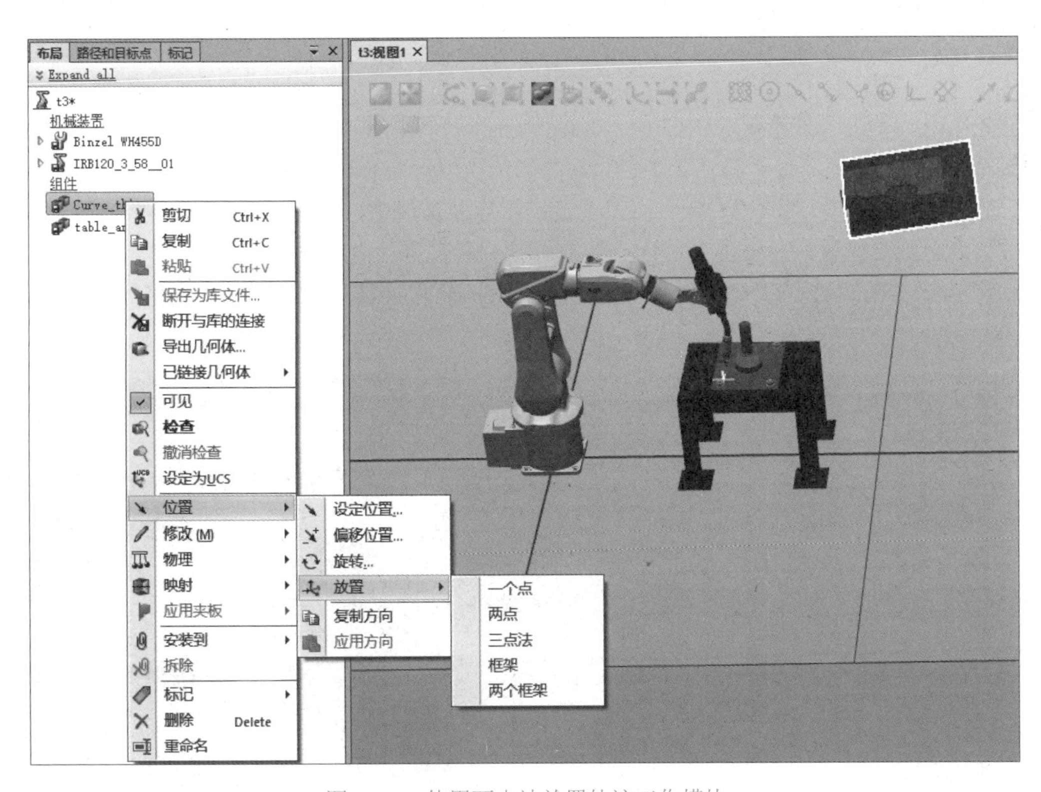

图 1.3.5　使用两点法放置轨迹工作模块

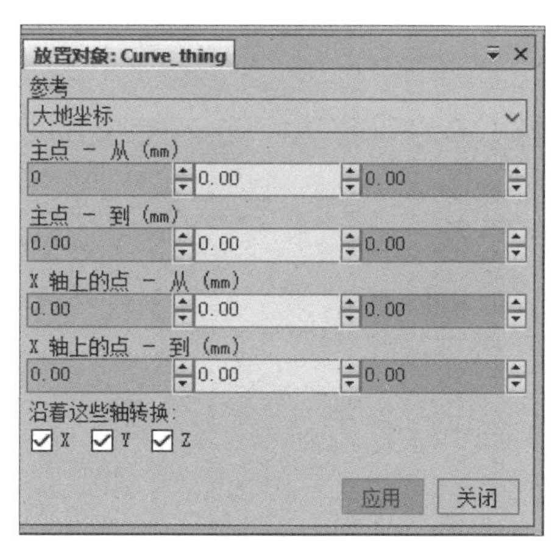

图 1.3.6 “放置对象：Curve_thing”窗口

依次单击工作区上方的快捷按钮中的“选择部件”和“捕捉末端”，用于捕捉物体的末端点，如图 1.3.7 所示。将鼠标放置到物体上，如果在物体的末端显示一个白色小球，那么单击鼠标左键，就会捕捉并锁定白色小球所在的点。

图 1.3.7 选择捕捉方式和工具

先用鼠标单击“放置对象：Curve_thing”窗口中“主点 – 从”下方的第一个输入框，在确保“放置对象”窗口处于激活状态的情况下，依次选择工作区中的点 1 至点 4，如图 1.3.8 所示。当选中某个点后，“放置对象”窗口中会显示当前被选中点的坐标。通过上述选择后，点 1 将被移动至点 2 位置，并与点 2 重合；点 3 和点 1 组成的直线将被移动，与点 4 和点 2 组成的直线将重合。单击“应用”按钮，并关闭窗口，此时轨迹工作模块将被放置到工作台上，如图 1.3.9 所示。

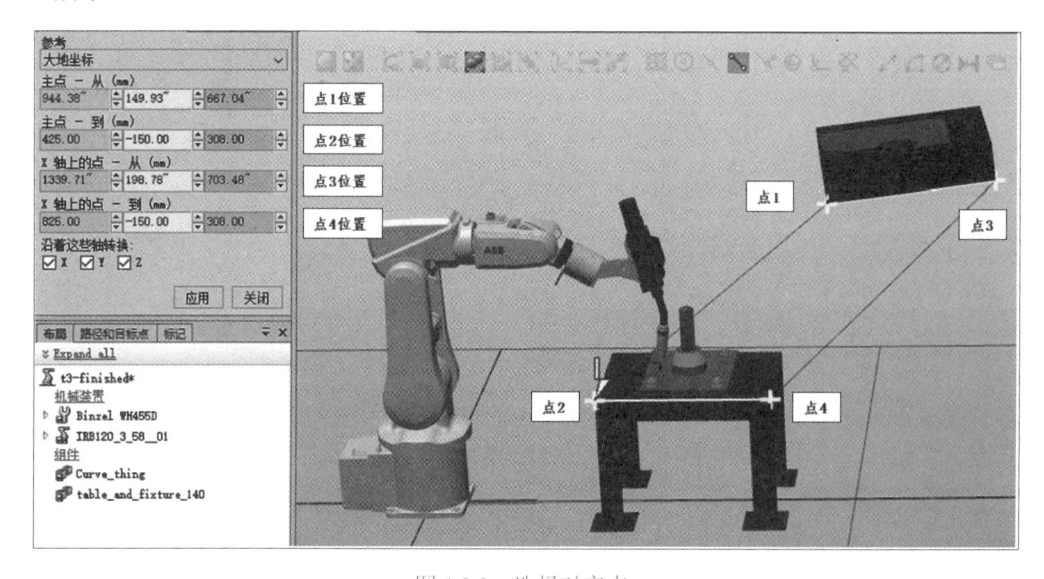

图 1.3.8 选择对齐点

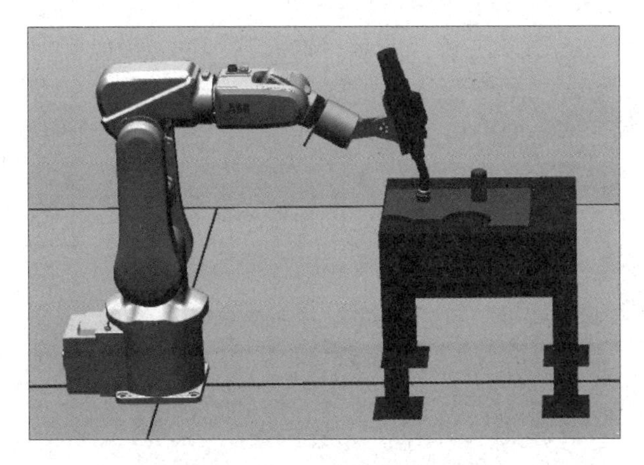

图 1.3.9　轨迹工作模块放置完成

2. 简单模型的创建

扫码观看

测量功能的使用

为了和工作站中工作台的高度匹配，需要将机器人的位置适度抬高。可使用 RobotStudio 的建模功能来创建机器人安装座。RobotStudio 的建模功能主要包括：创建各类型固体、表面及曲线，创建 Smart 组件，进行交叉、减去、结合、拉伸等 CAD 操作。为保证所建模型或工作站能够满足需求，RobotStudio 同时还提供了模型测量功能。

1）测量功能使用方法

机器人安装座的尺寸要和机器人底面安装板的尺寸相适应。在不知道机器人底面安装板的尺寸的情况下，可以通过测量功能进行测量。“建模”选项卡的“测量”组里提供了“点到点”“角度”“直径”“最短距离”四种测量工具，分别用于测量两点间的距离、两直线的相交角度、圆的直径和两个对象间的最短距离。

先将工作站中的机器人工具、工作台及轨迹工作模块隐藏。依次单击工作区上方的快捷按钮中的“选择部件”“捕捉对象”“点到点”，并选择机器人底面安装板上相对应的两个点，如图 1.3.10 所示，可以测得底面安装板上一条边的长度为 180 mm。同样方法可以测得机器人底座安装板另外一条边的长度为 176.52 mm。因此可以将新建的机器人安装座的长和宽均设置为 180 mm，其高度可根据实际需求设置，这里设置为 100 mm。

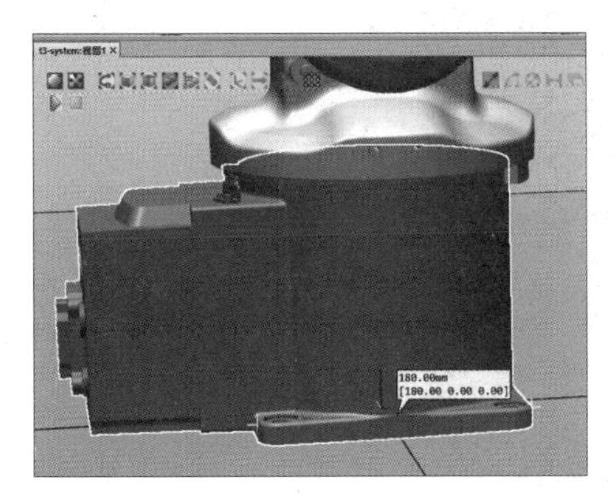

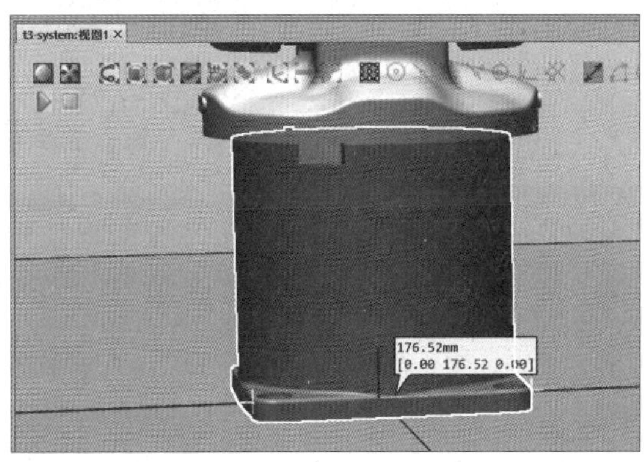

图 1.3.10　使用“点到点”测量工具

如果要测量机器人底面安装板上的螺钉通孔的尺寸，可以使用“直径”测量工具进行测量。依次单击工作区上方快捷按钮中的“选择部件”“捕捉对象”“直径”，然后分别选择孔上表面圆上的三点，可以得到安装孔的直径为 12 mm，如图 1.3.11 所示。“角度”和“最短距离”这两种测量工具的使用方法与“点到点”和“直径”类似。如果需要在工作区域同时显示多次测量的结果，可以在测量前先单击工作区上方快捷按钮中的“保持测量”，再进行测量。

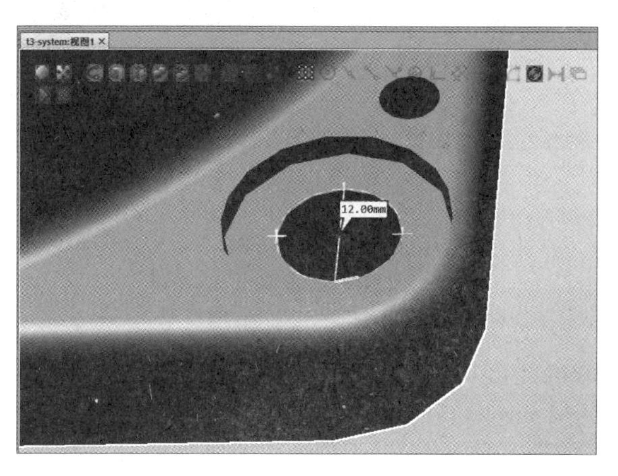

图 1.3.11　使用“直径”测量工具

（2）机器人安装座的创建

机器人安装座是一个中空的长方体，可通过将一个长方体和一个圆柱体进行 CAD 布尔运算的方式得到。

扫码观看

简单模型的创建

在“建模”选项卡的“创建”组里，选择“固体”下拉菜单中的“长方体”选项，会弹出“创建方体”窗口。在窗口中输入如图 1.3.12 所示的参数，单击“创建”按钮并关闭窗口，此时会在工作区中创建一个长方体，在左侧“布局”窗口中会生成一个名为“部件_1”的部件。

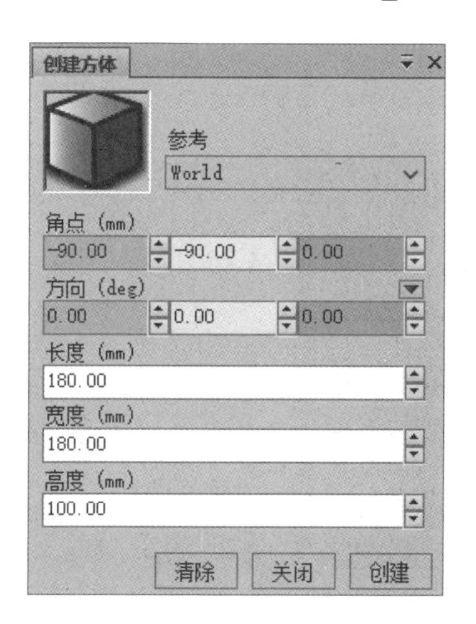

图 1.3.12　在“创建方体”窗口中设置参数

在“建模”选项卡的“创建”组里，选择“固体”下拉菜单中的“圆柱体”选项，会弹出“创建圆柱体”窗口。在窗口中输入如图 1.3.13 中所示的参数，单击“创建”按钮并关闭窗口，此时会在工作区创建一个圆柱体，同时在左侧“布局”窗口中会生成一个名为“部件_2”的部件。

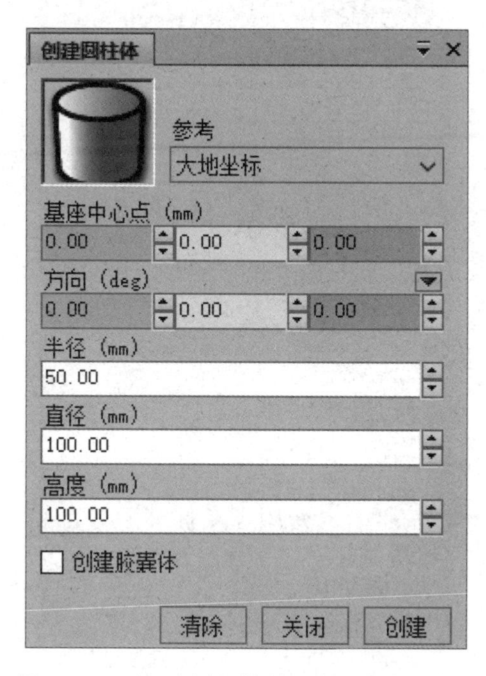

图 1.3.13　在“创建圆柱体”窗口中设置参数

通过两次模型的创建生成了两个部件，而实际上机器人安装座只是一个部件，所以此时可以通过“CAD 操作”选项将生成的两个部件合并为一个部件。在“建模”选项卡的“CAD 操作”组里提供了“交叉”“减去”“结合”“拉伸表面”“拉伸曲线”“修改曲线”等工具，可以实现对三维模型、曲面和曲线的 CAD 操作。

将工作区的机器人隐藏。选择“CAD 操作”组里的“减去”选项，会弹出“减去”窗口。在窗口中的两个下拉列表中依次选择“部件_1 – Body”和“部件_2 – Body”，如图 1.3.14 所示。单击“创建”按钮，可在“布局”窗口中看到生成的名为“部件_3”的部件。在工作区中将先前建立的长方体和圆柱体拖离原点位置，可以看到“部件_3”为前两个部件相减生成的一个中空的长方体，如图 1.3.15 所示。如果在后续的步骤中，“部件_1”和“部件_2”两个部件已失去作用，可直接在“布局”窗口里将它们删除。在进行“减去”操作时，“减去”窗口中有“保留初始位置”复选框，默认为选中状态，如果不勾选该复选框，那么在单击“创建”按钮后，工作区中只保留新生成的部件，“部件_1”和“部件_2”会被直接删除。

在“布局”窗口中右击“部件_3”，在弹出的快捷菜单的“修改”子菜单中提供了一系列对模型进行修改的选项，如图 1.3.16 所示。选中“设定颜色”选项，在弹出的窗口中选择蓝色并单击“确定”按钮，“部件_3”会变成蓝色。右击“部件_3”，在弹出的快捷菜单中选择“重命名”选项，将其重命名为“机器人安装座”。

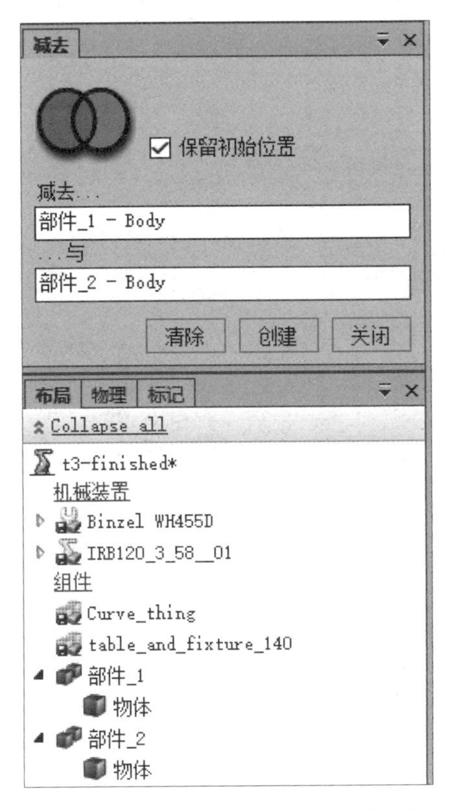

图 1.3.14　在“减去”窗口中设置参数

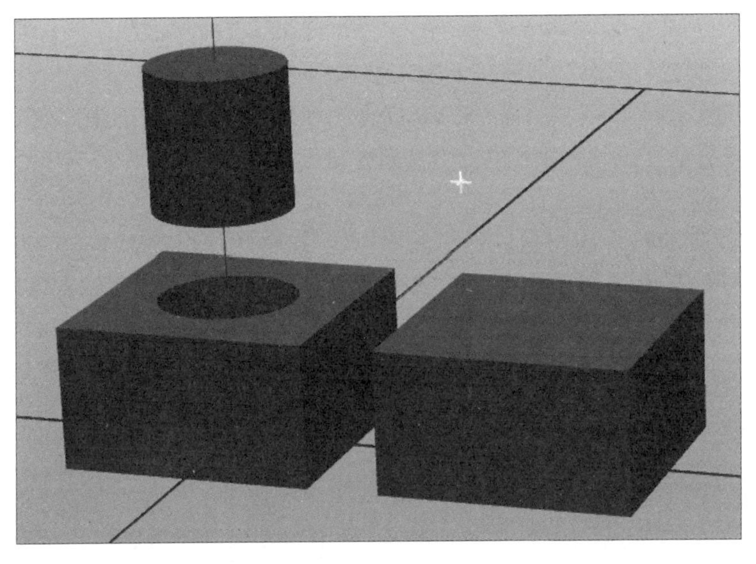

图 1.3.15　生成新的部件

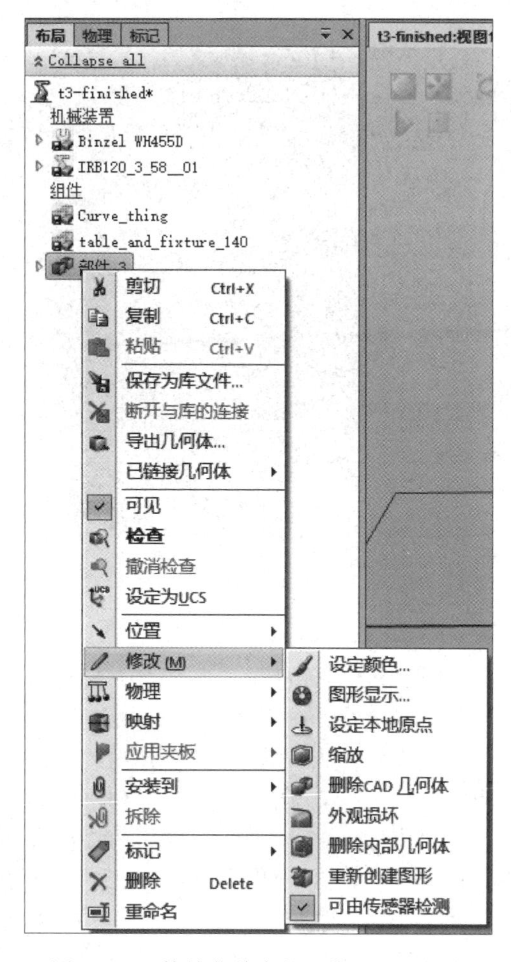

图 1.3.16　快捷菜单中的“修改”子菜单

将机器人设置为可见，并通过“设定位置”功能，在“设定位置”窗口中将其位置设置为[0，0，100]，方向仍旧为[0，0，0]，单击“应用”按钮，此时将会弹出“是否移动任务框架”对话框，如图 1.3.17 所示，这是因为在此之前已经建立了机器人虚拟控制器，机器人的框架位置也已经确定，此时更改机器人位置将导致机器人任务框架位置发生变化，因此要对任务框架是否跟随机器人移动进行确认。如果单击“是”按钮，此机器人将被安装到机器人安装座上，并且机器人的位置框架也跟随机器人进行位置移动，如图 1.3.18 所示。机器人任务框架的更改可能会带来一系列的程序错误，因此在建立机器人虚拟控制器后不要随意更改机器人位置，应该在建立机器人虚拟控制器前将机器人放置在正确的位置上。

图 1.3.17　“是否移动任务框架”对话框

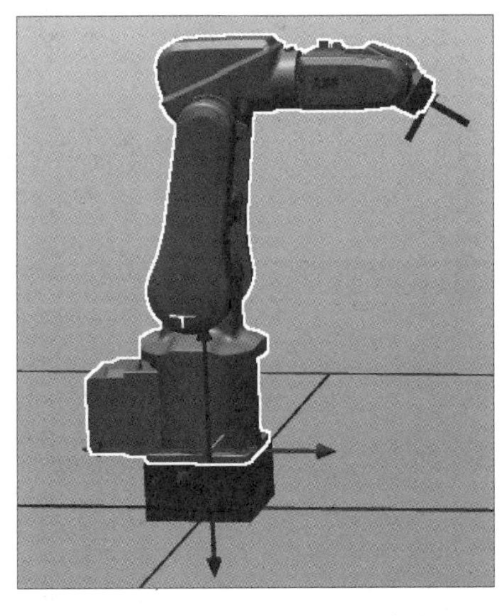

图 1.3.18　机器人位置更改完成

扫码下载

工作站通用素材

（3）三维模型的导出

自行创建的三维模型可以作为几何体被导出和保存，以便今后创建类似工作站时使用或共享给他人使用。

在左侧“布局”窗口里右击“机器人安装座”，在弹出的快捷菜单中选择“导出几何体”选项，如图 1.3.19 所示。此时会弹出“导出几何体：机器人安装座”窗口，如图 1.3.20 所示。在窗口中根据需要设置导出几何体的格式等参数，然后单击“导出”按钮，在弹出的“另存为”对话框中输入文件名称和保存类型，单击“保存”按钮即可完成几何体的导出与保存，将工作站另存为“t3-finished”。

扫码观看

外部设备模型的导入与放置

3. 外部设备模型的导入与放置

使用 RobotStudio 进行机器人仿真验证时，如果需要使用精细的三维模型或对机器人的仿真精度要求较高时，可以先使用其他建模软件（如 UG、Pro/E、Solidworks 等）进行建模，再将其导入到 RobotStudio 中完成建模布局。本任务以“1+X”考核平台中创建汉字书写工作站的过程为例，通过导入在其他软件中已建立的几何模型，完成工作站的创建。

新建一个空工作站，并将其保存为“t4”工作站。选择“基本”选项卡“导入几何体”下拉菜单中的“浏览几何体”选项，选中“机器人工作桌面.sat”文件，单击“打开”按钮，即可完成机器人工作桌面的导入。机器人工作桌面导入后，其位置和方向无须进行更改。然后导入 IRB120 机器人模型，将其位置和方向在大地坐标系下设置为[0，0，950]和[0，0，0]，将机器人安装到工作桌面上。最后再导入几何体“绘图模块-山.sat”，其位置和方向均需要进行修改。右击“绘图模块-山”，依次选择“位置”→“旋转”选项，会弹出如图 1.3.21（a）所示的“旋转：绘图模块-山”窗口。“参考”中默认为“大地坐标”，意味着模块将绕着大地坐标的轴进行旋转。此处将“参考”设置为“本地”，意味着模块将绕自身坐标系的轴进行旋转。当地“大地坐标”和“本地”重合时，可不做选择，在本例中两个坐标实际上是重合的。在“旋转”中输入“-90”，选中“Z”单选按钮，单击“应用”按钮，使模块绕自身坐标系的 *Z* 轴旋转 90 度，如图 1.3.21（b）所示。并将其位置和方向在大地坐标系下设置为[−150，450，910] 和 [0，0，0]。创建完成的汉字书写工作站如图 1.3.22 所示，保存工作站为“t3（2）-finished”。

图 1.3.19　在快捷菜单中选择“导出几何体”选项

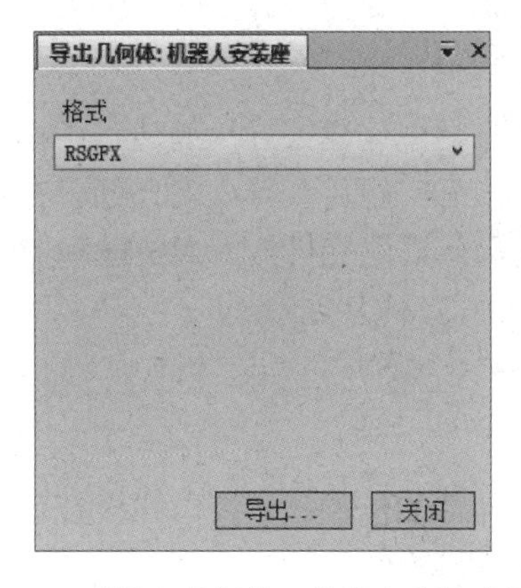

图 1.3.20　“导出几何体：机器人安装座”窗口

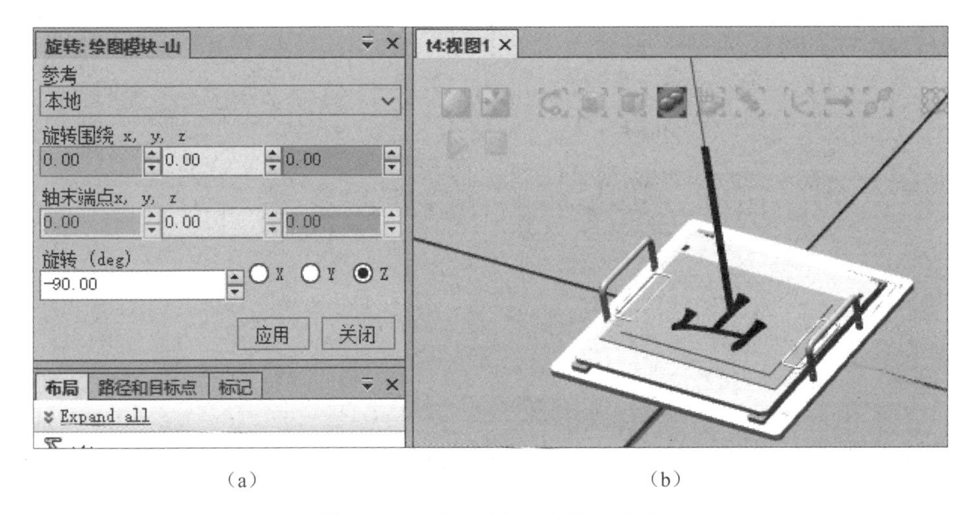

（a） （b）

图 1.3.21 修改导入几何体的方向

图 1.3.22 创建完成汉字书写工作站

三、任务小结

本任务介绍了在机器人工作站中创建或导入周边设备模型的三种方式，其中主要的方式是使用其他软件建立几何模型后，再将其导入工作站。在建立机器人工作站时，尽量先完成外部设备模型的导入及布局，再建立机器人虚拟控制器。

四、思考与练习

（1）如何调整已导入的几何体的位置和角度？在设置已导入的几何体的位置和旋转角度时，使用不同的参考坐标系有何不同效果？

（2）完成如图 1.3.23 所示“1+X”考核平台中各模块的布局，并将工作站命名为“t5”，各模块在大地坐标系下的位置和方向分别为：

机器人[0，0，950]和[0，0，0]；

快换工具模块[-150，-450，910]和[0，0，0]；

仓储模块[150，-450，910]和[0，0，0]；

井式上料模块[450，-450，910]和[0，0，0]；

皮带输送模块[450，0，910]和[0，0，0]；

变位机模块[300，450，910]和[0，0，0]；

旋转供料模块[-150，450，910]和[0，0，0]；

RFID 模块[336.5，525，1159]和[0，0，0]，安装到变位机活动板上；

装配模块[336.5，375，1159]和[0，0，0]，安装到变位机活动板上。

扫码观看

1+X 考核平台的布局

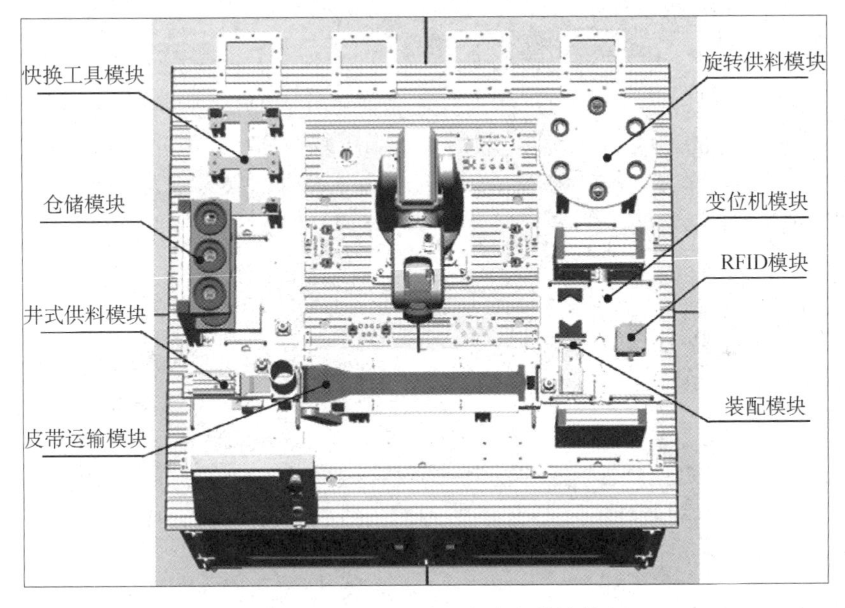

图 1.3.23 “1+X”考核平台中各模块的布局

任务 1.4　工具的创建

一、任务目标

（1）掌握机器人工具模型的导入与姿态调整方法；

（2）掌握机器人工具的创建步骤；

（3）熟悉库文件的保存方法。

二、任务实施

扫码观看

绘图笔工具的创建

当 RobotStudio 中的工具模型不能满足工作站仿真要求时，需要使用其他软件创建工具的三维模型，将其导入 RobotStudio 中并创建为工具。机器人工具可以分为两类：一类工具不带有关节运动，如吸盘、绘图笔等；另一类工具带有关节运动，如夹爪、卡盘等。对于不带关节运动的工具，可以直接选择“创建工具”选项进行创建，而对于带有关节运动的工具，则可以选择“创建机械装置”选项进行创建。相对于普通几何物体，工具需要具有安装坐标系、工具坐标和物理参数等特征。因此对于不带关节运动的工具，可以通过设定本地原点、创建框架和创建工具三个步骤进行创建；而对于带有关节运动的工具的创建方法将在下个任务中进行讲解。

“1+X”考核平台中的工具是由主盘工具和专用工具组合而成的。图 1.4.1 所示的是由主盘工具和绘图笔工具组合而成的工具，用于绘制图形。主盘工具通过通用接头安装在机器人末端，绘图笔工具则通过通用接头安装在主盘工具上。在主盘工具的末端均匀分布四个钢球，通过气阀可控制钢球的外扩和内收。当钢球外扩时，钢球将进入绘图工具通用接头的槽内，实现两者的连接；当钢球内收时，两个工具脱离。在 RobotStudio 中，可以将主盘工具和绘图笔工具同时安装于机器人末端。主盘工具带有关节运动，而绘图笔工具本身不带有关节运动。下文将以绘图笔工具为例介绍不带关节运动的工具的创建方法。

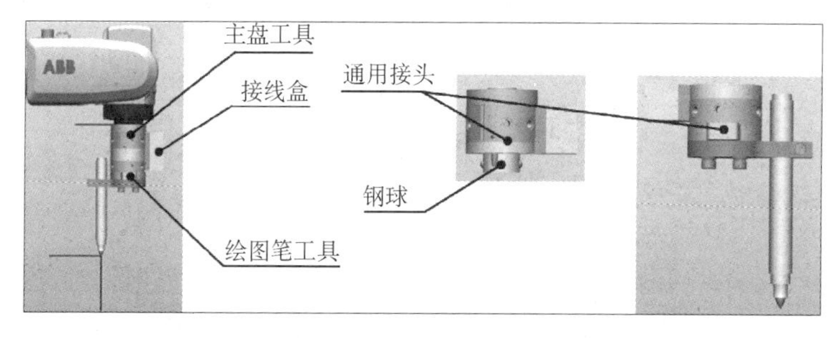

图 1.4.1　主盘工具和绘图笔工具组合而成的工具

1. 设定本地原点

设定本地原点的作用是重新定位对象的本地坐标系，即在对象上重新设定位置坐标系。在绘图笔工具上重新设定位置坐标系是为了在将工具安装到机器人末端时，使更改后的位置坐标系与机器人的默认工具坐标 Tool0 重合，工具便会以一个固定的位置和姿态安装到机器人末端。选择“设定本地原点”选项时，一般将更改后的位置坐标系原点设定在大地坐标系的原点位置，并且让其坐标轴方向与大地坐标系保持一致。因此，在设定本地原点之前应调整好绘图笔工具的位置和姿态。

新建一个空工作站，选择“导入几何体”选项，导入几何体“绘图笔工具.sat”，如图 1.4.2 所示。绘图笔工具的本地坐标系原点与大地坐标系重合，且接线盒处于 X 轴的正向侧，这与绘图笔工具在机器人上的安装位置不符。对比绘图笔工具在图 1.4.1 中的安装位置，将其位置和角度设定为[0，0，41]和[0，0，180]，其中 41mm 是绘图笔工具的安装面到默认工具坐标 Tool0 的距离，180 度是绘图笔工具绕 Z 轴旋转的角度，调整后的位置如图 1.4.3

所示，此时绘图笔工具的本地坐标系原点仍处于绘图笔工具安装面的中心处。

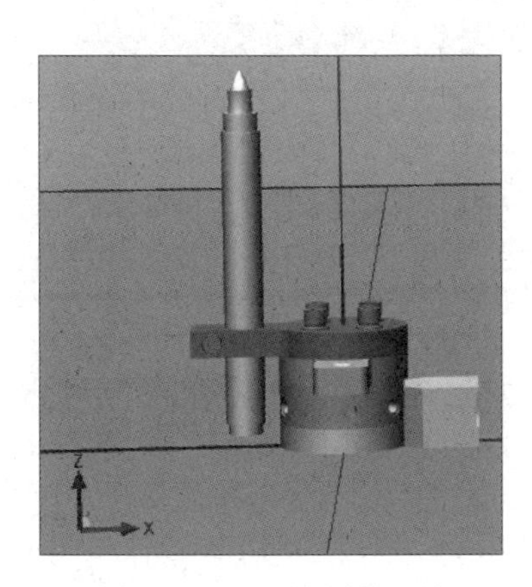

图 1.4.2　导入绘图笔工具

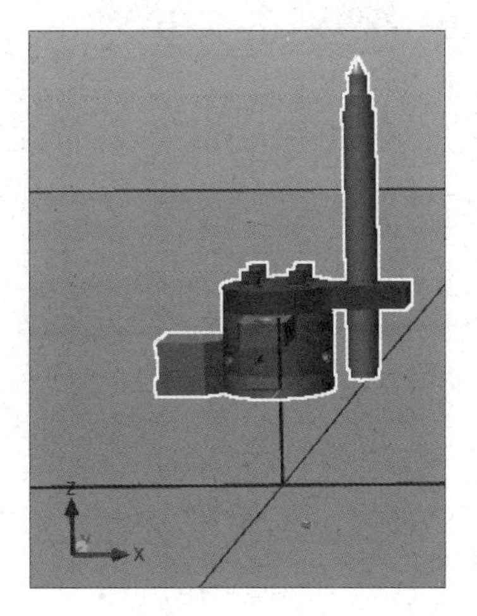

图 1.4.3　绘图笔工具调整后的位置

在左侧“布局”窗口里右击“绘图笔工具”，在弹出的快捷菜单中选择“修改”子菜单中的“设定本地原点”选项，在弹出的“设置本地原点：绘图笔工具”窗口中将所有的数值均设置为 0，如图 1.4.4 所示，单击“应用”按钮并关闭窗口。设定本地原点后的绘图笔工具如图 1.4.5 所示，此时绘图笔工具的位置坐标系原点已经处于大地坐标系原点的位置。（注意：快捷菜单中选项的名称为“设定本地原点”，弹出的窗口中显示的是“设置本地原点”，“设定”与“设置”在此处可理解为同一含义，是软件开发时造成的说法不一致，特此做出说明）。

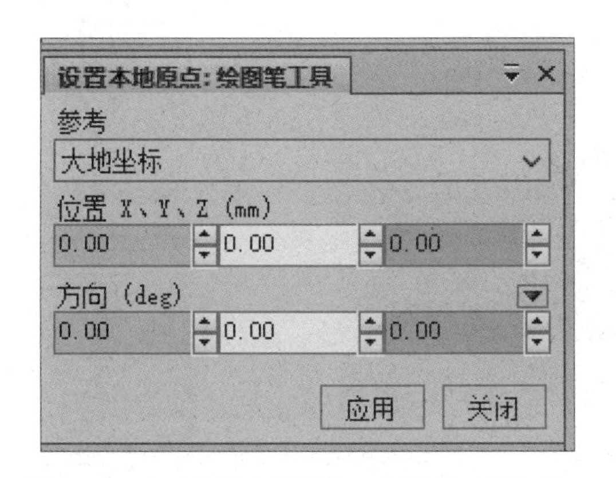

图 1.4.4　在“设置本地原点：绘图笔工具”窗口中设置参数

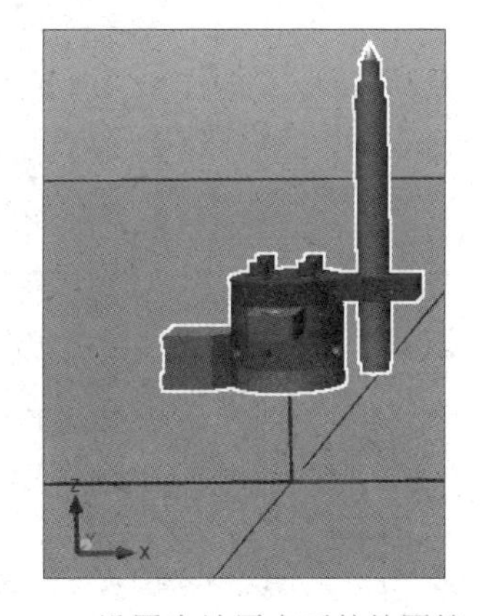

图 1.4.5　设置本地原点后的绘图笔工具

2. 创建框架

创建框架就是在绘图笔工具上新建一个坐标系，作为绘图笔工具的工具坐标。

选择“基本”选项卡“建立工作站”组中的“框架”选项，在下拉菜单中选择“创建框架”选项，会弹出“创建框架”窗口。通过“捕捉末端”工具将“框架位置”设定为笔尖处，“框架方向”中的参数全部设置为 0，如图 1.4.6 所示。单击“创建”按钮并关闭窗口，此时在笔尖处新建了一个框架。

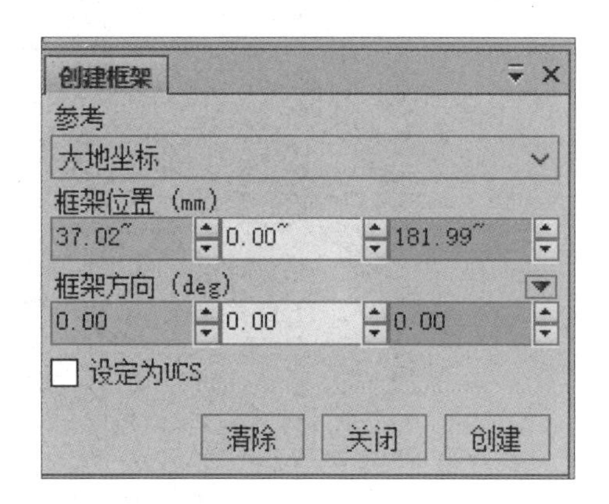

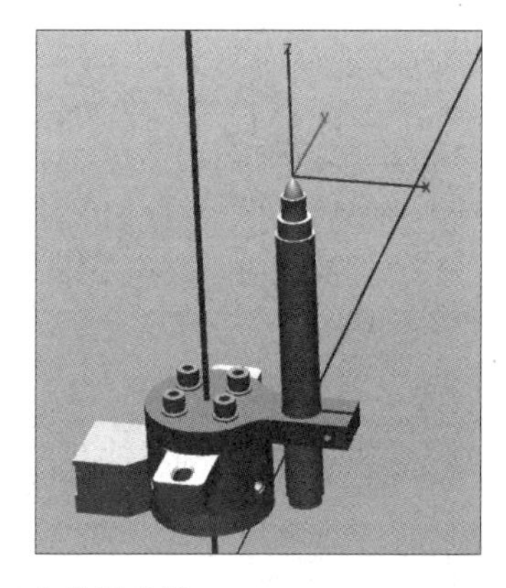

图 1.4.6　在“创建框架”窗口中设置参数

一般期望生成的坐标系框架的 Z 轴沿着工具轴线方向或者与工具末端表面垂直。在图 1.4.6 中新建的框架的 Z 轴沿着绘图笔的方向，是可以满足本工作站的工作要求的。当坐标轴的方向需要调整时，可以在“布局”窗口里右击“框架_1”，在弹出的快捷菜单中选择“设定为表面法线方向”选项，在弹出的“设定表面法线方向：框架_1”窗口中进行设置，如图 1.4.7 所示。

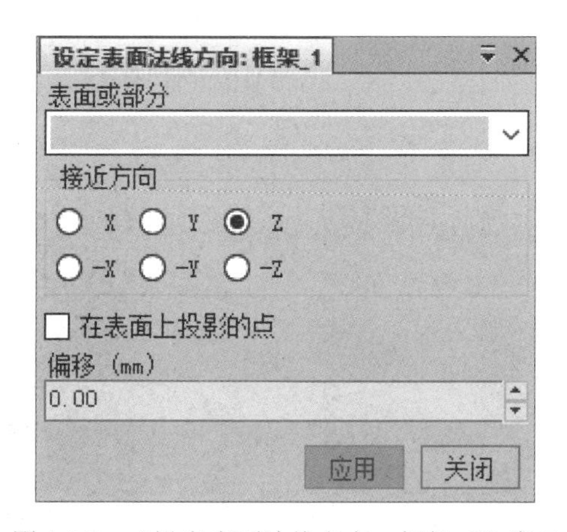

图 1.4.7　“设定表面法线方向：框架_1”窗口

在某些实际应用的案例中，工具坐标的原点会与工具的末端有一段距离，例如焊枪中的焊丝末端与工件坐标原点有一定距离。此时，可以在“布局”窗口中右击“框架_1”，选择“设定位置”选项，在弹出的窗口中进行相应的设置即可。本任务中使用的工具是绘图笔，无须进行设置。

3. 创建机器人工具

在“建模”选项卡中选择“机械”组中的“创建工具”选项，弹出“创建工具”窗口。在“Tool 名称”文本框中输入“绘图笔工具”，在“选择组件”栏里选择“使用已有的部件”单选按钮，并设置使用的部件为“绘图笔工具”，然后按照真实数据设置“重量”“重心”“转动惯量”等参数，也可以直接使用默认值，如图 1.4.8 所示。如果“重量”“重心”“转动惯量”等参数使用了默认值，在将工具应用到真实的机器人前，可以先采用服务例行程序“LoadIdentify”进行测量，然后再通过示教器进行修改。设置完成后，单击“下一个”按钮。

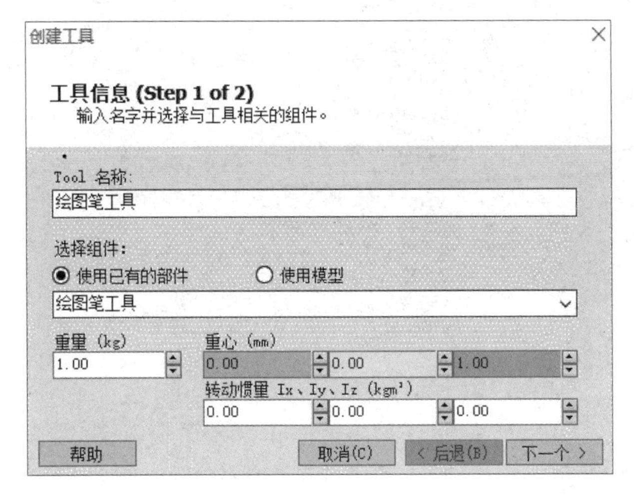

图 1.4.8　在“创建工具”窗口的“工具信息（Step 1 of 2）”界面中设置参数

在新的界面中，在“TCP 名称”文本框里输入“HuiTuTool”，将“数值来自目标点/框架”设置为“框架_1”，然后单击图标，将“框架_1”添加至“TCP”栏中，其余参数不用修改，如图 1.4.9 所示，单击“完成”按钮。

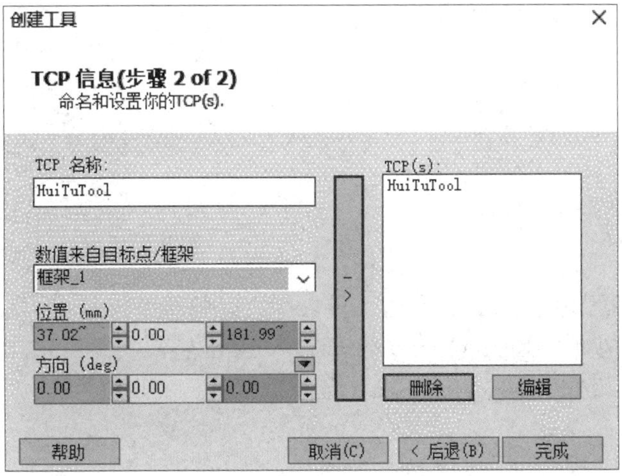

图 1.4.9　在“创建工具”窗口的“TCP 信息（步骤 2 of 2）”界面中设置参数

此时在“布局”窗口里生成了一个名为“绘图笔工具”的工具，且先前存在的几何体“绘图笔工具”已经消失。导入一个 IRB120 机器人，将机器人的第 5 轴角度更改为 90°，并将绘图笔工具安装到机器人末端，验证此时绘图笔工具的安装效果与图 1.4.1 中是否一致。

为了方便在以后的工作站中调用新建的工具，可以将其保存为库文件。在“布局”窗口里右击“绘图笔工具”，在弹出的快捷菜单中选择“保存为库文件”选项，如图 1.4.10 所示，在弹出的窗口中选择保存路径、输入文件名后，单击“保存”按钮，即可将绘图笔工具保存为库文件。

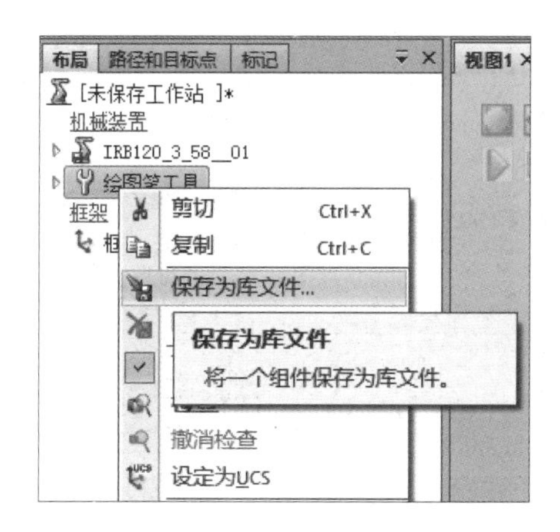

图 1.4.10　将绘图笔工具保存为库文件

三、任务小结

本任务中学习了将几何体创建为机器人工具的方法，具体步骤如下：

（1）导入几何体；

（2）调整几何体的位置和姿态；

（3）设定本地原点；

（4）创建框架；

（5）创建机器人工具；

（6）将机器人工具安装至机器人末端并进行验证；

（7）将生成的机器人工具保存为库文件。

扫码观看　UserTool 的创建

扫码观看　吸盘工具的创建

四、思考与练习

（1）在创建机器人工具时，如果将“重心”数据全部设置为 0，是否可行？

（2）使用给定的模型“UserTool.sat”制作机器人工具，将其安装到机器人末端并进行验证。

（3）使用给定的模型“吸盘工具.sat”制作机器人工具，将其安装到机器人末端并进行验证。

任务 1.5　机械装置的创建

一、任务目标

（1）掌握机械装置（设备）的创建方法；

（2）掌握机械装置（工具）的创建方法。

二、任务实施

为了在 RobotStudio 中进行离线仿真时更加完美地展示真实工作站的情景，通常使用创建机械装置的方法为气缸、夹爪工具等周边设备制作动画效果。通过创建机械装置的方法可以创建机器人、外部轴、设备和工具四种机械装置，其中最常用的是设备和工具的创建，本任务中将分别以装配模块气缸和主盘工具为例讲解机械装置创建方法。

扫码观看

装配模块气缸的创建

1. 机械装置（设备）的创建方法

装配模块如图 1.5.1 所示，它能在通过气缸对工件进行定位后，完成成套部件的装配。当装配模块上没有工件时，气缸移动部分位于装配模块的最右侧；当模块上有工件时，气缸移动部分向左伸出，顶住工件。通过创建机械装置（设备）的方法可模拟气缸的伸出和缩回动作。

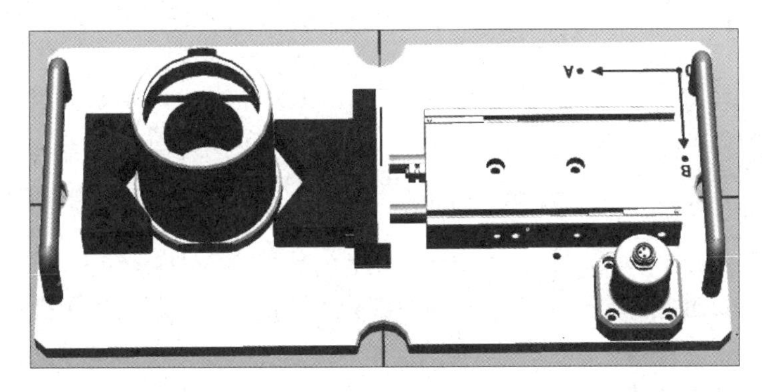

图 1.5.1　装配模块

新建一个空工作站，分别导入几何体“装配模块固定部分”和“装配模块移动部分”，如图 1.5.2 所示。

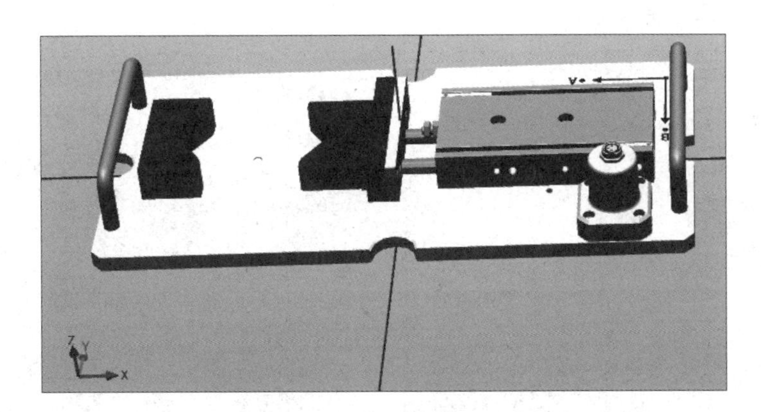

图 1.5.2　导入装配模块所需几何体

在“建模”选项卡的“机械”组里选择“创建机械装置”选项，会在工作区右侧弹出“创建 机械装置”窗口，如图 1.5.3 所示，将“机械装置模型名称”设置为“装配模块气缸”，将“机械装置类型”设置为“设备”。

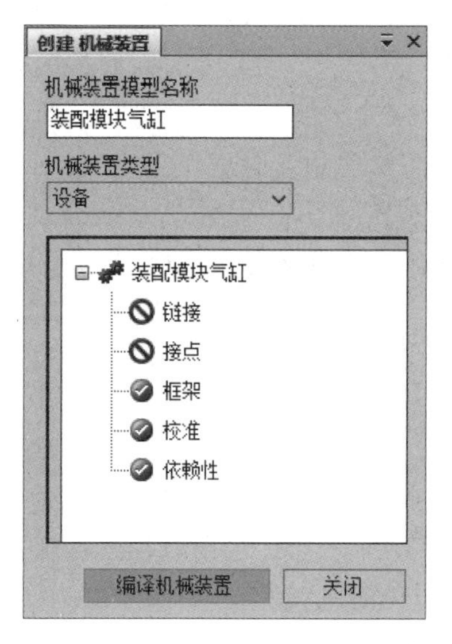

图 1.5.3 “创建 机械装置”窗口

双击窗口中的“链接”选项，会弹出“创建 链接”窗口。“链接名称”默认为“L1”，可根据需要进行修改，这里直接使用该名称。在“所选组件：”下拉列表中选择“装配模块固定部分”选项，勾选“设置为 BaseLink”复选框，然后单击▸图标，将所选组件添加至“已添加的主页”区域中，如图 1.5.4 所示。此处勾选“设置为 BaseLink”复选框的作用是将所选的组件在机械装置中作为固定不动的部分。单击窗口中的“应用”按钮，便创建了一个链接 L1。

再次双击“创建 机械装置”窗口中的“链接”选项，在弹出的“创建 链接”窗口中将“链接名称”修改为“L2”，在“所选组件：”下拉列表中选择“装配模块移动部分”选项，单击▸图标，将所选组件添加至“已添加的主页”区域中，如 1.5.5 所示。单击窗口中的“确定”按钮，便创建了另一个链接 L2。

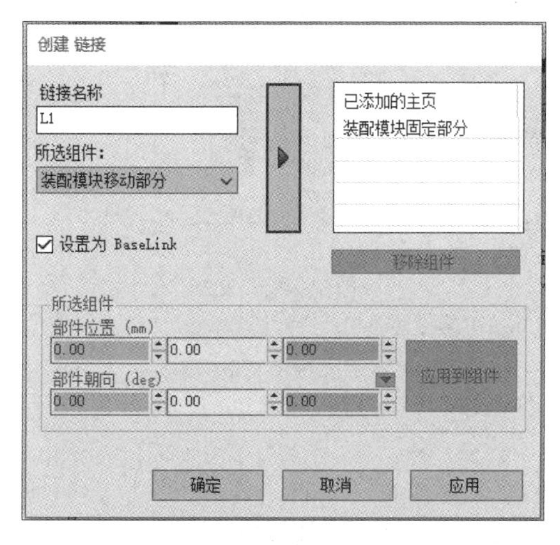

图 1.5.4 创建机械装置链接 L1

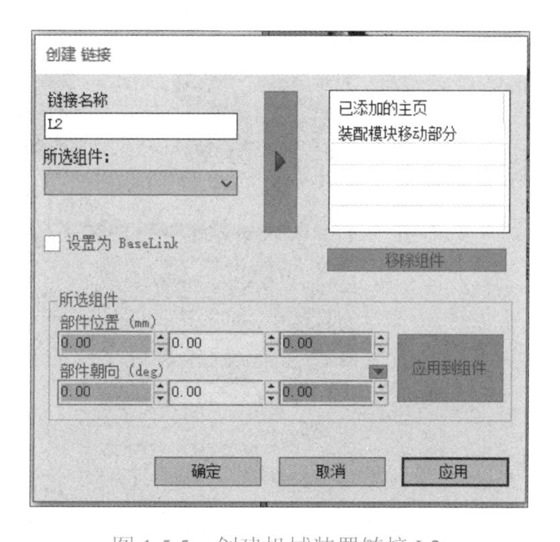

图 1.5.5 创建机械装置链接 L2

双击“创建 机械装置”窗口中的“接点”选项，会弹出“创建 接点”窗口。设置“关节名称”为“J1”，在“关节类型”中选择“往复的”单选按钮，将“父链接”和“子链接”分别设置为“L1（Base Link）”和“L2”，意味着将建立一个 L1 固定、L2 沿直线进行往复移动的名为 J1 的关节。“关节轴”中的“第一个位置”和“第二个位置”用来确定关节轴的位置。旋转关节需要用这两个点确定转轴位置，往复关节可以不设置这两个点，直接设置“Axis Direction”。“Axis Direction”中的三个参数分别代表大地坐标系的三个坐标轴，参数的正负表示关节沿哪个方向进行往复运动，正数表示沿着某一轴的正方向作为关节移动的正方向，负数表示沿着某一轴的负方向作为关节移动的正方向。此处参照图 1.5.2 中的大地坐标系，如果将气缸推出的方向作为关节的正方向，那么在第一个数值输入框中输入一个负数即可，如“-1”。“操纵轴”的最小限值和最大限值可以分别设置为“-3”和“9”，表示关节的最小运动位置是在当前位置沿着关节负方向移动 3mm，关节的最大运动位置是在当前位置沿着关节正方向移动 9mm，具体参数设置如图 1.5.6 所示。单击“确定”按钮，完成设置。

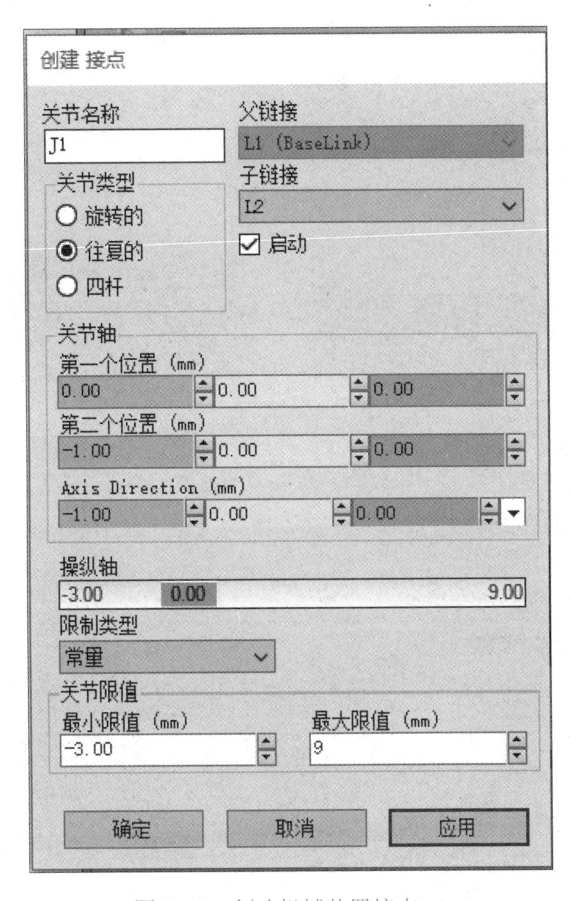

图 1.5.6　创建机械装置接点 J1

此时，“创建 机械装置”窗口中所有项的前面均已出现“对勾”，如图 1.5.7 所示，表示此机械装置的参数设置均已完成。单击“编译机械装置”按钮，在“布局”窗口里生成了一个名为“装配模块气缸”的机械装置，同时在“创建 机械装置”窗口中出现如图 1.5.8

所示的“关节映射”窗口，用以设置机械装置的姿态和转换时间。

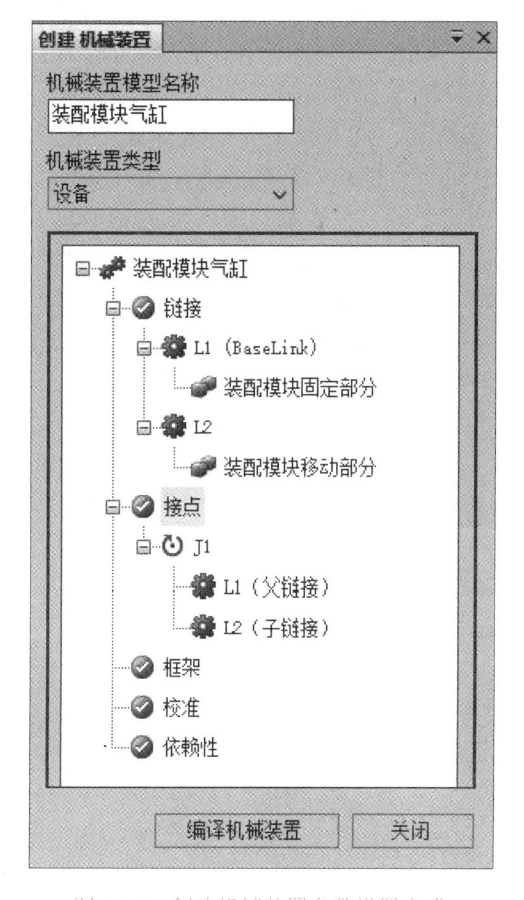

图 1.5.7　创建机械装置参数设置完成

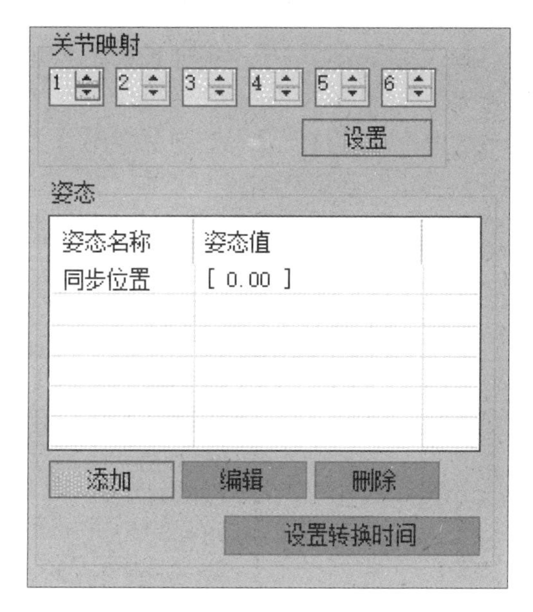

图 1.5.8　“关节映射”窗口

单击“关节映射”窗口中的“同步位置”，单击“编辑”按钮，弹出“修改 姿态”窗口，将“关节值”设置为 9，将“同步位置”作为关节的工作姿态使用，如图 1.5.9 所示，单击“确定”按钮。

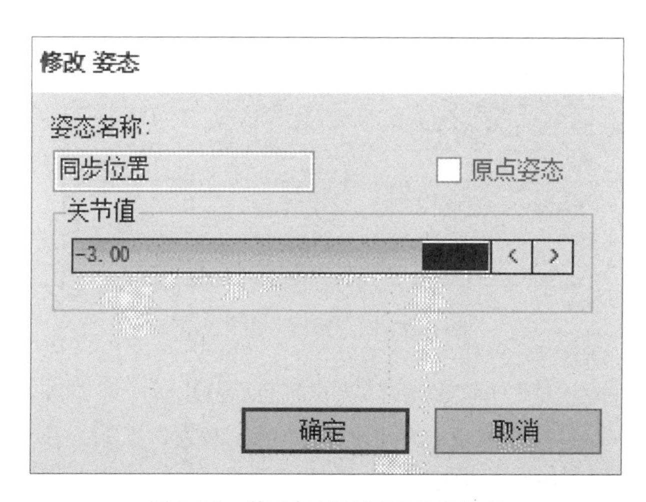

图 1.5.9　修改机械装置的工作姿态

在图 1.5.8 所示的“关节映射”窗口中单击“添加”按钮，会弹出“创建 姿态”窗口，勾选“原点姿态”复选框，并将“关节值”设置为−3，意味着将从当前位置向关节负方向移动 3mm 的位置作为原点并保持原点姿态，如图 1.5.10 所示，单击“确定”按钮。

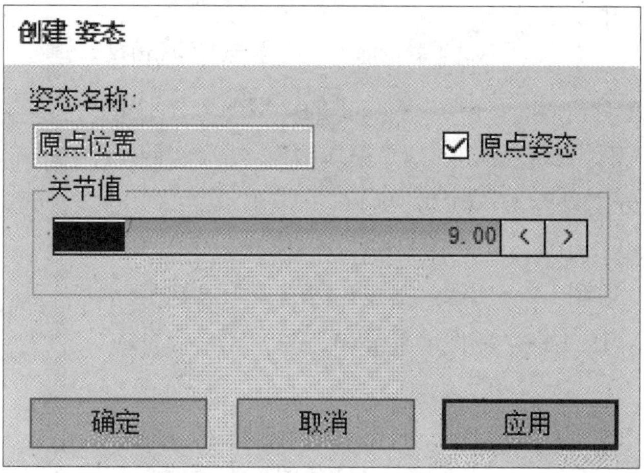

图 1.5.10　创建机械装置的原点姿态

单击图 1.5.8 所示的“关节映射”窗口中的“设置转换时间”按钮，会弹出“设置转换时间”窗口，用以设置不同姿态的转换时间，此处将两处时间参数均设置为 0.5 s，如图 1.5.11 所示，表示在仿真时不同的状态切换需要 0.5 s 的时间完成。

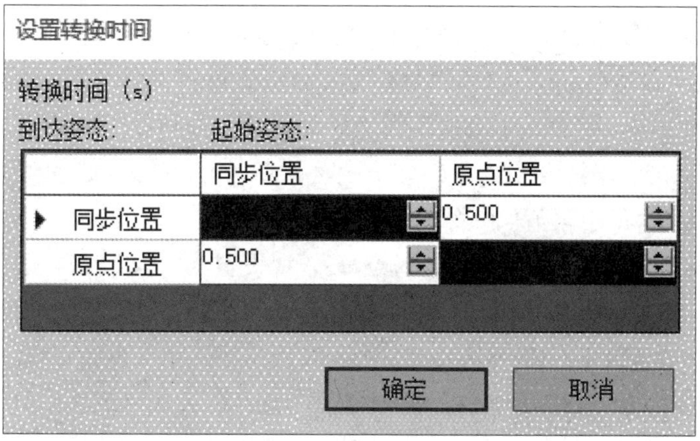

图 1.5.11　在“设置转换时间”窗口中设置参数

此时已经完成了机械装置的创建。在“创建 机械装置”窗口中依次单击“同步位置”和“原点位置”选项，工作区中的机械装置的位置将会发生相应变化，说明此时已经正确完成了机械装置的创建。关闭“创建 机械装置”窗口，此时在左侧“布局”窗口里生成了一个名为“装配模块气缸”的机械装置，将此装置保存为库文件。

2. 机械装置（工具）的创建方法

主盘工具是通过末端四个钢球的外扩与内收实现与专用工具的连接与脱离的。在创建主盘工具时，既需要体现钢球的动作，又需要使其具有工具的特性。

新建一个空工作站，导入几何体“主盘工具基体”和四个“钢球”，将“布局”窗口里的“钢球”分别重命名为“钢球_1”“钢球_2”“钢球_3”“钢球_4”，然后将四个钢球的位置和方向分别设置为[10，0，48]和[0，0，0]，[−10，0，48]和[0，0，0]，[0，−10，48]和[0，0，0]，[0，10，48]和[0，0，0]。如图1.4.1所示，接线盒应该处于大地坐标系 X 轴的负方向侧，因此将“主盘工具基体”绕大地坐标系的 Z 轴旋转180°。

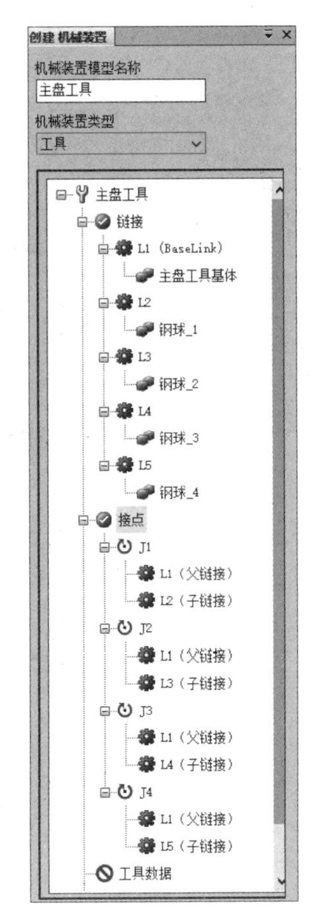

图1.5.12 主盘工具的链接和接点设置完成后的情况

在“建模”选项卡的机械组里选择“创建机械装置”选项，在弹出的“创建 机械装置”窗口中将“机械装置模型名称”和“机械装置类型”分别设置为“主盘工具”和“工具”。双击“链接”选项，建立链接L1，在“所选组件：”下拉列表中选择“主盘工具基体”选项并勾选“BaseLink”复选框。然后创建L2~L5四个链接，分别选择四个钢球作为组件。双击“接点”选项，在弹出的“创建 接点”窗口中首先建立一个名为J1，父链接为L1，子链接为L2的往复运动关节，由于子链接L2是沿着大地坐标系 X 轴正方向移动2mm，因此可以将“Axis Direction”的参数设置为[1，0，0]，将“最小限值”和“最大限值”分别设定为0和2。然后分别创建名为J2~J4的三个接点，父链接均为L1，子链接分别为L3～L5。J2的“Axis Direction”参数设置为[1，0，0]，“最小限值”和“最大限值”分别设置为−2和0；J3的“Axis Direction”参数设置为[0,1,0]，“最小限值”和“最大限值”分别设置为−2和0；J4的“Axis Direction”参数设置为[0，1，0]，“最小限值”和“最大限值”分别设置为0和2。各链接和接点创建完成后的情况如图1.5.12所示。

在如图1.5.12所示的窗口中双击“工具数据”选项，弹出“创建工具数据”窗口。“工具数据名称”表示新建的工具名称，不能用汉字命名，这里将其设置为“ZhuPanTool”。在“属于链接”下拉列表中选择“L1 (BaseLink)”，表示新建的工具坐标是固定在主盘工具基体上的。“位置”和“方向”表示新的工具坐标系的位置和方向，可以直接输入数据，也可以通过事先建立的“目标点/框架”确定，此处分别输入[0，0，41]和[0，0，0]。然后输入具体的工具数据中的“重量”“重心”“转动惯量”等参数，如图1.5.13所示。

在“创建 机械装置”窗口中单击“编译机械装置”按钮，在“布局”窗口里生成了一个名为“ZhuPan Tool”的工具。将同步位置设置为[2，−2，2，−2]，添加原点位置为[0，0，0，0]，将两处时间参数均设置为 0.2 s。此时可以依次单击“同步位置”和“原点位置”选项进行验证，主盘工具的同步位置和原点位置，如图 1.5.14 所示。关闭“创建 机械装置”窗口，将新创建的主盘工具保存为库文件。

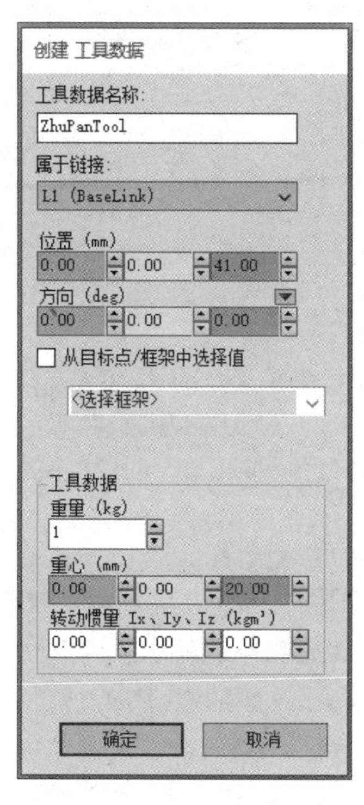

图 1.5.13　创建主盘工具数据

此时可以在工作站中导入一个 IRB120 机器人，并导入库文件“绘图笔工具”，将“绘图笔工具”和“主盘工具”同时安装到机器人末端，验证已创建工具的正确性。

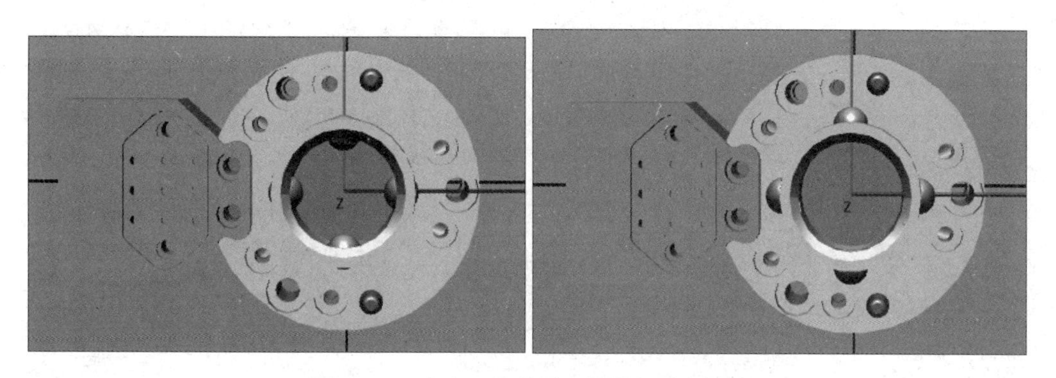

图 1.5.14　主盘工具的同步位置和原点位置

三、任务小结

本任务分别以装配模块气缸和主盘工具为例介绍了机械装置（设备）和机械装置（工

具）的创建方法。具体创建步骤如下。

（1）导入几何体，并将固定部分和运动部分分组；

（2）创建链接；

（3）创建接点；

（4）设置工具数据（仅创建工具时需要进行设置）；

（5）编译机械装置；

（6）设置工作姿态及转换时间；

（7）保存为库文件。

四、思考与练习

（1）使用给定的几何体“平口夹爪工具.sat”和“弧口夹爪工具.sat”，通过创建机械装置的方式分别创建机器人工具，并将其安装到机器人末端进行验证。

（2）使用给定的几何体“变位机模块.sat”创建机械装置，变位机的位置参数为［0，−20，20］。

（3）使用给定的几何体“旋转供料模块.sat”创建机械装置，使创建完成的旋转供料模块有 6 个工位，6 个工位相邻并且每两个工位间均相隔 60°。

（4）打开“t5”工作站，将其另存为“t6”工作站，并在“t6”工作站中使用本任务中创建的所有机械装置（旋转供料模块除外）替换原有模型，将主盘工具安装至机器人末端。在“基本”选项卡中“导入模型库”组中的“浏览库文件”选项，将吸盘工具、绘图笔工具、平口夹爪工具和弧口夹爪工具四个专用工具放置到快换工具模块上。专用工具放置时，可以通过捕捉点的方式定位，也可以直接输入放置位置，四个专用工具的放置位置和角度如下：吸盘工具为［−90，−375，1130］和［180，0，90］，绘图笔工具为［−210，−525，1130］和［180，0，90］，平口夹爪工具为［−210，−375，1130］和［180，0，90］，弧口夹爪工具为［−90，−525，1130］和［180，0，90］。放置完成后，右击每个机械装置和专用工具，在弹出的快捷菜单中选择“断开与库的连接”选项，将它们与库文件的连接断开。并使用“从布局”的方法建立一个名为“X-Controller”的机器人虚拟控制器，在“选择控制器机制”界面中只保留机器人为被勾选状态。

扫码下载

t5

扫码观看

平口夹爪工具的创建

扫码观看

弧口夹爪工具的创建

扫码观看

变位机模块机械装置的创建

扫码观看

旋转供料模块机械装置的创建

扫码观看

1+X 考核平台布局更新

项目 2

创建仿真工作站动态效果

扫码观看

关节成品装配

机器人工作站的虚拟仿真运动包含机器人的动作及其他外部设备(如输送带、变位机、转台等)的动作。机器人的动作是通过创建机器人控制器控制 RAPID 程序中的运动指令实现的，其他外部设备的动作则需要借助虚拟手段进行模拟。虚拟动作的模拟是机器人工作站虚拟仿真的重要组成部分。在 RobotStudio 中，可使用事件管理器或 Smart 组件制作动态效果。简单的动态效果可以使用事件管理器制作，但复杂的动态效果则必须使用 Smart 组件进行制作。本项目将以“1+X”考核平台中涉及的外部设备动态效果的制作为例，介绍在 RobotStudio 中制作动态效果的方法。

任务 2.1　机器人标准 I/O 板及信号的配置

扫码观看

机器人标准 I/O 板及信号的配置

一、任务目标

(1) 掌握 ABB 机器人标准 I/O 板的配置方法;
(2) 掌握 ABB 机器人 I/O 信号的配置方法。

二、任务实施

I/O 是 Input/Output 的缩写，表示输入、输出端口。机器人可通过 I/O 与外部设备（如传感器、电磁阀、继电器等）进行交互。ABB 机器人 I/O 位于标准 I/O 板上，标准 I/O 板挂在 DeviceNet 网络上。IRB120 机器人使用的标准 I/O 板型号为 DSQC 652，其具有 16 个数字信号输入接口和 16 个数字信号输出接口。在 1+X 考核平台工作站中，各种传感器信号通过信号输入接口发送给机器人，机器人则通过信号输出接口将各种动作指令发送给外部设备。对于新的机器人，在使用前需要对该机器人的标准 I/O 板和 I/O 信号进行配置。

1. 标准 I/O 板的配置

打开名为“t6”的工作站，选择“控制器”选项卡“配置”组中的“配置”选项，再选择“I/O System”子选项，会弹出“配置 - I/O System”窗口，如图 2.1.1 所示。

Name	Rapid	Local Client in Manual Mode	Local Client in Auto Mode	Remote Client in Manual Mode	Remote Client in Auto Mode
All	Write Enabled	Write Enabled	Write Enabled	Write Enabled	Write Enabled
Default	Write Enabled	Write Enabled	Read Only	Read Only	Read Only
Internal	Read Only	Read Only	Read Only	Read Only	Read Only
ReadOnly	Read Only	Read Only	Read Only	Read Only	Read Only

图 2.1.1　“配置-I/O System”窗口

右击“DeviceNet Device”，在弹出的快捷菜单中选择“新建 DeviceNet Device…”选项，如图 2.1.2 所示。此时会弹出配置 DeviceNet Device 的“实例编辑器”窗口，在“使用来自模板的值”下拉列表中选择“DSQC 652 24 VDC I/O Device”，将“Address”值修改为“10”（ABB 机器人标准 I/O 板在 DeviceNet 网络上的地址值范围是 10~63，默认值是 10），其他项均保持为默认值，如图 2.1.3 所示。单击“确定”按钮，会弹出对话框，提示“控制器重启后更改才会生效”，如图 2.1.4 所示，单击“确定”按钮。此时在配置窗口右侧出现了一个名为“d652”的板卡，右击“d652”，可在弹出的快捷菜单中进行编辑、新建、复制、删除等操作。此处可以先不重启控制器，等 I/O 信号配置完成后，再重启控制器。

扫码下载

t6

图 2.1.2　选择“新建 DeviceNet Device”选项

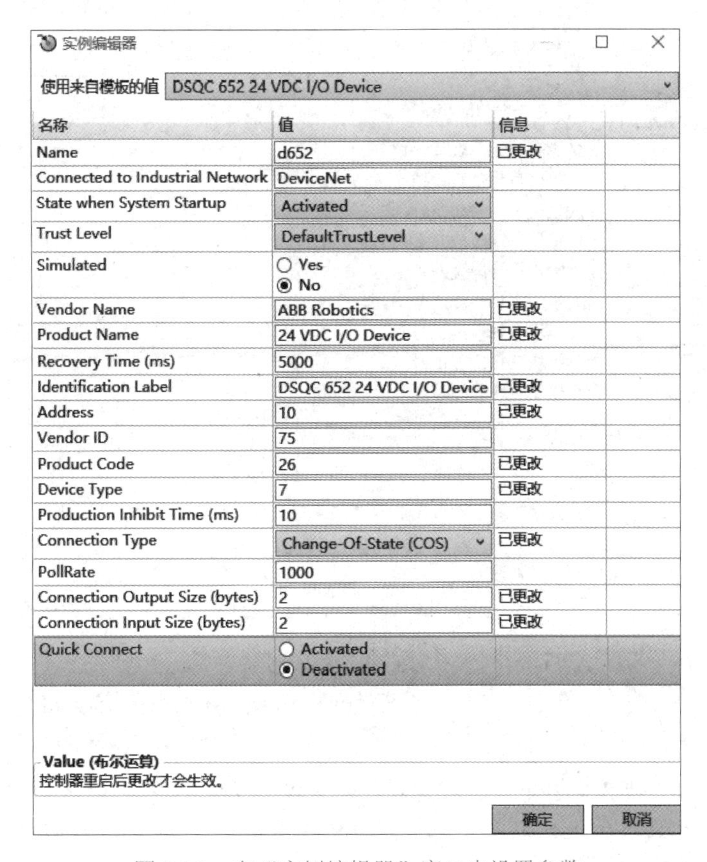

图 2.1.3 在“实例编辑器”窗口中设置参数

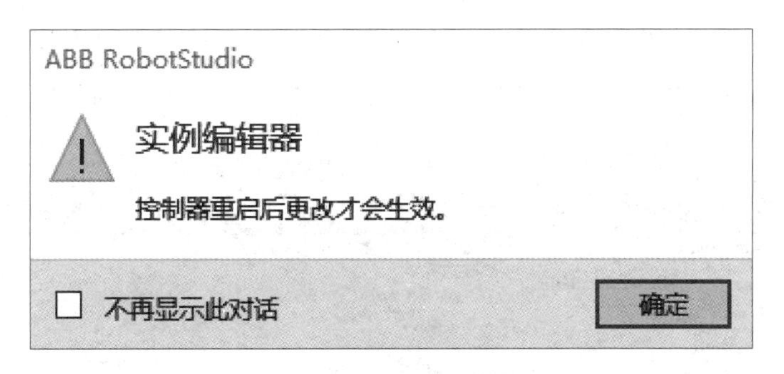

图 2.1.4 “控制器重启后更改才会生效”对话框

2. I/O 信号的配置

在配置 I/O 信号前，需要对每个 I/O 的作用进行规划和分配，确定每个 I/O 的名称和地址等信息。“1+X”考核平台中级考试时 ABB 机器人的 I/O 信息如表 2.1.1 所示，共包含 16 个数字量输入信号接口和 12 个数字量输出信号接口。因为这里使用输入信号接口和输出信号接口数量均未超过 DSQC 652 板卡所拥有的信号接口数量，所以可以使用此块板卡完成任务。当板卡的输入信号接口或输出信号接口的数量不够用时，可以通过组信号或者外接板卡的方式完成任务。

表 2.1.1 “1+X”考核平台中级考试时 ABB 机器人的 I/O 信息表

数字量输入信号				数字量输出信号			
序号	信号名称	信号地址	说明	序号	信号名称	信号地址	说明
1	DI1	0	旋转供料模块有料检测信号	1	YV1	0	主盘工具松开信号
2	DI2	1	井式供料推杆后限位信号	2	YV2	1	主盘工具锁紧信号
3	DI3	2	井式供料有料检测信号	3	YV3	2	夹爪工具松开信号
4	DI4	3	皮带输送机前限位开关信号	4	YV4	3	夹爪工具夹紧信号
5	DI5	4	皮带输送机后限位开关信号	5	YV5	4	吸盘真空信号
6	DI6	5	仓库模块有料检测信号 1	6	DO6	5	井式上料模块气缸推出信号
7	DI7	6	仓库模块有料检测信号 2	7	DO7	6	装配模块气缸推出信号
8	DI8	7	仓库模块有料检测信号 3	8	DO8	7	装配模块气缸缩回信号
9	DI9	8	仓库模块有料检测信号 4	9	DO9	8	转台旋转信号
10	DI10	9	仓库模块有料检测信号 5	10	DO10	9	变位机正向旋转信号
11	DI11	10	仓库模块有料检测信号 6	11	DO11	10	变位机回原点旋转信号
12	DI12	11	吸盘工具检测有无信号	12	DO12	11	未分配
13	DI13	12	平口夹爪工具检测有无信号	13	DO13	12	未分配
14	DI14	13	弧口夹爪工具检测有无信号	14	DO14	13	未分配
15	DI15	14	绘图笔工具检测有无信号	15	DO15	14	未分配
16	DI16	15	主盘工具锁紧到位信号	16	DO16	15	皮带输送机启动信号

下面以数字输入信号 DI2 为例介绍 I/O 信号的配置方法。在如图 2.1.1 所示窗口中右击“Signal”，在弹出和快捷菜单中选择“新建 Signal”选项，弹出配置 Signal 的“实例编辑器”窗口。“Name”指信号的名称，在“值”中输入“DI2”；“Type of Signal”指信号的类型，有 Analog Input、Analog Output、Digital Input、Digital Output、Group Input、Group Output 六种类型可选，此处可在下拉列表中选择“Digital Input”；“Assigned to Device”用于设置信号所在的 I/O 模块，选择新配置的“d652”板卡；“Device Mapping”指信号所占用的地址，根据表 2.1.1，在“值”中输入“1”；其他参数无须更改，具体参数配置如图 2.1.5 所示。单击“确定”按钮，在弹出的对话框中单击“确定”按钮，此时就完成了 DI2 信号的配置。

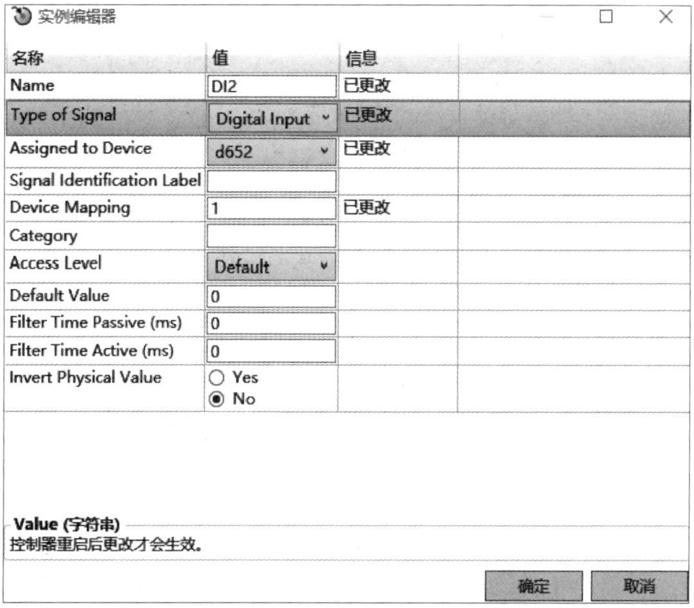

实例编辑器

名称	值	信息
Name	DI2	已更改
Type of Signal	Digital Input	已更改
Assigned to Device	d652	已更改
Signal Identification Label		
Device Mapping	1	已更改
Category		
Access Level	Default	
Default Value	0	
Filter Time Passive (ms)	0	
Filter Time Active (ms)	0	
Invert Physical Value	○ Yes ◉ No	

Value (字符串)
控制器重启后更改才会生效。

确定 取消

图 2.1.5 “实例编辑器”窗口中的参数配置

右击刚刚创建的 DI2 信号，在弹出的快捷菜单中选择“复制 Signal”选项，在弹出的窗口中更改信号的名称和地址，即可完成另一个新的信号的创建。依次完成表 2.1.1 中所有信号的创建。

选择“控制器”选项卡“控制器工具”组中的“重启”选项，弹出“重启动（热启动）”对话框，如图 2.1.6 所示，提示“控制器将重启。状态已经保存，对系统参数设置的任何修改都将在重启后激活”。单击“确定”按钮，此时工作站控制器将重新启动。重启完成后，所有关于标准 I/O 板和 I/O 信号的配置均会生效，意味着完成了标准 I/O 板和 I/O 信号的配置。将配置完成后的工作站保存为“t6-finished”。

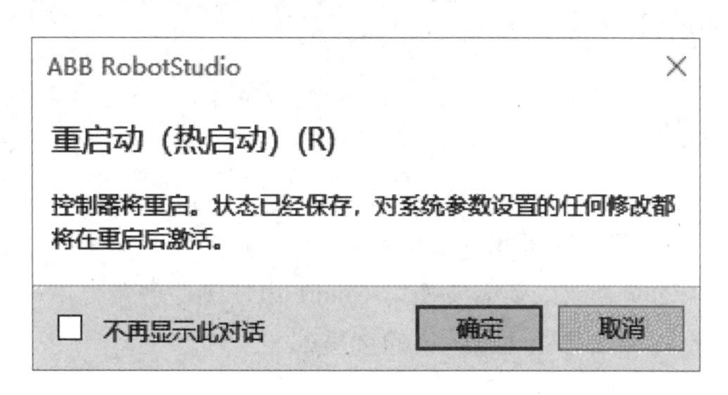

图 2.1.6　“重启动（热启动）”对话框

对于标准 I/O 板和 I/O 信号的配置，也可在“IRC5 FlexPendant”虚拟示教器中通过“控制面板”中的“配置”选项进行。

三、任务小结

I/O 信号是 ABB 机器人通过标准 I/O 板与外部设备进行数据交互的通道。本任务中讲解了“1+X”考核平台中级考试时 ABB 机器人 I/O 信号的配置方法。在进行 I/O 信号配置时，需要遵循以下步骤。

（1）统筹规划工作站中所有 I/O 信号的功能和地址；

（2）配置标准 I/O 板；

（3）配置 I/O 信号；

（4）重启控制器（必须重启控制器，才能使信 I/O 号生效，有多个 I/O 信号时，可以在全部配置完成后再重启控制器）。

四、思考与练习

（1）创建一个名为“GO1”的组输出信号，其占用地址为 8~11。

（2）传感器信号可以直接连接到机器人数字信号输入接口；也可以先连接到 PLC（Programmable Logic Controller，可编程逻辑控制器）上，再通过 PLC 将信号传递给机器人。使用这两种不同的连接方式时，机器人数字信号输入接口的配置方法是否相同？

任务 2.2　使用事件管理器创建装配模块气缸伸缩动态效果

一、任务目标

扫码观看

使用事件管理器创建装配模块气缸伸缩动态效果

（1）了解事件管理器中各参数的意义；
（2）掌握简单事件动作的创建方法。

二、任务实施

在 RobotStudio 中创建动态效果的方法有两种，气缸伸缩等简单的动态效果可以使用事件管理器创建；复杂的动态效果则需要使用 Smart 组件进行创建。本任务中将讲解使用事件管理器创建装配模块气缸伸缩动态效果的过程。

1. 创建新事件

打开“t6-finished（或 t7）”工作站，单击“仿真”选项卡“仿真控制”组中的“事件管理器”图标，如图 2.2.1 所示，弹出“事件管理器”窗口。“事件管理器”窗口如图 2.2.2 所示，由任务窗格、事件网格、触发编辑器和动作编辑器四个区域组成。

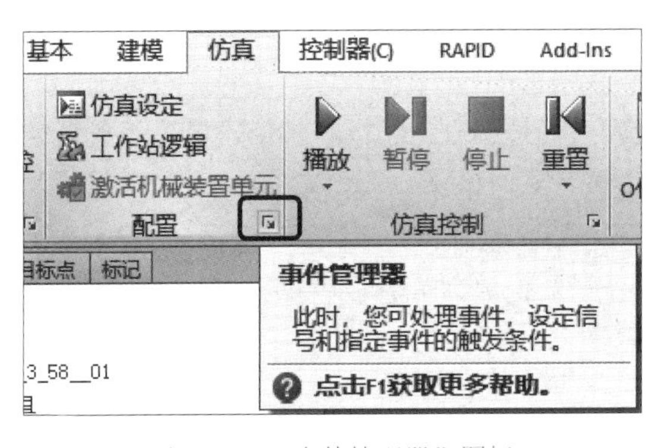

图 2.2.1　“事件管理器”图标

扫码下载

t7

任务窗格区域中共有六个选项，可实现事件的添加、删除、复制、刷新、导出和导入。

单击“添加”按钮，弹出“创建新事件-选择触发类型和启动”窗口，如图 2.2.3 所示，在此窗口中有“设定启用”和“事件触发类型”两个区域，“创建新事件-选择触发类型和启动”窗口中各选项的含义如表 2.2.1 所示。将“启动”设置为“开”，在“事件触发类型”中选择“I/O 信号已更改”单选按钮，单击“下一个”按钮。

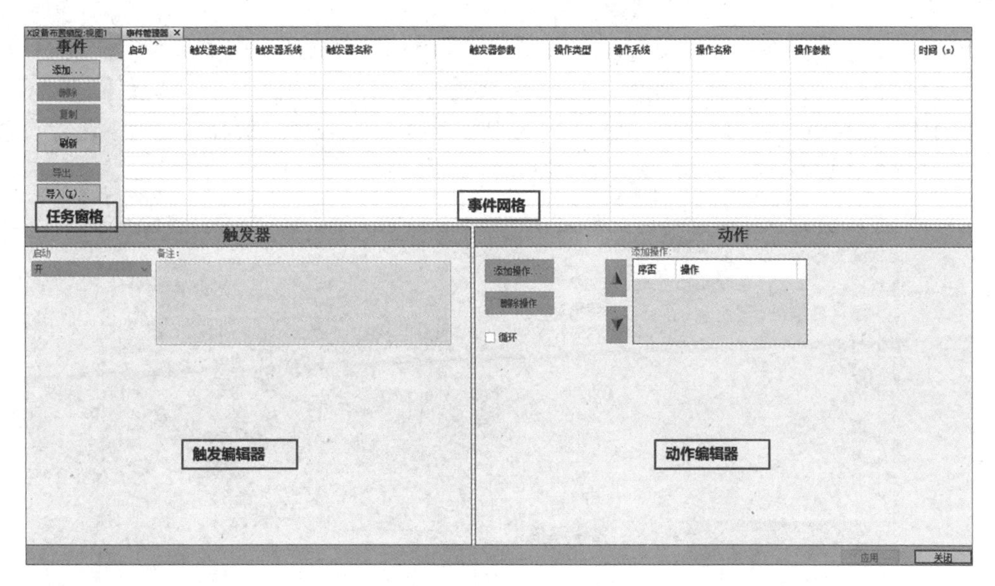

图 2.2.2　“事件管理器”窗口

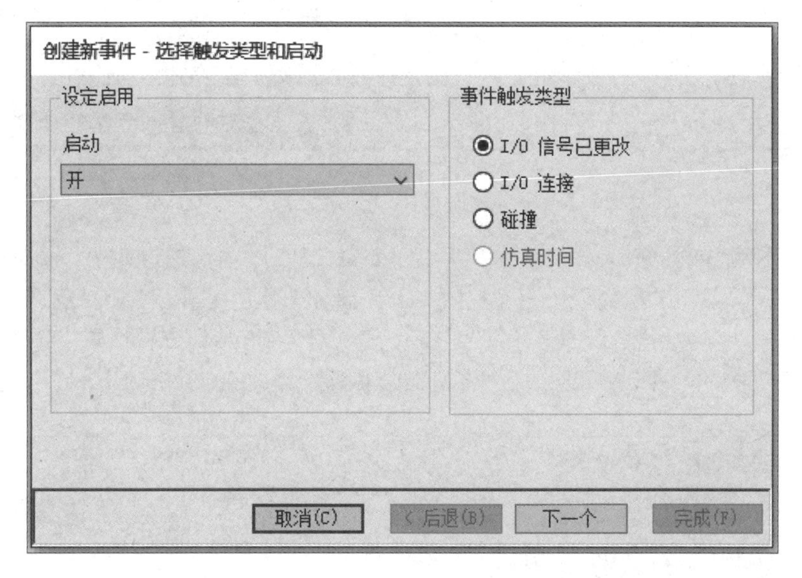

图 2.2.3　“创建新事件-选择触发类型和启动”窗口

表 2.2.1　“创建新事件-选择触发类型和启动”窗口中各选项的含义

窗格	描述
设定启用	用于显示事件是否处于活动状态。 开：表示动作始终在触发事件发生时执行。 关：表示动作在触发事件发生时不执行。 仿真：表示只有触发事件在模拟运行时，动作才会执行
事件触发类型	用于显示触发动作的条件类型。 I/O 信号已更改：表示更改数字 I/O 信号。 I/O 连接：模拟可编程逻辑控制器的行为。 碰撞：表示碰撞的开始或结束，或差点撞上。 仿真时间：用于设置激活的时间。 注意：“仿真时间”按钮在激活仿真时可启用；事件触发类型不能在触发编辑器中更改，如果需要当前触发器类型之外的触发器，需创建全新的事件

来到“创建新事件-I/O 信号触发器”窗口，如图 2.2.4 所示，在左侧选择“DO7”，在“信号源：”下拉列表中选择“当前控制器”，选择“信号是 True(‘1’)”单选按钮。上述操作表示当 DO7 信号变成“1”时，将触发某一动作，具体动作类型将在后续过程中进行设置。单击“下一个”按钮。

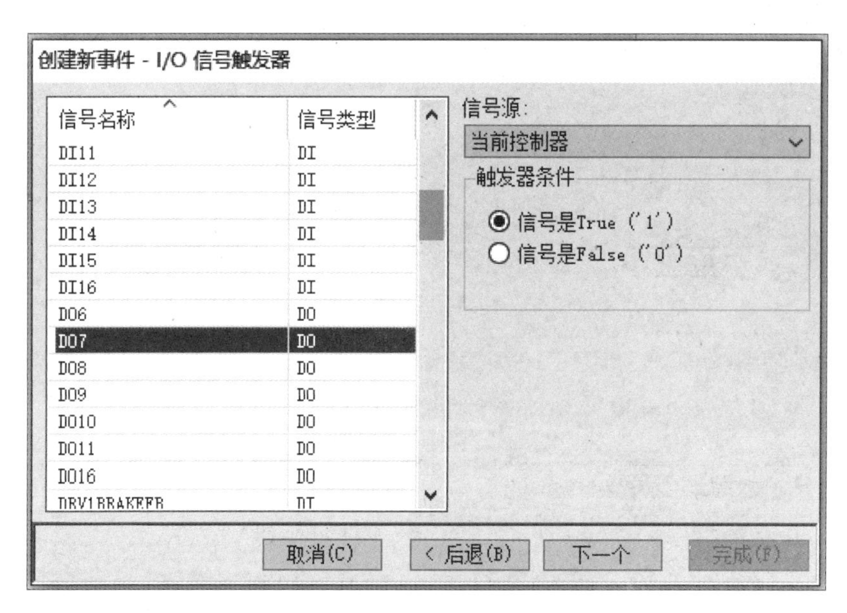

图 2.2.4 “创建新事件-I/O 信号触发器”窗口

来到“创建新事件-选择操作类型”窗口，如图 2.2.5 所示，通过此窗口可以设置动作类型。“设定动作类型：”下拉列表中有“更改 I/O”“附加对象”“提取对象”“打开/关闭 TCP 跟踪”“将机械装置移至姿态”“移动对象”“显示/隐藏对象”“移到查看位置”选项。此处需要控制装配模块气缸的动作，所以选择“将机械装置移至姿态”。单击“下一个”按钮。

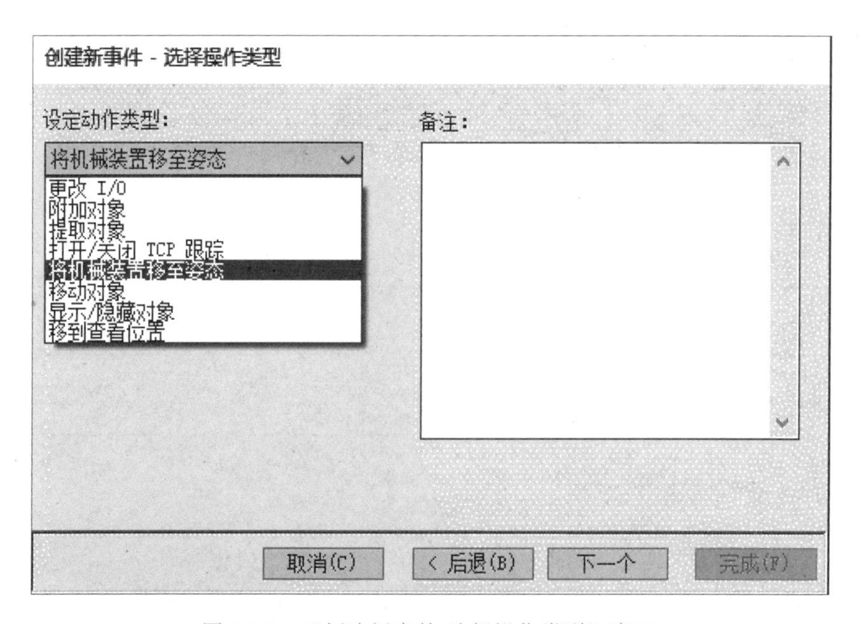

图 2.2.5 “创建新事件-选择操作类型”窗口

来到“创建新事件-将机械装置移至姿态”窗口，如图2.2.6所示，在“机械装置：”下拉列表中选择“装配模块”，在“姿态：”下拉列表中选择“同步位置”。当装配模块气缸达到同步位置时，如果需要触发气缸到位信号，那么可以在“要在姿态达到以下状态时设置的工作站信号：”区域里进行设置，如果不需要触发信号就不用设置。单击“完成”按钮。

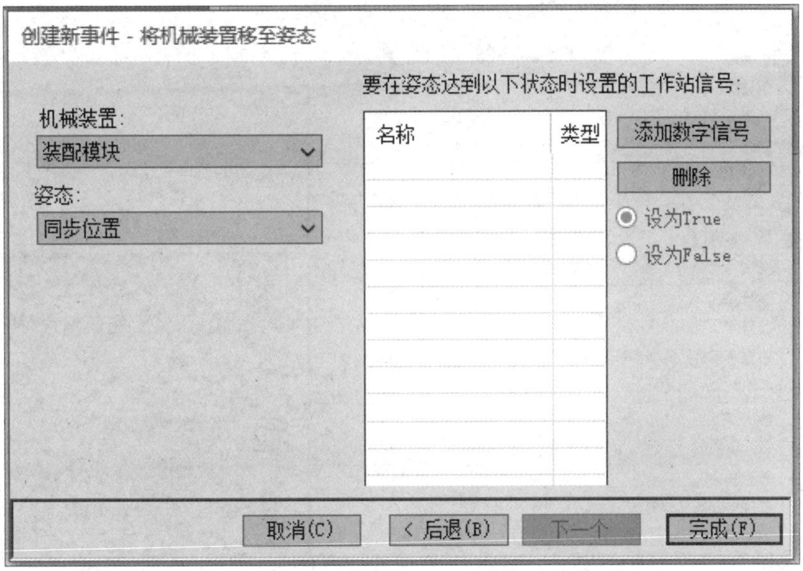

图2.2.6　“创建新事件-将机械装置移至姿态”窗口

设置完成后会显示新创建事件的信息，如图2.2.7所示。在事件网格中显示了新创建的事件及其属性，在触发编辑器区域中显示了触发器的设置及其属性，在动作编辑器区域中显示了动作的设置及其属性。如果需要更改设置，可直接在此窗口中进行更改。

按照上述步骤，再新建一个事件，使用DO8信号控制装配模块气缸回到原点位置。完成后，关闭事件管理器。

图2.2.7　新创建事件的信息

2. 验证事件

单击“控制器”选项卡，在左侧“控制器”窗口中右击“X-Controller”，在弹出的快捷菜单中选择“操作模式”选项，弹出“操作模式”窗口，如图 2.2.8 所示。在“操作模式”窗口中选中“手动”单选按钮，将控制器设置为手动模式，关闭窗口。

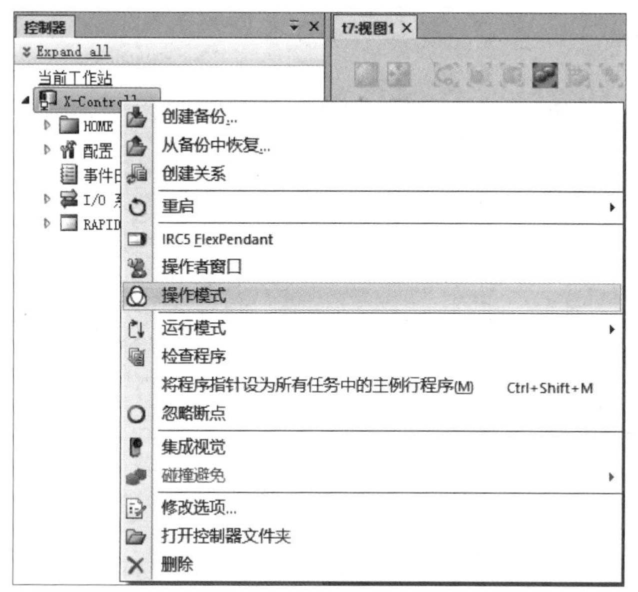

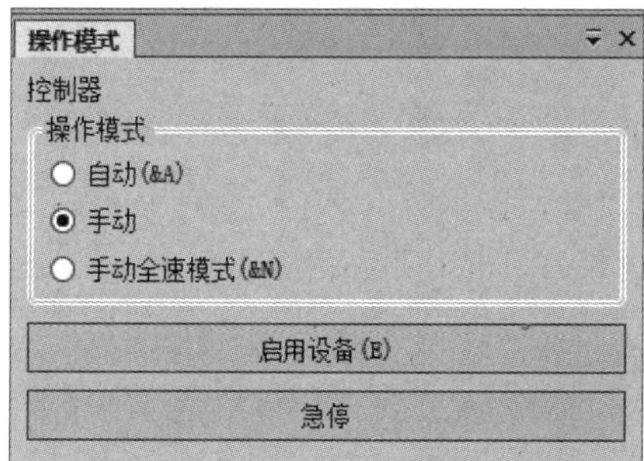

图 2.2.8　打开“操作模式”窗口

以俯视的角度让装配模块铺满整个工作布局视图。选择“控制器”选项卡“控制器工具”组中的“输入/输出”选项，弹出“X-Controller（工作站）”窗口，在该窗口的工作区中会显示“I/O 系统”标签。在工作区中右击“I/O 系统”标签，在弹出的快捷菜单中选择“新垂直标签组”选项，如图 2.2.9 所示。此时“t7：视图 1”和“I/O 系统”这两个窗口会左右平铺展开，多窗口分栏平铺图如图 2.2.10 所示。

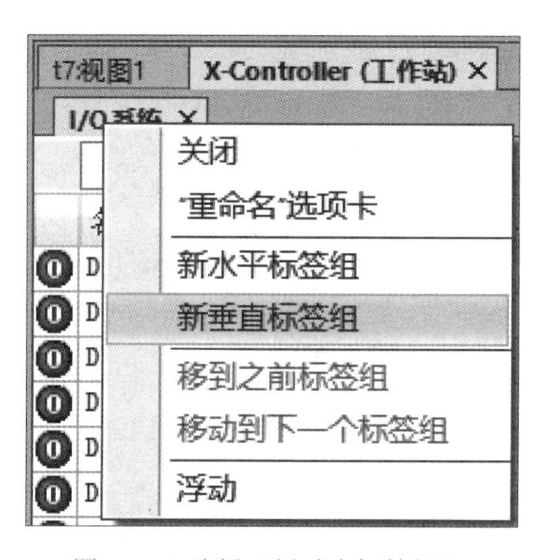

图 2.2.9　选择“新垂直标签组”

在右侧“I/O 系统”窗口中，右击“DO7”，在弹出的快捷菜单中选择“设置 1”选项，将 DO7 信号手动设置为 1，如图 2.2.11 所示，同时将 DO8 信号设置为 0，此时气缸将运动至“同步位置”，如图 2.2.12（a）所示。用同样的方法将 DO7 信号设置为 0，DO8 信号设置为 1，装配模块气缸将运动至“原点位置”，如果 2.2.12（b）所示。

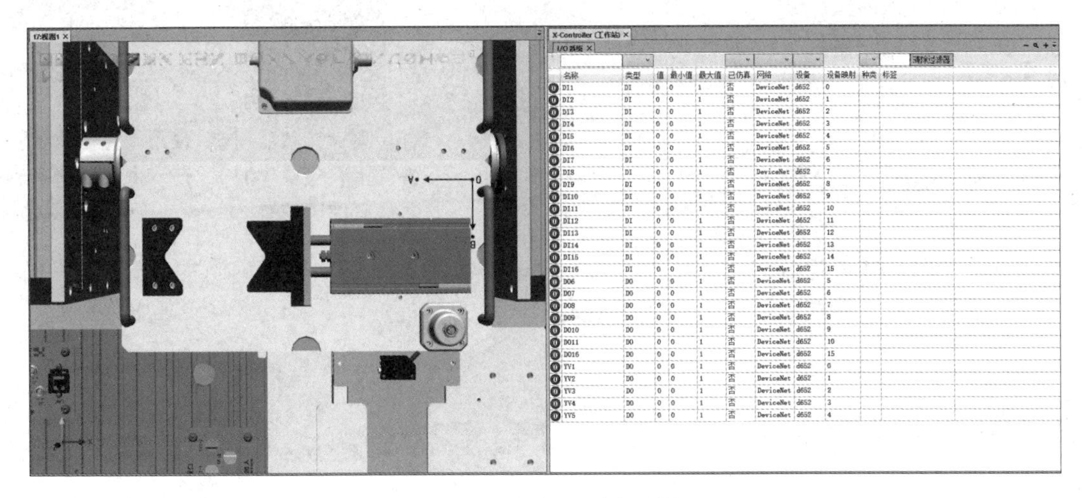

图 2.2.10　多窗口分栏平铺图

名称	类型	值	最小值	最大值	已仿真	网络	设备	设备映射
D06	DO	0	0	1	否	DeviceNet	d652	5
D07				1	否	DeviceNet	d652	6
D08				1	否	DeviceNet	d652	7
D09				1	否	DeviceNet	d652	8
D010				1	否	DeviceNet	d652	9
D011	DO	0	0	1	否	DeviceNet	d652	10
D016	DO	0	0	1	否	DeviceNet	d652	15

设置 1
设置 0
已仿真

图 2.2.11　将 DO7 信号手动设置为 1

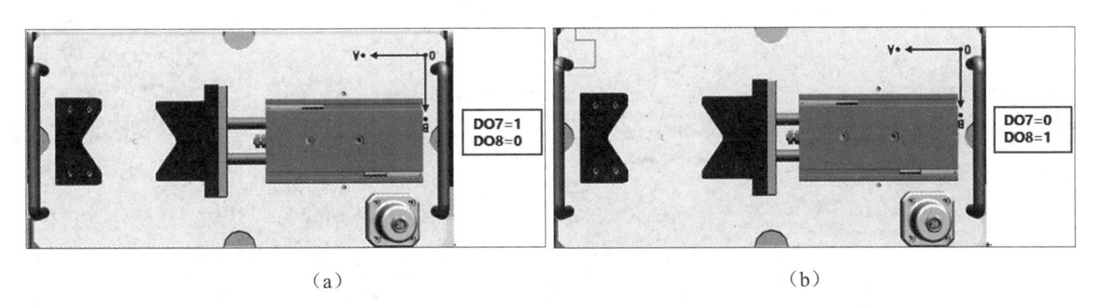

（a）　　（b）

图 2.2.12　用信号控制装配模块气缸位置

至此，完成了对事件管理器设置的验证，关闭窗口并保存工作站为“t7-finished”。

三、任务小结

本任务以装配模块气缸伸缩动态效果为例，介绍了使用事件管理器创建简单动态效果的过程，使用事件管理器创建简单动态效果的具体步骤如下。

（1）打开事件管理器；

（2）创建新事件，设置事件是否处于活动状态并选择触发器类型；

（3）设置事件的 I/O 信号触发器；

（4）选择操作类型；

（5）设置具体操作；

（6）手动验证事件，验证时需要将控制器设置为手动模式。

扫码观看

使用事件管理器创建井式上料模块中的气缸动态效果

扫码观看

使用事件管理器创建井式上料模块中的变位机动态效果

四、思考与练习

（1）使用事件管理器创建井式上料模块中的气缸动态效果和变位机动态效果。

（2）使用事件管理器能否随意变更变位机停留的位置？

任务 2.3　使用 Smart 组件创建主盘工具的开合动态效果

一、任务目标

（1）初步了解 Smart 组件；

（2）了解使用 Smart 组件创建动态效果的一般步骤；

（3）掌握使用 Smart 组件创建主盘工具的开合动态效果的方法。

二、任务实施

扫码下载

t8

Smart 组件是 RobotStudio 中创建动态效果的高效工具。本任务中将以创建主盘工具的开合动态效果为例，介绍使用 Smart 组件创建动态效果的一般步骤。

打开“t7-finished（或 t8）”工作站，选择“建模”选项卡“创建”组中的“Smart 组件”选项，会在左侧“布局”窗口中生成一个名为“SmartComponent_1”的组件，同时在工作区中也会打开此组件的工作窗口。在左侧“布局”窗口里右击“SmartComponent_1”，在弹出的快捷菜单中选择“重命名”选项，将此组件重命名为“SC_主盘工具”。

Smart 组件的创建步骤包括创建 Smart 组件、添加子组件并设置其属性、创建“属性与连结”、创建“信号和连接”、效果验证。

扫码观看

使用 Smart 组件实现主盘开合

1. 添加子组件

我们需要根据 Smart 组件要实现的不同功能添加相应的子组件。RobotStudio 提供了信号和属性、参数建模、传感器、动作、本体、控制器、物理、PLC、虚拟现实和其他等十种不同的子组件组。主盘工具的运动是在两个不同的位置间进行切换的，因此只需要用到“本体”组中的

"PoseMover"子组件，此子组件可以让机械装置关节运动到一个已定义的姿态。在"SC_主盘工具"的工作窗口的"组成"选项卡中选择"添加组件"选项，再选择"本体"组中的"PoseMover"选项，弹出"属性：PoseMover_1［Syncpose］"窗口，将"Mechanism"设置为"主盘工具"，将"Pose"设置为"HomePose"，将"Duration"设置为"0.2"，如图 2.3.1 所示，以上设置表示主盘工具将用 0.2 秒的时间回到原点位置。单击"应用"按钮并关闭窗口。用同样方式再添加一个"PoseMover"组件，将其重命名为 PoseMover_2，将其属性中的"Pose"设置为"SyncPose"，其余属性与 PoseMover_1 相同，单击"应用"按钮并关闭窗口。

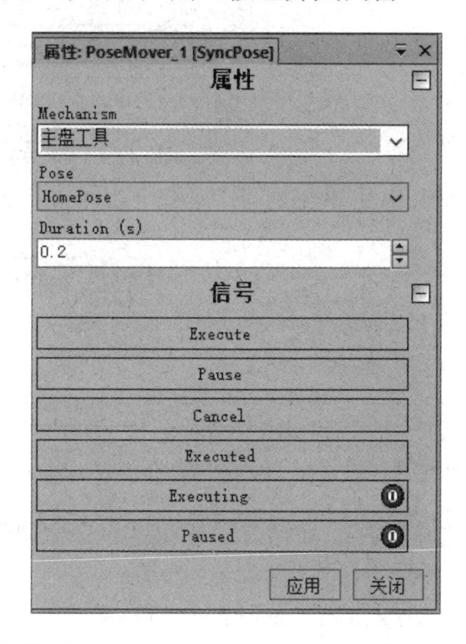

图 2.3.1　在"属性：PoseMover_1［SyncPose］"窗口中设置参数

2. 创建"信号和连接"

主盘工具开合动作中并未涉及"属性与连结"，因此"属性与连结"的创建过程将在下一任务中讲解。创建"信号和连接"的作用主要是建立起始和结束时的输入信号、输出信号与组件之间的信号关联。这里需要创建的 I/O 信号有主盘工具的松开信号、主盘工具的夹紧信号，以及这二者与子组件间的关联信号。

在"SC_主盘工具"工作窗口的"信号和连接"选项卡中，通过单击"添加 I/O Signals"的方式创建两个数字量输入信号，其名称分别为"di_ZhuPanSongkai"和"di_ZhuPanJiajin"，二者的信号类型均为"DigitalInput"，如图 2.3.2 所示。对机器人来说，控制主盘工具松开和控制主盘工具夹紧的信号是输出信号；对于"SC_主盘工具"来说，控制主盘工具松开和控制主盘工具夹紧的信号是输入信号。它们是一一对应的。

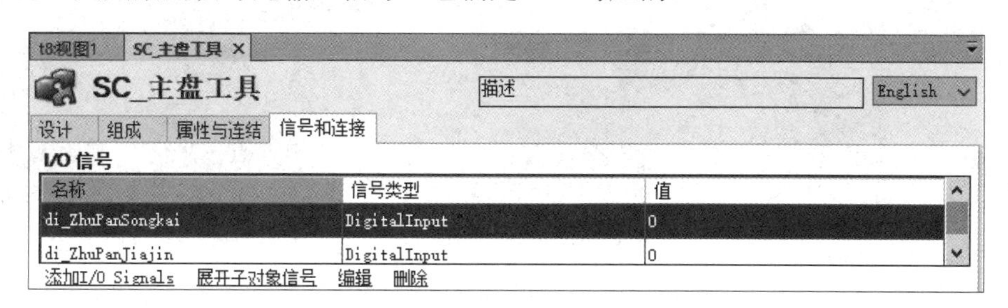

图 2.3.2　创建两个数字量输入信号

单击“添加 I/O Connection”，弹出“编辑”的窗口，使用“SC_主盘工具”的“di_ZhuPanSongkai”控制“PoseMover_1”的“Execute”，具体的参数设置如图 2.3.3 所示，单击“确定”按钮。用同样的方法再添加一个连接，使用“SC_主盘工具”的“di_ZhuPanJiajin”控制“PoseMover_2”的“Execute”。主盘工具的 I/O 连接如图 2.3.4 所示。

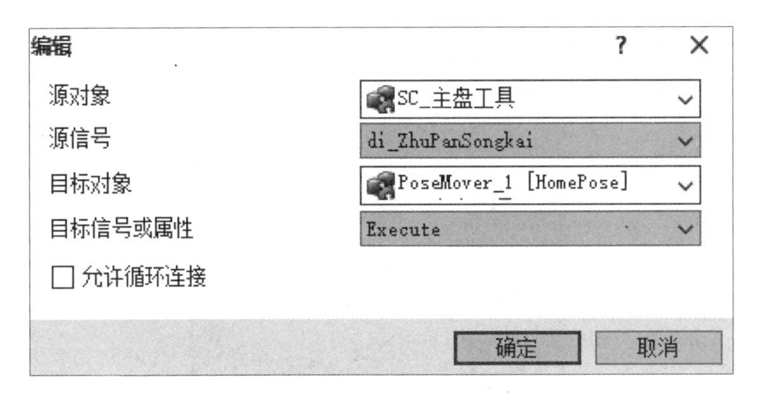

图 2.3.3　在“编辑”窗口中设置参数

I/O连接

源对象	源信号	目标对象	目标信号或属性
SC_主盘工具	di_ZhuPanSongkai	PoseMover_1 [HomePose]	Execute
SC_主盘工具	di_ZhuPanJiajin	PoseMover_2 [SyncPose]	Execute

添加I/O Connection　编辑　删除　　上移　下移

图 2.3.4　主盘工具的 I/O 连接

3. 组件效果的手动验证

关闭工作区的“SC_主盘工具”窗口，在“布局”窗口里双击“SC_主盘工具”，会弹出组件的属性窗口。该窗口中显示了两个组件的输入信号，可通过手动方式分别置位两个信号，验证组件设计的正确性。如图 2.3.5 所示，当“di_ZhuPanSongkai”信号置位时，主盘工具的钢球内收，工具处于松开位置；当“di_ZhuPanJiajin”信号置位时，主盘工具的钢球外扩，工具处于夹紧位置。置位其中一个信号时，需要先将另外一个信号复位。验证正确后，保存工作站为“t8-finished”。

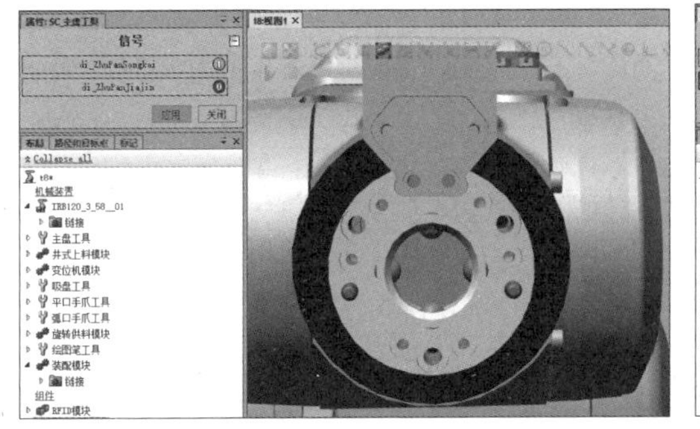

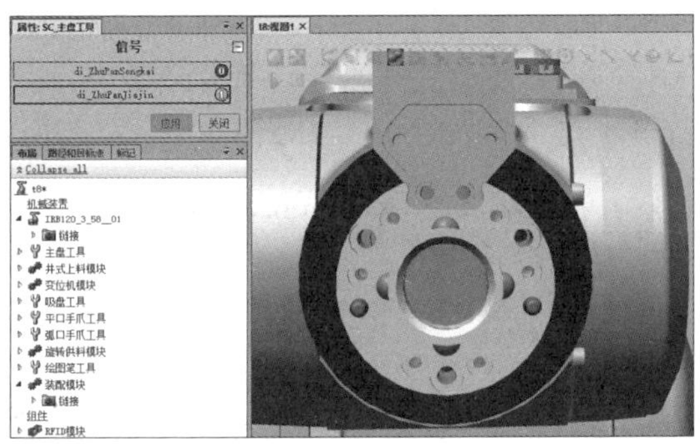

图 2.3.5　手动验证主盘工具组件效果

三、任务小结

本任务中以主盘工具的开合动态效果为例，介绍了使用 Smart 组件创建机械装置动态效果的方法，具体步骤如下。

（1）创建 Smart 组件；

（2）添加子组件并设置其属性；

（3）创建“属性与连结”；

（4）创建“信号和连接”；

（5）效果验证。

四、思考与练习

（1）用 Smart 组件创建装配模块气缸伸缩动态效果。

（2）创建主盘工具的开合动态效果时，如果只使用一个输入信号，能否完成主盘的松开和夹紧动作？

任务 2.4　使用 Smart 组件控制工具拾取和放置

一、任务目标

（1）掌握 LineSensor 的创建方法；

（2）掌握通过 Attacher 和 Detacher 实现对物体进行拾取和放置的方法；

（3）熟悉使用 Smart 组件的“设计”选项卡创建“属性与连结”“信号和连接”的过程。

二、任务实施

扫码观看

工具取放组件的添加和属性设置

在“1+X”考核平台中，机器人完成任务需要使用的专用工具有绘图笔工具、吸盘工具、平口夹爪工具和弧口夹爪工具，各种专用工具需要根据任务的需求分别被安装在机器人末端的主盘工具上。本任务中将讲解如何实现主盘工具对各种专用工具的拾取和放置。

1. 添加子组件

扫码下载

t9

打开“t8-finished（或 t9）”工作站，在“布局”窗口中右击“SC_主盘工具”，在弹出的快捷菜单中选择“编辑组件”选项，打开“SC_主盘工具”的工作窗口。

在 RobotStudio 中，工具是不能被拾取的，因此工作站中的专用工具无法被主盘工具拾取，可以通过在专用工具上添加中间几何体的方式实现对各种专用工具的拾取和放置。以吸盘工具为例，选择“建模”选项卡“创建”组里的“表面”选项，再选择“表面圆”选项，弹出“创建表面圆形”窗口，“中心点”设置为吸盘工具上通用接头与主盘工具相连的面的圆心，“半径”设置为“20”，如图 2.4.1 所示，单击“创建”按钮并关闭窗口。在创建表面圆形时，中心点的坐标也可以直接输入。将“布局”窗口里新创建的“部件_1”重命名为“吸盘工具中间面”。右击“吸盘工具”，在弹出的快捷菜单中选择“安装到”选项，然后选择“吸盘工具中间面”选项，在弹出的“更新位置”对话框中单击“否”按钮，将“吸盘工具”安装到新建的“吸盘工具中间面”上。用同样的方法分别建立绘图笔工具中间面，其中心点和方向分别为[−210，−525，1080]和[0，0，0]；建立平口夹爪工具中间面，其中心点和方向分别为[−210，−375，1080]和[0，0，0]；建立弧口夹爪工具中间面，其中心点和方向分别为[−90，−525，1080]和[0，0，0]。分别将三个工具安装到各自的中间面上。

图 2.4.1 创建吸盘工具中间面

在“SC_主盘工具”工作窗口中，选择“组成”选项卡的“添加组件”选项，然后选择“动作”组中的“Attacher”组件，此组件用于拾取专用工具。“Attacher”组件的属性设置窗口如图 2.4.2 所示，“Parent”指安装的父对象，这里选择“主盘工具”；“Flange”指对象安装到的位置，会自动生成；“Child”安装对象，在本例中安装对象是变化的，可先不做设置；“Mount”指将安装对象和父对象进行布尔合并，此处不勾选“Mount”复选框；“Offset”和“Orientation”指安装时安装对象相对于父对象的位姿，此处不做设置，单击“应用”按钮并关闭窗口。

在“SC_主盘工具”工作窗口中选择“添加组件”选项，然后选择“动作”组中的“Detacher”组件，此组件用于将已安装对象从父对象上拆除。“Detacher”组件的属性设置窗口如图 2.4.3 所示。“Child”的功能与“Attacher”组件中相同，可先不做设置。“KeepPosition”

用来确定已安装对象拆除后的位置，如果勾选“Keep Position”复选框，已安装对象被拆除后将停留在当前位置；如果未勾选“Keep Position”复选框，已安装对象被拆除后将回到原始的位置，默认为勾选状态，这里保持勾选状态。

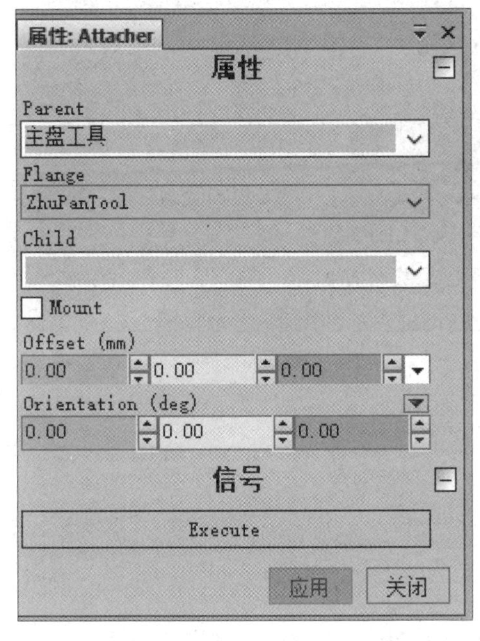

图 2.4.2　“Attacher”组件的属性设置窗口

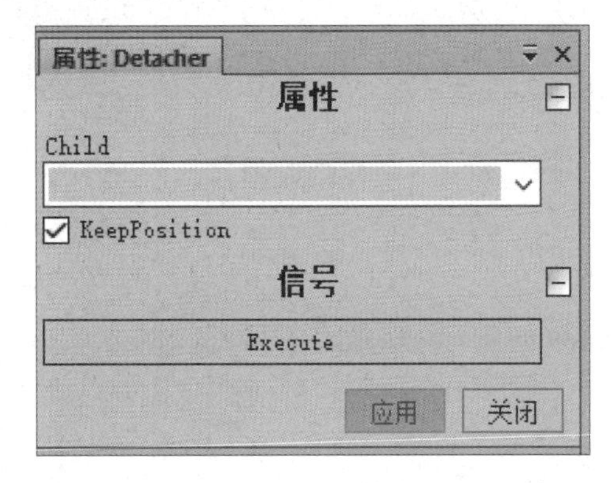

图 2.4.3　“Detacher”组件的属性设置窗口

为拾取专用工具，需在主盘工具上安装一个线传感器 LineSensor。当线传感器检测到专用工具时发出信号，被检测到的工具将被拾取。使用“机械装置手动关节”选项将机器人的六个关节角度调整为[−90，0，0，0，90，0]。在“SC_主盘工具”工作窗口中选择“添加组件”选项，选择“传感器”组的“LineSensor”选项，将“Start”点设置为主盘工具的末端端面圆心上方 5mm 处，由于此位置不容易捕捉，可以先捕捉主盘工具末端端面圆心的位置，然后手动对“Start”点的 *Z* 坐标进行调整，也可直接将“Start”点的位置设置为[0，−302，1460]；将“End”点的位置设置为[0，−302，1450]；将“Radius”设置为“1”，具体参数设置如图 2.4.4 所示。“SensedPart”用于显示传感器检测到的物体；“Active”表示传感器是否处于激活状态，默认为“1”，表示传感器一直激活，如果需要使用信号控制传感器的激活，可以将其设置为“0”，此处设置为“0”。单击“应用”按钮后，将会在主盘工具的下方生成一个长为 20mm、半径为 1mm 的圆柱形传感器。

传感器在任一时刻只能检测到一个物体。线传感器 LineSensor 是为了感应专用工具，因此需要确保“主盘工具”不被误感应。在“布局”窗口中右击“主盘工具”，在弹出的快捷菜单中取消对“可由传感器检测”的勾选，如图 2.4.5 所示。取消勾选后，主盘工具不会被传感器检测到。

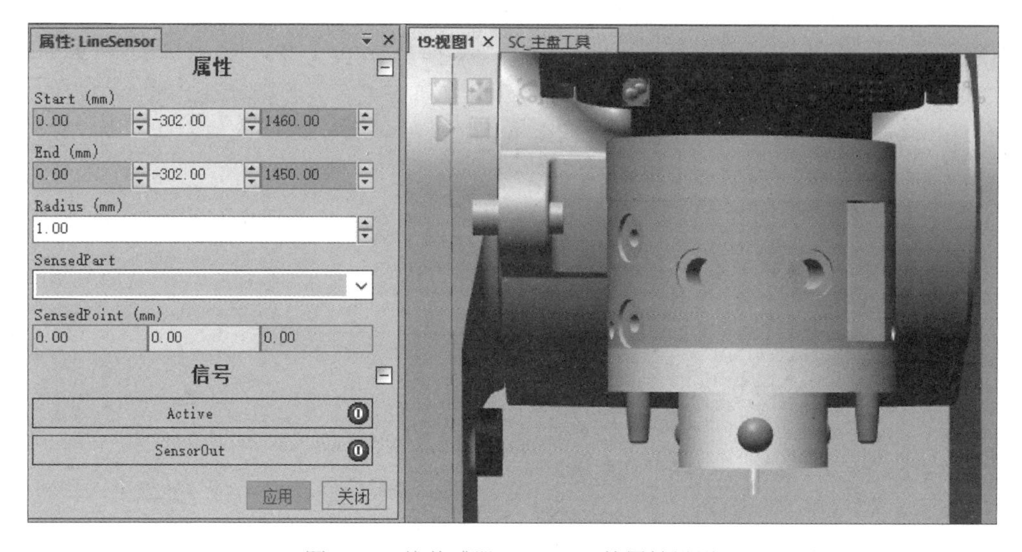

图 2.4.4　线传感器 Lindensar 的属性设置

图 2.4.5　取消对“可由传感器检测”的勾选

线传感器 LineSensor 被用于检测专用工具时，将随着主盘工具位置的改变而改变，故应将线传感器 LineSensor 安装到主盘工具上。在“布局”窗口中右击“LineSensor”，在弹出的快捷菜单中依次选择“安装到”→“主盘工具/L1”选项，如图 2.4.6 所示，在之后弹出的“更新位置”对话框中单击“否”按钮。

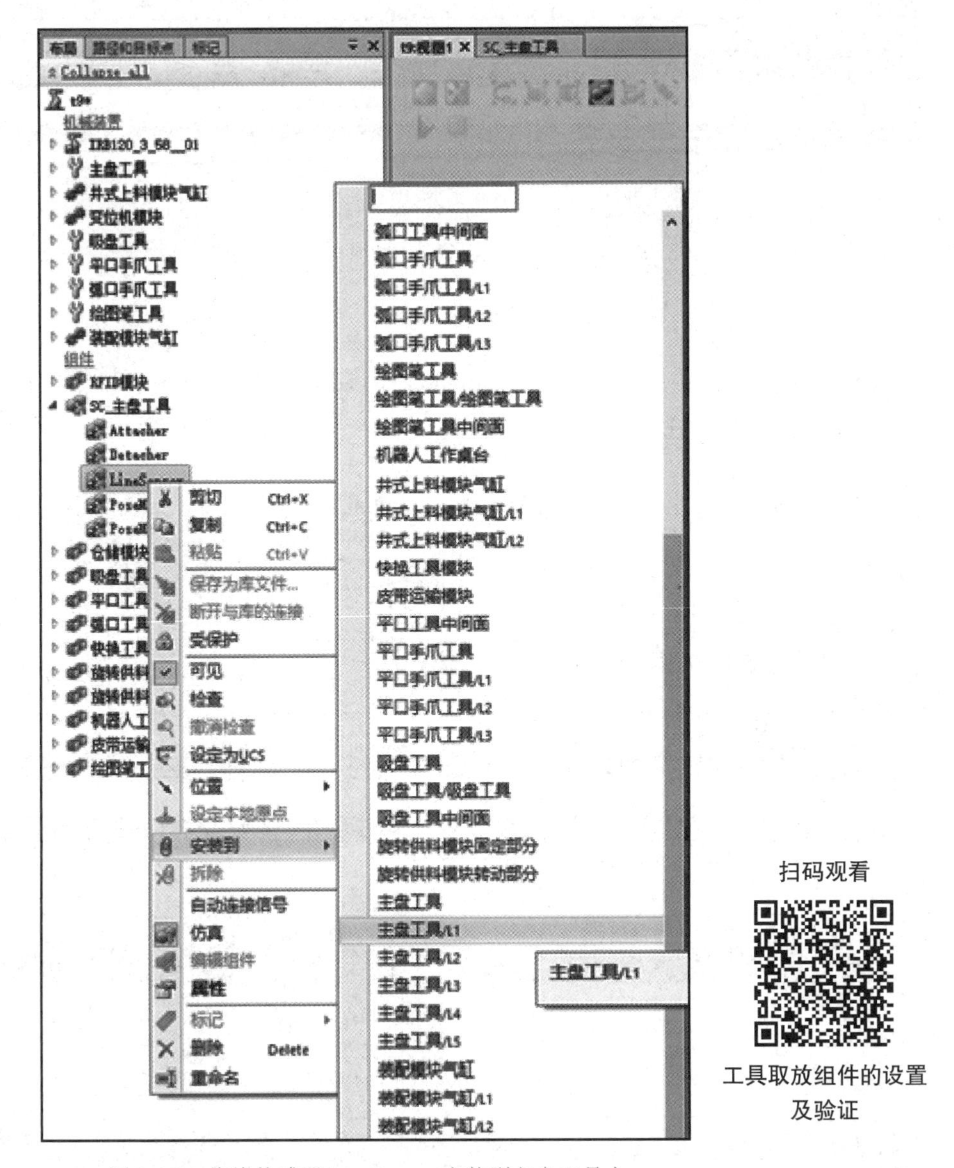

图 2.4.6　将线传感器 LineSensor 安装到主盘工具上

2. 创建“属性与连结”

在创建“Attacher”和“Detacher”组件时，由于它们的子对象并不是固定的，所以并未对“Child”进行设置。对它们的子对象设置可以通过组件之间的“属性与连结”完成，将线传感器 LineSensor 检测到的物体作为“Attacher”组件要安装的对象，该物体同时也是“Detacher”组件要拆除的对象。

在“SC_主盘工具”的工作窗口中，选择“属性与连结”选项卡中的“添加连结”选项，分别添加如图 2.4.7 所示的两个“属性与连结”，也就是将线传感器 LineSensor 的“SensedPart”设置为“Attacher”的“Child”，将“Attacher”的“Child”设置为“Detacher”的“Child”。

属性连结

源对象	源属性	目标对象	目标属性或信号
LineSensor	SensedPart	Attacher	Child
Attacher	Child	Detacher	Child

添加连结　添加表达式连结　编辑　删除

图 2.4.7　添加两个“属性与连结”

3. 创建“信号和连接”

完成上面的步骤后，还需要创建“信号和连接”，如图 2.4.8 所示。

（1）主盘工具夹紧信号“di_ZhuPanJiajin”触发线传感器 LineSensor 的激活“Active”；

（2）线传感器 LineSensor 的检测完成输出信号“SensorOut”触发“Attacher”的执行“Execute”；

（3）主盘工具的松开信号“di_ZhuPanSongkai”触发“Detacher”的执行“Execute”。

图 2.4.8　主盘工具拾取专用工具的“信号和连接”

4. 组件效果的手动验证

Smart 组件的组成、“属性与连结”和“信号和连接”等设置完成后，可对组件的效果进行验证。

选择“仿真”选项卡“配置”组的“仿真设定”选项，在弹出的“仿真设定”窗口中只勾选“SC_主盘工具”，取消对其他物体的勾选状态，如图 2.4.9 所示，这样可以只对“SC_主盘工具”进行仿真。

图 2.4.9　在“仿真设定”窗口进行设置

在“基本”选项卡的“设置”组里，将“工件坐标”和“工具”分别设置为“wobj0”和“ZhuPanTool”。在“基本”选项卡里的“路径编程”组里选择“示教目标点”选项，在弹出的对话框中单击“是”按钮，记录机器人当前点的位置。在“路径和目标点”组中依次单击“X-Controller”→“T_ROB1”→“工件坐标 & 目标点”→“wobj0”→“wobj0_of”前面的三角，可以找到新建的名为“Target_10”的目标点，如图 2.4.10 所示。为了便于后续使用，将此目标点重命名为“ToolReady”。使用“手动线性”功能将机器人依次拖动至四个专用工具的取放点，示教这些取放点，并将示教点分别重命名为“PXiPan”“PPingKou”“PHuKou”“PHuiTu”。在上述任何一个目标点上右击，在弹出的快捷菜单中选择“跳转到目标点”选项，机器人将会跳转到相应的目标点位置。此处，我们让机器人跳转到“PXiPan”位置。

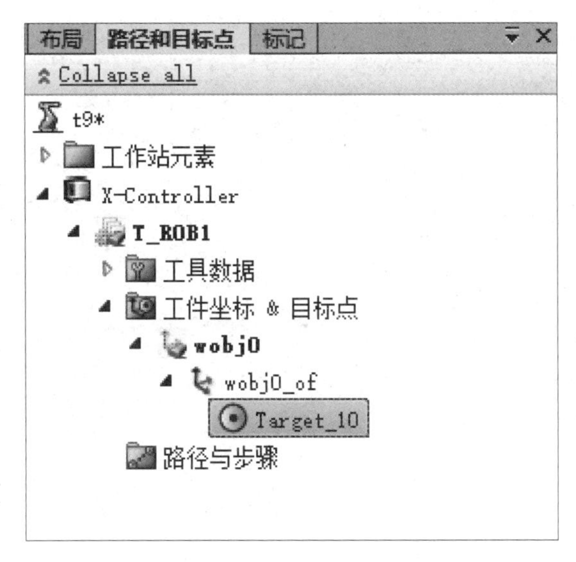

图 2.4.10　新示教目标点的放置位置

在“布局”窗口里右击“SC_主盘工具”，在弹出的快捷菜单中选择“属性”选项，打开“属性：SC_主盘工具”窗口。单击“仿真”选项卡里的“播放”按钮，手动将“属性：SC_主盘工具”窗口中的“di_ZhuPanJiajin”信号置位，并使用“手动线性”功能移动机器人，此时吸盘工具随主盘工具一起向上移动，说明吸盘工具已被成功拾取，如图 2.4.11 所示。将“di_ZhuPanJiajin”信号复位，“di_ZhuPanSongkai”信号置位，再次向上移动机器人，会发现吸盘工具并未随主盘工具一起移动，表示吸盘工具已经被成功拆除，如图 2.4.12 所示。使用同样的方法验证主盘工具对绘图笔工具、平口夹爪工具和弧口夹爪工具的拾取和放置功能。

将“di_ZhuPanSongkai”信号复位，单击“仿真控制”组里的“停止”按钮，停止仿真，再单击“重置”按钮，使工作站回到仿真开始前的状态。

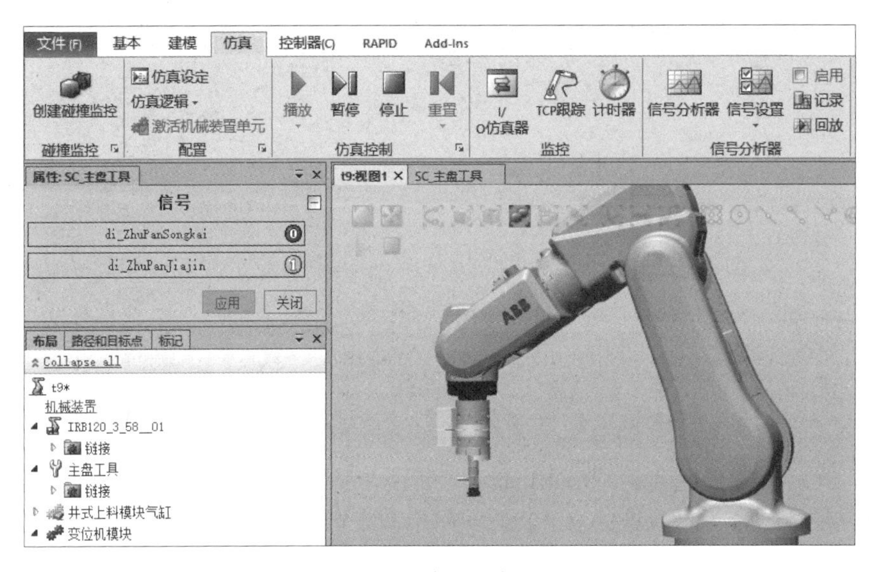

图 2.4.11 拾取吸盘工具

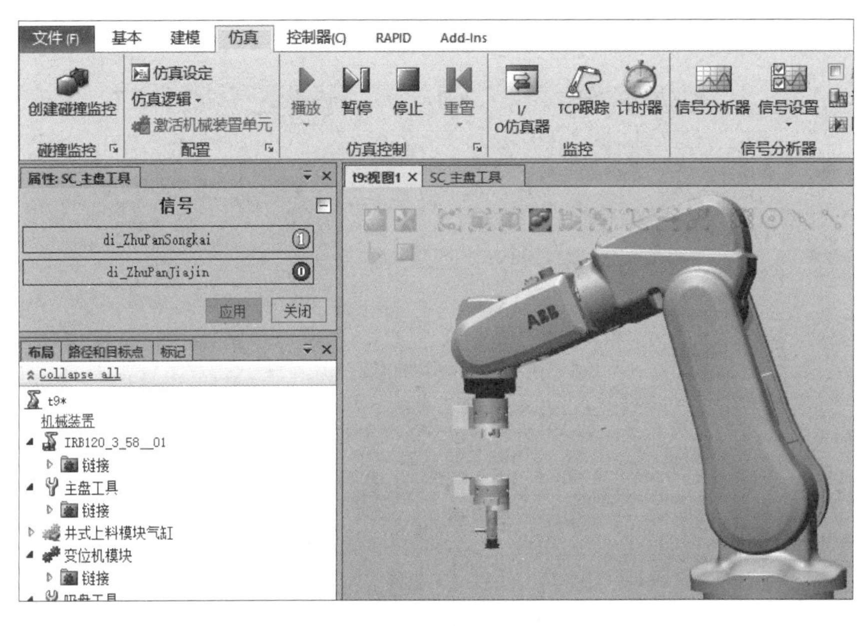

图 2.4.12 拆除吸盘工具

5. 创建“属性与连结”“信号和连接”的另一种途径

使用“设计”选项卡创建“属性连结”“信号连接”

“属性与连结”“信号和连接”的创建方式有两种，一种是通过上文所述的方式完成创建，另一种是在“设计”选项卡通过拖曳连线的方式完成创建。

先将“属性与连结”“信号和连接”选项卡所建立的所有内容删除。进入“SC_主盘工具”工作窗口中，选择“设计”选项卡，可以看到此页面显示了已经建立的五个子组件。单击“输入”选项后的“+”，建立两个“DigitalInput”类型的信号“di_ZhuPanSongkai”和“di_ZhuPanJiajin”。然后根据组件内部的连结和连接关系，直接拖动连线即可。如“di_ZhuPanJiajin”触发“LineSensor”激活“Active”，在“di_ZhuPanJiajin”上按住鼠标左键并拖动至“LineSensor”的“Active”上释放左键，此时会在两者之间生成一条带箭头的折线。根据图 2.4.13 所示的 Smart 组件设计图建立所有的连线，红色线条表示“属性与连结”关系，绿色线条表示“信号和连接”关系。再次打开“属性与连结”“信号和连接”选项卡，发现软件已经自动生成了与用第一种方法创建的相同的“属性与连结”“信号和连接”内容，说明两种方法具有相同的效果。

再次验证用第二种方法创建的“属性与连结”“信号和连接”的效果。

关闭“SC_主盘工具”工作窗口，保存工作站为“t9-finished”。

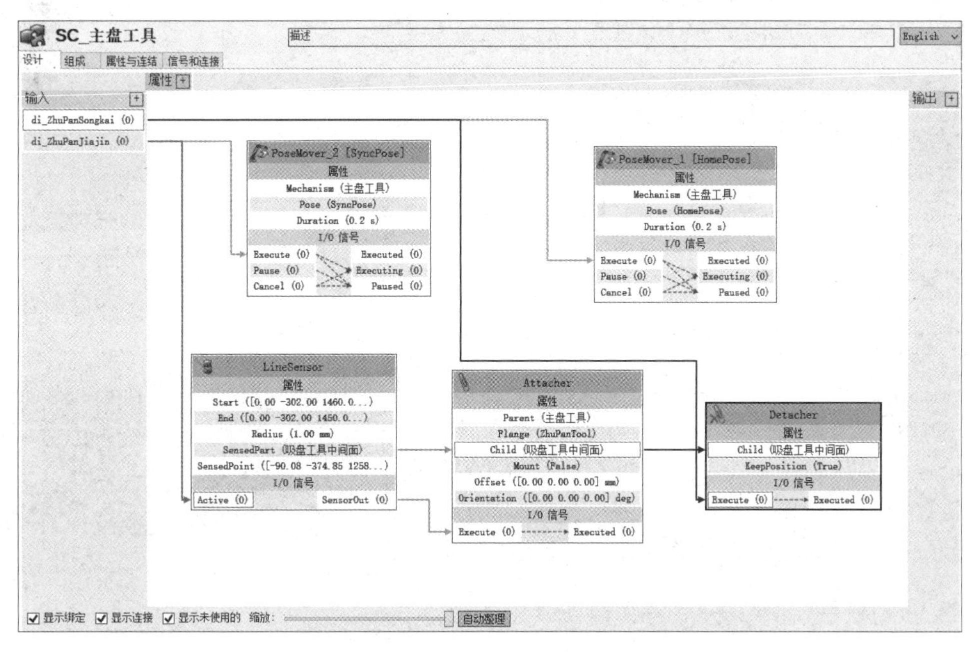

图 2.4.13　Smart 组件的设计图

三、任务小结

本任务中讲解了如何使用 Smart 组件创建工具拾取和放置的动态效果。

（1）工具有拾取和放置可以使用三个组件实现，分别是 LineSensor、Attacher 和 Detacher;

（2）在使用 Smart 组件时，在“设计”选项卡里使用拖曳连线的方式实现“属性与连结”“信号和连接”，更为直观。

四、思考与练习

（1）如果线传感器 LineSensor 的长度过长，导致传感器 LineSensor 处于可同时检测到多个物体的位置，那么它的“SensedPart”对应的是哪个物体？

（2）如果把线传感器 LineSensor 直接安装到主盘工具上，是否可行？

任务 2.5　使用 Smart 组件控制夹爪工具开合

一、任务目标

（1）掌握 LogicGate 的使用方法；

（2）熟悉通过传感器检测专用工具是否在位的方法；

（3）了解使用单信号分别控制多个对象动态效果的方法。

二、任务实施

在上一任务中，完成了使用主盘工具对专用工具的拾取和放置，但在拾取和放置专用工具前，需要判断专用工具是否位于快换工具模块上。在实际的机器人工作站中，平口夹爪工具和弧口夹爪工具的松开和夹紧动作均是由 YV3 和 YV4 信号触发的，当前哪个夹爪工具安装于主盘工具上，则信号用于控制哪个夹爪工具动作。但在虚拟仿真工作站中，只有判断当前安装于主盘工具上的是平口夹爪工具还是弧口夹爪工具，才能进行准确控制。本任务中将对判断快换工具模块上是否存在专用工具，平口夹爪工具和弧口夹爪工具共用触发信号实现松开和夹紧的过程进行讲解。

扫码观看　扫码下载

专用工具在位检测　t10

1. 判断快换工具模块上是否存在专用工具

打开“t9-finished（或 t10）”工作站。在真实的机器人工作站中，快换工具模块上安装有四个传感器，用于检测专用工具是否存在，因此在虚拟工作站中的这几个位置也可以创建传感器对专用工具进行检测。新建一个 Smart 组件，重命名为“SC_夹爪工具”。在“组成”选项卡添加四个 LineSensor 子组件，并分别重命名为 LineSensor_XiPan、LineSensor_PingKou、LineSensor_HuKou 和 LineSensor_HuiTu。传感器的“Start”点可使用“捕捉工具”捕捉传感器面向专用工具一侧的平面中心点，如图 2.5.1 所示。为了避免传感器误检测快换工具模块，可将“Start”点的位置坐标进行设置，使新建立的传感器与真实的传感器模型不接触。传感器的“End”点位置坐标可参考“Start”点的位置坐标进行手动设置，使新建立的传感器可以检测到专用工具。所有传感器的“Start”点和“End”点位置也可直接输入如下数值：传感器 LineSensor_XiPan 的“Start”点位置和“End”点位置分别为[−38，−378，1078]和[−78，−378，1078]，传感器 LineSensor_PingKou 的“Start”点位置和“End”点位置分别为[−262，−378，1078]和[−222，−378，1078]，传感器 LineSensor_HuKou 的“Start”点位置和“End”点位置分别为[−38，−523，1078]和[−78，−523，1078]，传感器 LineSensor_HuiTu 的“Start”点位置和“End”点位置分别为[−262，−523，1078]和[−222，−523，1078]。四个传感器的“Radius”全部设置为“1”，“Active”全部采用默认值“1”。在快速工具模块上新创建的传感器如图 2.5.2 所示，将它们安装到快换工具模块上，并在弹出的“更新位置”对话框中单击“否”按钮。在“布局”窗口里右击“快换工具模块”，在弹出的快捷菜单中取消对“修改”子菜单中的“可由传感器检测”复选框的勾选。手动重新激活四个传感器，发现它们均可以检测到相应的专用工具。

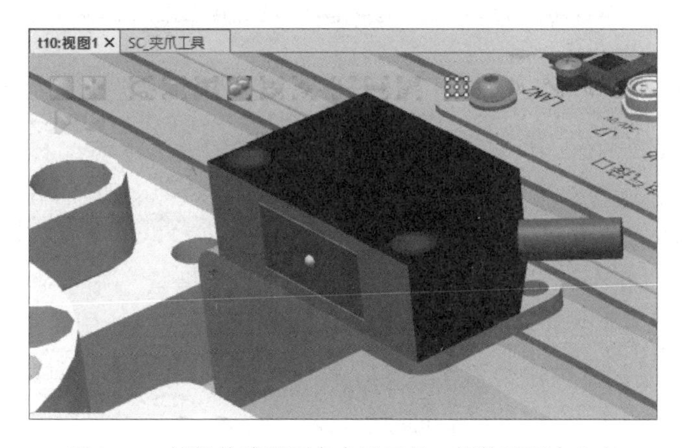

图 2.5.1　捕捉传感器面向专用工具一侧的平面中心点

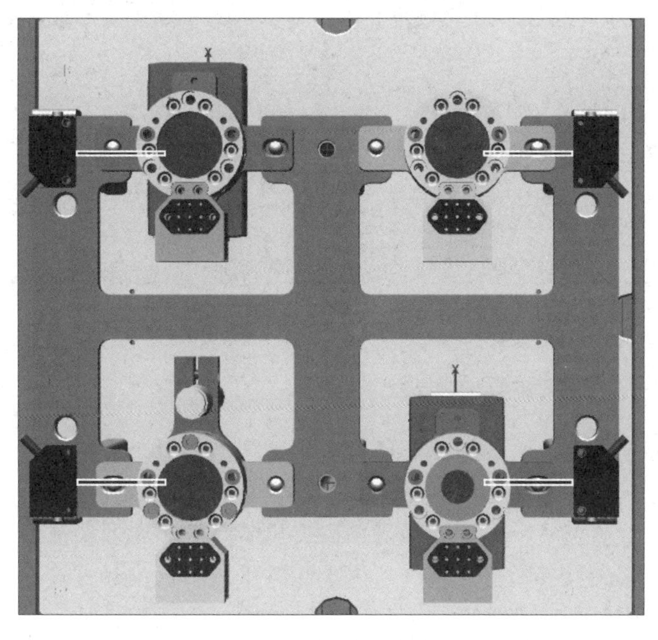

图 2.5.2　在快换工具模块上新创建的传感器

在“信号和连接”选项卡添加四个类型为“DigitalOutput”的数字信号，分别命名为“do_XiPanInPos”“do_PingKouInPos”“do_HuKouInPos”“do_HuiTuInPos”。添加四个连接，用各个传感器的“SensorOut”触发相对应工具的在位信号，如图 2.5.3 所示。

SC_夹爪工具　　描述　　English

设计　组成　属性与连结　信号和连接

I/O 信号

名称	信号类型	值
do_XiPanInPos	DigitalOutput	1
do_PingKouInPos	DigitalOutput	1
do_HuKouInPos	DigitalOutput	1
do_HuiTuInPos	DigitalOutput	1

添加I/O Signals　展开子对象信号　编辑　删除

I/O连接

源对象	源信号	目标对象	目标信号或属性
LineSensor_XiPan	SensorOut	SC_夹爪工具	do_XiPanInPos
LineSensor_HuKou	SensorOut	SC_夹爪工具	do_HuKouInPos
LineSensor_PingKou	SensorOut	SC_夹爪工具	do_PingKouInPos
LineSensor_HuiTu	SensorOut	SC_夹爪工具	do_HuiTuInPos

添加I/O Connection　编辑　删除　　上移　下移

图 2.5.3　添加检测专用工具是否在位的“信号和连接”

让机器人跳转到平口夹爪工具的拾取位置。打开“SC_主盘工具”的属性窗口，将“di_ZhuPanJiajin”信号置 1，将机器人向上抬起。打开“SC_夹爪工具”中“LineSensor_PingKou”的属性窗口，双击“Active”，刷新传感器状态，可见平口夹爪工具已被机器人抓起，且“do_PingKouInPos”状态为 0，如图 2.5.4 所示。再次让机器人跳转到“PPingKou”位置，将“di_ZhuPanJiajin”信号置 0，“di_ZhuPanSongkai”信号置 1，刷新传感器状态，然后将机器人抬起，可见平口夹爪工具已被重新放置在快换工具模块上，且“do_PingKouInPos”状态变为 1。

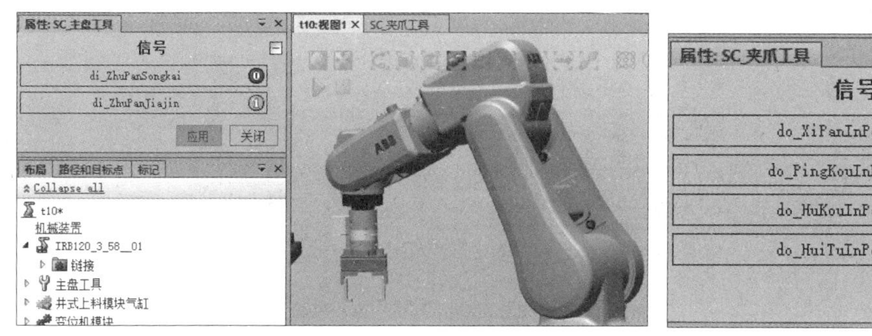

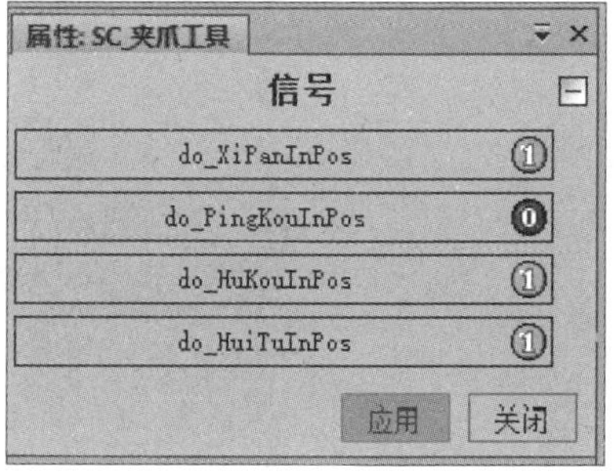

图 2.5.4　平口夹爪工具被拾取时的信号状态

2. 夹爪工具开合动态效果的实现

可以通过快换工具模块上的传感器信号，来判断当前哪个夹爪工具被安装于主盘工具上。当某个传感器信号状态为 0 时，说明其对应的工具正被安装于主盘工具上。例如，当平口夹爪工具的传感器检测信号状态为 0 时，将夹爪夹紧信号置位，由于此时平口夹爪工具被安装于主盘工具上，所以平口夹爪工具运动到夹紧位置，而弧口夹爪工

扫码观看

夹爪开合动态效果的实现

具则不动作。因此，平口夹爪工具和弧口夹爪工具动作需要同时满足两个条件：快换工具模块上相应的传感器信号状态为0且夹爪开合动作信号置位。

当专用工具被主盘工具取走后，检测工具有无的传感器信号状态将从1变为0。但在RobotStudio中，低电平脉冲信号是不能触发动作的，因此需要将传感器信号转换为高电平脉冲信号。此信号的转换可以使用“LogicGate”组件实现，此组件可进行数字信号的逻辑与[AND]、逻辑或[OR]、逻辑异或[XOR]、逻辑非[NOT]和逻辑空[NOP]等操作。夹爪的运动则仍旧使用“PoseMover”组件完成。在“SC_夹爪工具”中添加如图2.5.5所示的子组件。六个“LogicGate”组件中，两个选择LogicGate[NOT]，另外四个选择LogicGate[AND]。四个“PoseMover”组件则分别用来表示平口夹爪工具和弧口夹爪工具的夹紧位置和松开位置。

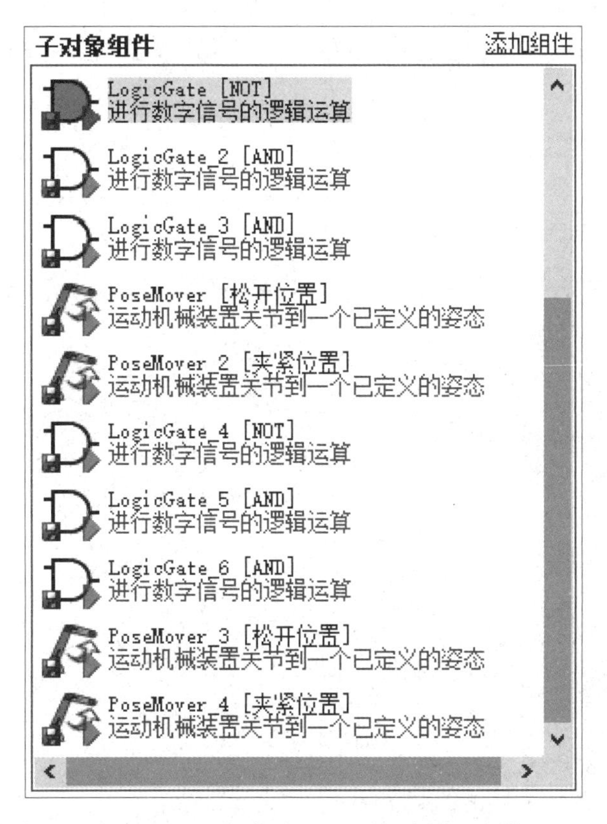

图2.5.5 “SC_夹爪工具”中添加的子组件

在“信号和连接”选项卡中增加两个名为“di_JiaZhuaSongkai”和“di_JiaZhuaJiajin”的数字量输入信号，同时添加如图2.5.6所示的信号和连接。

根据以下步骤验证组件“SC_夹爪工具”的效果。

（1）选择“仿真”选项卡“配置”组的“仿真设定”选项，设置当前的仿真对象为“SC_主盘工具”和“SC_夹爪工具”。

（2）单击“仿真控制”组里的“播放”按钮，开始仿真。

（3）将机器人跳转到平口夹爪工具取放位置“PPingKou”。

（4）将“SC_主盘工具”的“di_ZhuPanJiajin”信号置位。

（5）将机器人跳转到准备抓取工具位置“ToolReady”。

I/O连接

源对象	源信号	目标对象	目标信号或属性
LineSensor_PingKou	SensorOut	LogicGate [NOT]	InputA
LogicGate [NOT]	Output	LogicGate_2 [AND]	InputB
SC_夹爪工具	di_JiaZhuaJiajin	LogicGate_2 [AND]	InputA
LogicGate [NOT]	Output	LogicGate_3 [AND]	InputB
SC_夹爪工具	di_JiaZhuaSongkai	LogicGate_3 [AND]	InputA
LogicGate_2 [AND]	Output	PoseMover_2 [夹紧位置]	Execute
LogicGate_3 [AND]	Output	PoseMover [松开位置]	Execute
LineSensor_HuKou	SensorOut	LogicGate_4 [NOT]	InputA
LogicGate_4 [NOT]	Output	LogicGate_5 [AND]	InputB
SC_夹爪工具	di_JiaZhuaJiajin	LogicGate_5 [AND]	InputA
LogicGate_5 [AND]	Output	PoseMover_4 [夹紧位置]	Execute
LogicGate_4 [NOT]	Output	LogicGate_6 [AND]	InputB
SC_夹爪工具	di_JiaZhuaSongkai	LogicGate_6 [AND]	InputA
LogicGate_6 [AND]	Output	PoseMover_3 [松开位置]	Execute

添加I/O Connection　编辑　删除

图 2.5.6　为“SC_夹爪工具”添加的信号和连接

（6）分别依次置位和复位“di_JiaZhuaJiajin”和“di_JiaZhuaSongkai”信号，可见平口夹爪工具在夹紧位置和松开位置间变换，而弧口夹爪工具状态并未改变，平口夹爪工具的夹紧状态如图 2.5.7 所示。

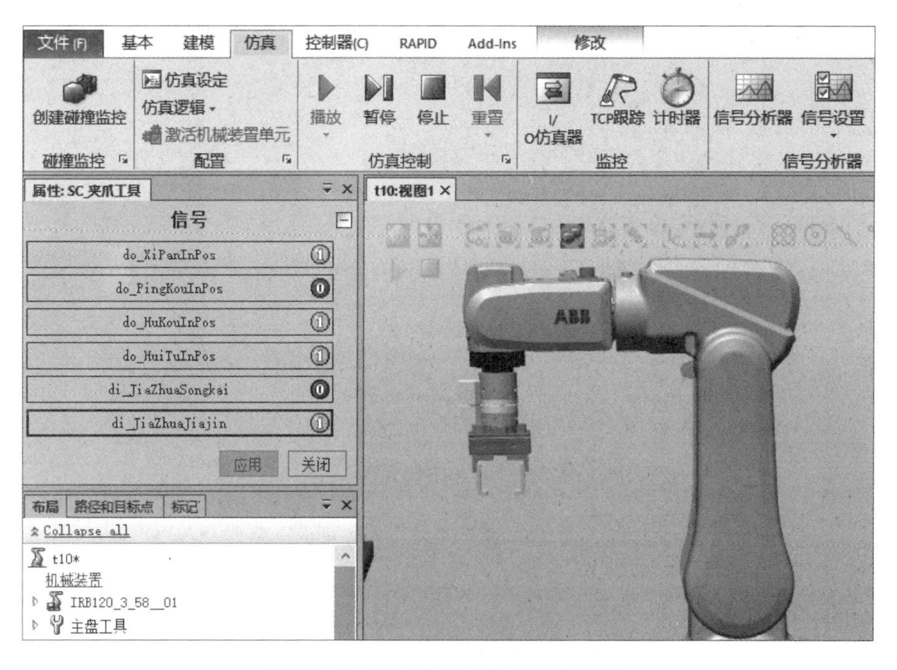

图 2.5.7　平口夹爪工具的夹紧状态

（7）将机器人跳转到平口夹爪工具取放位置“PPingKou”。

（8）将“SC_主盘工具”的“di_ZhuPanJiajin”信号复位，将“di_ZhuPanSongkai”信号置位，然后复位，让机器人将平口夹爪工具放置到快换工具模块上。

（9）将机器人跳转到准备抓取工具位置“ToolReady”。

（10）单击“仿真控制”组里的“停止”按钮，停止仿真。

使用同样方法，验证弧口夹爪工具的控制状态。

验证完成后，保存工作站为“t10-finished”。

三、任务小结

本任务中使用 PoseMover 组件控制夹爪的开合，难点在于机器人的输出信号要分别控制平口夹爪工具和弧口夹爪工具，因此控制夹爪开合动态效果时需要以下两个步骤。

（1）使用快换工具模块上的传感器判断当前安装于主盘工具上的是哪个工具；

（2）要在快换工具模块上工具不在位信号和工具开合动作置位信号的共同作用下控制夹爪动作。

四、思考与练习

（1）用“di_JiaZhuaJiajin”信号控制夹爪动作时，如何判断当前控制的是平口夹爪工具还是弧口夹爪工具？

（2）在示教目标点前，必须选择当前使用的工件坐标和工具吗？

（3）LogicGate[AND]的作用是什么？

任务 2.6　使用 Smart 组件控制物料取放

一、任务目标

（1）掌握使用 Smart 组件实现图形拷贝的方法；

（2）掌握使用夹爪控制物料取放时组件的创建方法；

（3）掌握使用吸盘控制物料取放时组件的创建方法。

扫码下载

t11

二、任务实施

用夹爪工具拾取和放置物料的过程由夹爪工具开合和物料取放动作组成，而在上一任务中仅仅实现了夹爪工具开合。使用吸盘取放物料时，没有夹爪工具动作，只有物料取放动作，其过程和使用夹爪工具取放物料的动作类似。另外，在用夹爪工具进行物料取放前必须将物料安装在工作站相应的位置上。由于物料的数量较多，因此需要使用 Smart 组件创建图形拷贝的方法批量放置物料。本任务将对图形拷贝的方法、平口夹爪工具取放电机成品的方法及吸盘工具取放输出法兰的方法进行讲解。

打开“t10-finished（或 t11）”工作站。在旋转供料模块的料盘上和仓储模块中分别有六个物料槽，需要将电机成品和关节基座分别放置到两个模块相应的物料槽中。既可以通过六次放置将物料放置到每个物料槽中，也可以通过 Smart 组件创建图形拷贝的方法，实现对物料的放置。

扫码观看

使用 Smart 组件创建电机成品的拷贝

1. 创建图形拷贝

通过“导入几何体”选项导入“关节基座”“电机成品”“输出法兰”三种物料模型，模型放置位置先不做处理。

新建一个 Smart 组件，并重命名为“SC_物料阵列”。由于六个电机成品在旋转料盘上是呈圆形均匀分布的，因此通过沿着圆形创建拷贝的方法，实现对电机成品的放置。在“添加组件”选项卡里，选择“参数建模”组中的“CircularRepeater”选项，添加 Circular Repeater 组件，用来沿着图形组件的圆形创建图形拷贝。在其属性窗口中，“Source”表示要复制的对象，此处设置为“电机成品”；“Count”表示创建拷贝的数量，设置为“6”；“Radius”表示圆的半径，设置为“110.00”；“DeltaAngle”表示两个拷贝之间的角度，设置为“60”，具体参数设置如图 2.6.1 所示。单击“应用”按钮后，会在工作站中生成 6 个电机成品，并按照圆形排列。在“布局”窗口里右击“SC_物料阵列”里的“CircularRepeater”，通过“捕捉中心”的方式捕捉旋转供料模块料盘的上表面中心点（图 2.6.2 中长方形框所示位置），将生成的圆形物料阵列放置到旋转供料模块料盘上，具体参数设置如图 2.6.2 所示，单击“应用”按钮，完成放置。然后将原有的“电机成品”隐藏，同时也可以将新生成的拷贝中的物料隐藏，只保留需要的，此处先不做处理。图 2.6.2 中圆形框所示位置为机器人拾取电机成品的位置。

图 2.6.1　电机成品圆形拷贝的属性

扫码观看

使用 Smart 组件创建关节基座的拷贝

为了使关节基座的方向和仓库模块安装槽的方向一致，先让关节基座绕其本身的 Z 轴旋转 90 度。在“SC_物料阵列”工作窗口的“添加组件”选项卡里，选择“参数建模”组里的“MatrixRepeater”选项，添加“MatrixRepeater”组件，用于实现“关节基座”的矩阵拷贝。在其属性窗口中，将“Source”选择为“关节基座”，“CountX”“CountY”“CountZ”分别表示三个方向的拷贝数量，“OffsetX”“OffsetY”“OffsetZ”分别表示各个方向上两个拷贝之间的距离，具体参数设置如图 2.6.3 所示，单击“应用”按钮，可实现“关节基座”的矩阵拷贝。在“布局”窗口里右击“SC_物料阵列”里的“MatrixRepeater”，通过“捕捉中心”的方式将“关节基座”的矩阵安装到仓库模块中的相应位置，也可直接将“MatrixRepeater”的放置位置和角度设置为[57，−515.5，1300]和[0，0，0]。最后将工作站原点位置上的关节基座隐藏。

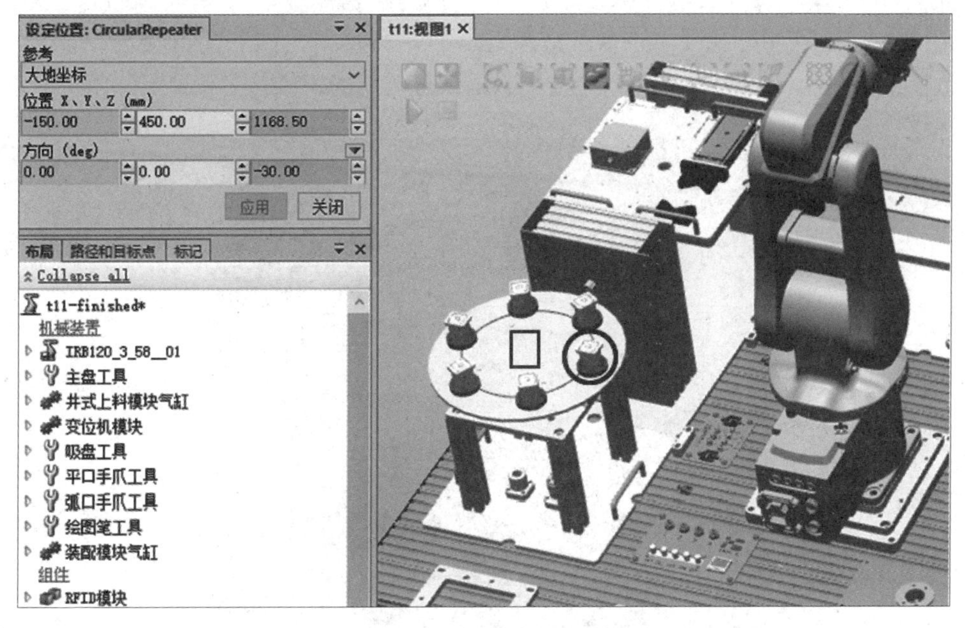

图 2.6.2　放置圆形拷贝

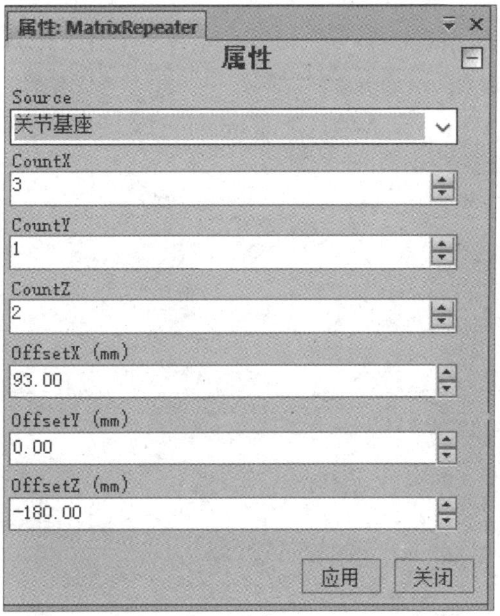

属性: MatrixRepeater
属性
Source
关节基座
CountX
3
CountY
1
CountZ
2
OffsetX (mm)
93.00
OffsetY (mm)
0.00
OffsetZ (mm)
-180.00
应用　关闭

图 2.6.3　设置矩阵拷贝的属性

为了获取仓储模块每个物料槽上是否有物料存在的信息，需要在每个物料槽上创建一个传感器，如图 2.6.4 所示。在“SC_物料阵列”组件中添加一个传感器“LineSensor”，可以通过捕捉位置的方式完成传感器的创建，也可以通过直接设置传感器属性的方式完成传感器的创建。以上层靠近快换工具模块的第一个物料槽上的传感器为例，其属性设置如图 2.6.5 所示。其他物料槽上的传感器设置与此类似，直接“复制”第一个传感器，然后右击“SC_物料阵列”，选择“粘贴”，最后只更改各传感器“Start”点和“End”点坐标即可。将建立的六个传感器安装到“仓储模块”上，创建六个数字输出信号，分别用 do_CkInPos1、do_CkInPos2、do_CkInPos3、do_CkInPos4、do_CkInPos5、do_CkInPos6 命名，然后完成传感器输出结果“SensorOut”和与六个数字输出信号对应的连接。

图 2.6.4　创建在仓储模块物料槽上的传感器

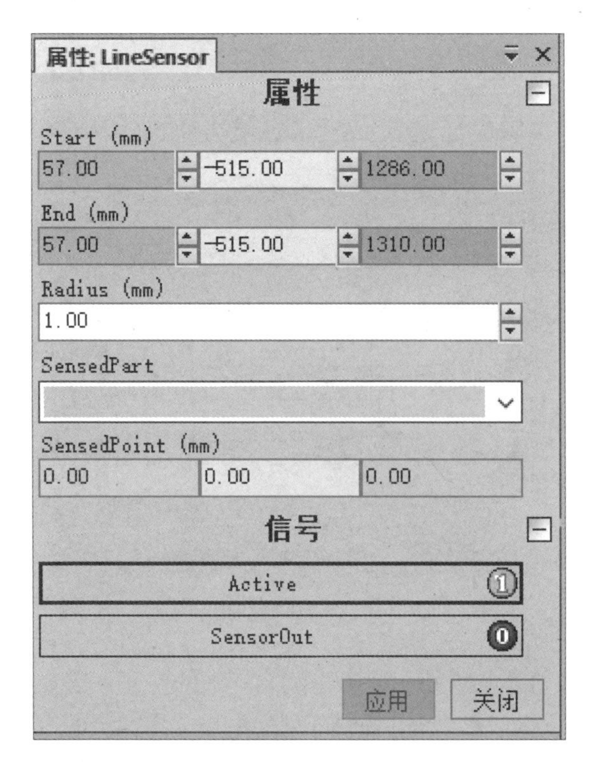

图 2.6.5　设置上层靠近快换工具模块的第一个物料槽上的传感器属性

将输出法兰放置到输送带末端，如图 2.6.6 所示，具体位置可通过修改放置位置参数进行调整，也可直接设置放置位置和角度为[420，240，1070]和[0，0，90]，并将其颜色修改为蓝色。

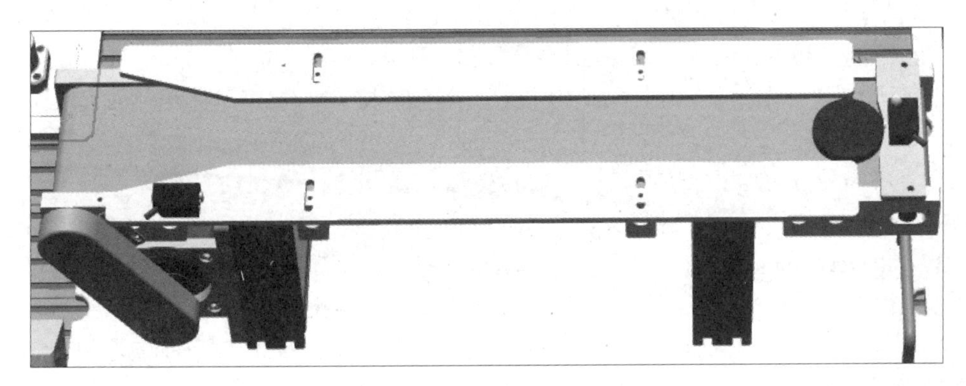

图 2.6.6　放置输出法兰至输送带末端

扫码观看

用平口夹爪工具取放电机成品

2. 用平口夹爪工具取放电机成品

在旋转供料模块中，电机成品的拾取位置是固定的。机器人需要带动平口夹爪工具至旋转供料模块的电机成品拾取位置拾取电机成品，然后再将其搬运至装配模块进行装配。接下来讲解如何使用平口夹爪工具实现对电机成品的拾取和放置。

新建一个名为“SC_物料取放”的 Smart 组件。按照任务 2.4 中的方法，添加三个子组件“LineSensor”“Attacher”“Detacher”。“LineSensor”属性中“Start”点和“End”点的具体位置和参数设置如图 2.6.7 所示，并将“LineSensor”安装到“平口夹爪工具/L1”上。“Attacher”属性中的“Parent”设置为“平口夹爪工具”，其他参数均不做设置。

图 2.6.7　“LineSensor”的属性设置

创建如下两个“属性与连结”。

（1）“LineSensor”检测到的部件“SensedPart”作为“Attacher”要安装的对象“Child”；

（2）“Attacher”要安装的对象“Child”作为“Deatacher”要拆除的对象“Child”。

夹爪的夹紧和松开动作是分别由两个信号进行控制的，因此添加两个名称分别为“di_JiaZhuaJiajin”和“di_JiaZhuaSongkai”的数字输入信号。然后建立“信号和连接”，此处的“信号和连接”与主盘工具取放专用工具时使用的“信号和连接”一致，但不需要触发夹爪动作，具体如下。

（1）“di_JiaZhuaJiajin”信号触发“LineSensor”的激活“Active”；

（2）“LineSensor”的检测输出信号“SensorOut”触发“Attacher”的执行“Execute”；

（3）“di_JiaZhuaSongkai”信号触发“Detacher”的执行“Execute”。

“SC_物料取放”设置完成后，可根据以下步骤验证效果。

（1）将机器人的关节轴角度调整为[90，0，0，0，90，0]，并示教当前点为“Guodu1”。

（2）让机器人拾取平口夹爪工具，并跳转到“Guodu1”点。

（3）使用“手动线性”功能将机器人移动至电机成品的拾取点，并示教当前点为“DianJiGet”，如图 2.6.8 所示。

（4）在“仿真设定”窗口中设置当前的仿真对象为“SC_主盘工具”“SC_夹爪工具”“SC_物料取放”。

（5）单击“播放”按钮，开始仿真。

（6）将“SC_夹爪工具”里的“di_JiaZhuaJiajin”信号置位，使夹爪夹紧，然后复位，将“SC_物料取放”里的“di_JiaZhuaJiajin”信号置位，使夹爪拾取物料，然后复位。

（7）将机器人跳转到“Guodu1”点，可见电机成品已被成功拾取，如图 2.6.9 所示。

（8）将机器人跳转到“DianJiGet”点，将“SC_物料取放”里的“di_JiaZhuaSongkai”信号置位，使夹爪放置物料，然后复位，将“SC_夹爪工具”里的“di_JiaZhuaSongkai”信号置位，使夹爪松开，然后复位。

（9）将机器人跳转到“Guodu1”点，可见电机成品又被成功放置到了拾取点。

（10）将平口夹爪工具放回快换工具模块，单击“停止”按钮，停止仿真。

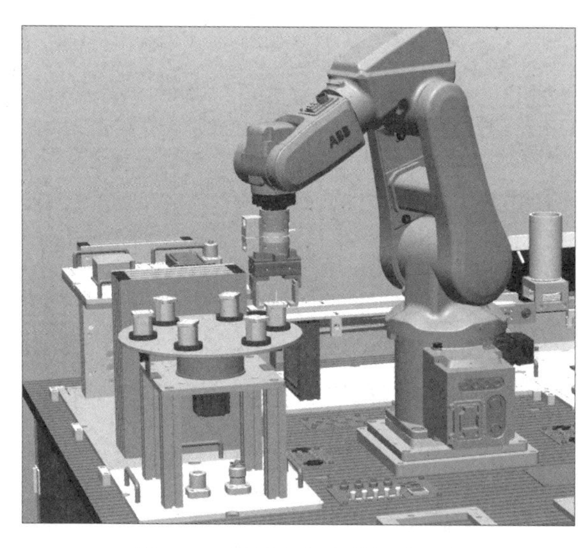

图 2.6.8　示教电机成品的拾取点

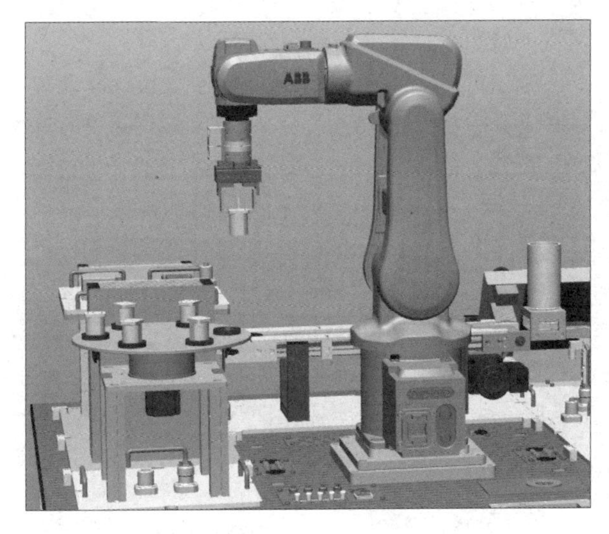

图 2.6.9　成功拾取电机成品

3. 用吸盘工具取放输出法兰

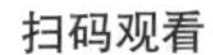

用吸盘工具取放输出法兰

输出法兰会从井式上料模块出发，经过输送带流转到输送带的末端，机器人使用吸盘工具拾取输出法兰，并将其安装到装配模块上的关节基座内。接下来讲解如何使用吸盘工具实现对输出法兰的拾取和放置。对平口夹爪工具和弧口夹爪工具而言，均由两个控制信号分别控制夹爪的工具（平口夹爪工具和弧口夹爪工具）夹紧和松开；而吸盘工具仅需要使用一个控制信号来控制，当控制信号为 1 时，吸盘置位；当控制信号为 0 时，吸盘复位。

在“SC_物料取放”组件中添加四个子组件“LineSensor_2”“Attacher_2”“Detacher_2”“LogicGate”。“LineSensor_2”属性中的“Start”点设置为吸盘端面圆心点，“End”点在“Start”点下方 5mm 处，具体位置和参数设置如图 2.6.10 所示，并将其安装至吸盘工具上。“Attacher_2”属性中的“Parent”设置为“吸盘工具”，“LogicGate”属性中的“Operator”设置为“NOT”。

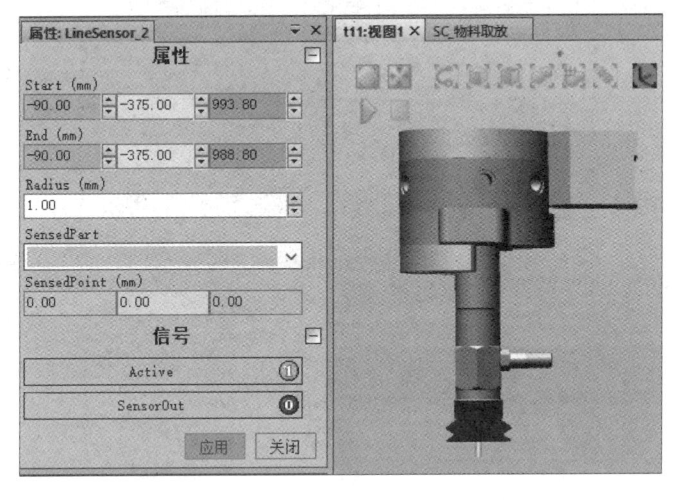

图 2.6.10　LineSersor_2 的属性设置

创建如下两个“属性与连结”。

（1）“LineSensor_2”检测到的部件“SensedPart”作为“Attacher_2”要安装的对象“Child”；

（2）“Attacher_2”要安装的对象“Child”作为“Deatacher_2”要拆除的对象“Child”。

吸盘工具的拾取和放置动态效果是由吸盘的真空阀信号控制的。添加一个名为“di_Zhenkong”的数字输入信号，然后建立如下“信号和连接”。

（1）“di_Zhenkong”信号触发“LineSensor_2”的激活“Active”；

（2）“LineSensor_2”的检测输出信号“SensorOut”触发“Attacher_2”的执行“Execute”；

（3）“di_Zhenkong”信号利用“LogicGate[NOT]”取反；

（4）“LogicGate[NOT]”的输出“Output”触发“Detacher_2”的执行“Execute”。

Smart 组件设置完成后，可根据以下步骤验证效果。

（1）将机器人的关节轴角度调整为[0，0，0，0，90，0]，并示教当前点为“Home”。

（2）让机器人拾取吸盘工具，并跳转到“Home”点。

（3）使用“手动线性”功能将机器人移动至输出法兰的拾取点，并示教当前点为“FalanGet”，如图 2.6.11 所示。

（4）在“仿真设定”窗口中设置当前的仿真对象为“SC_主盘工具”“SC_夹爪工具”“SC_物料取放”。

（5）单击“播放”按钮，开始仿真。

（6）将“SC_物料取放”里的“di_Zhenkong”信号置位。

（7）将机器人跳转到“Home”点，可见输出法兰已被成功拾取，如图 2.6.12 所示。

（8）将机器人跳转到“FalanGet”点，将“SC_物料取放”里的“di_Zhenkong”信号复位。

（9）将机器人跳转到“Home”点，可见输出法兰又被成功放置到了拾取点。

（10）将吸盘工具放回快换工具模块，单击“停止”按钮，停止仿真。

（11）将机器人的关节轴角度调整为[0，0，0，20，90，0]，并示教当前点为“Guodu3”。

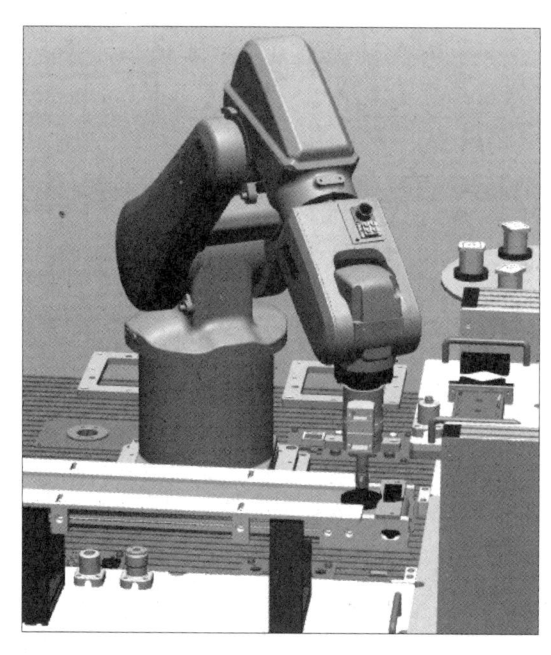

图 2.6.11　示教输出法兰的拾取点

图 2.6.12　成功拾取输出法兰

“SC_物料取放”组件的“信号和连接”如图 2.6.13 所示，设置完成后，保存工作站为“t11-finished”。

SC_物料取放　描述　English

设计　组成　属性与连结　信号和连接

I/O 信号

名称	信号类型	值
di_JiaZhuaJiajin	DigitalInput	0
di_JiaZhuaSongkai	DigitalInput	0
di_Zhenkong	DigitalInput	0

添加I/O Signals　展开子对象信号　编辑　删除

I/O连接

源对象	源信号	目标对象	目标信号或属性
SC_物料取放	di_JiaZhuaJiajin	LineSensor	Active
LineSensor	SensorOut	Attacher	Execute
SC_物料取放	di_JiaZhuaSongkai	Detacher	Execute
SC_物料取放	di_Zhenkong	LineSensor_2	Active
LineSensor_2	SensorOut	Attacher_2	Execute
SC_物料取放	di_Zhenkong	LogicGate [NOT]	InputA
LogicGate [NOT]	Output	Detacher_2	Execute

添加I/O Connection　编辑　删除　上移　下移

图 2.6.13　“SC_物料取放”组件的“信号和连接”

三、任务小结

本任务中介绍了使用不同的工具进行物料取放的过程。使用不同的工具取放物料时，在 Smart 组件里的设置是类似的，但在具体设置过程中需要注意以下要点。

（1）可通过 Smart 组件创建多种分布物料的阵列；

（2）设置 Smart 组件属性时，要注意传感器的放置位置；

（3）将传感器安装到带关节运动的夹爪工具上时，要安装到夹爪工具的基体上，否则传感器会跟随夹爪工具一起运动。

四、思考与练习

在“SC_物料拾取”组件中添加相关子组件、“属性与连结”和“信号和连接”，实现机器人使用弧口夹爪工具取放关节基座的动作，如图 2.6.14 所示。可创建一个传感器 LineSensor，将其“Start”点和“End”点的位置分别设置为[−90，−525，936]和[−90，−525，1000]，示教一个中间过渡点“Guodu2”，将机器人关节轴角度设置为[−20，−45，45，90，−70，0]，并将第一个关节基座的拾取位置示教为“JizuoGet”。

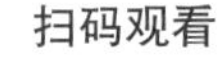

使用弧口夹爪工具取放关节基座

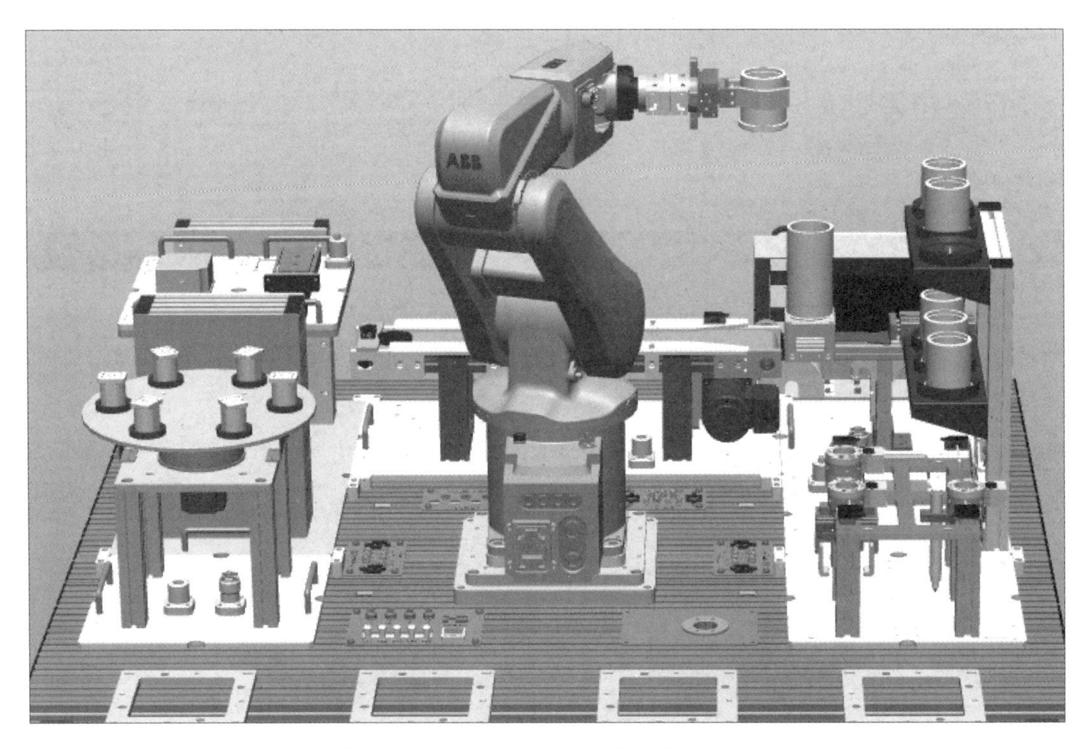

图 2.6.14　用弧口夹爪工具拾取关节基座

任务 2.7　使用 Smart 组件实现旋转供料

一、任务目标

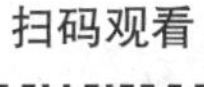

旋转供料组件添加及属性设置

（1）能实现电机成品随料盘的转动与分离。

（2）能对电机成品拾取位置是否有料进行检测。

二、任务实施

在上一任务中为旋转供料模块料盘的每个物料槽均放置了一个电机成品。但是旋转供料模块中的机器人抓取位置是固定的，当抓取位置没有物料时，需要料盘将物料旋转至抓取位置。本任务中将对如何创建旋转供料模块的动态效果进行讲解。为了更好地演示供料过程，这里只让第一个电机成品可见，其他的电机成品均设置为隐藏状态，如图 2.7.1 所示。

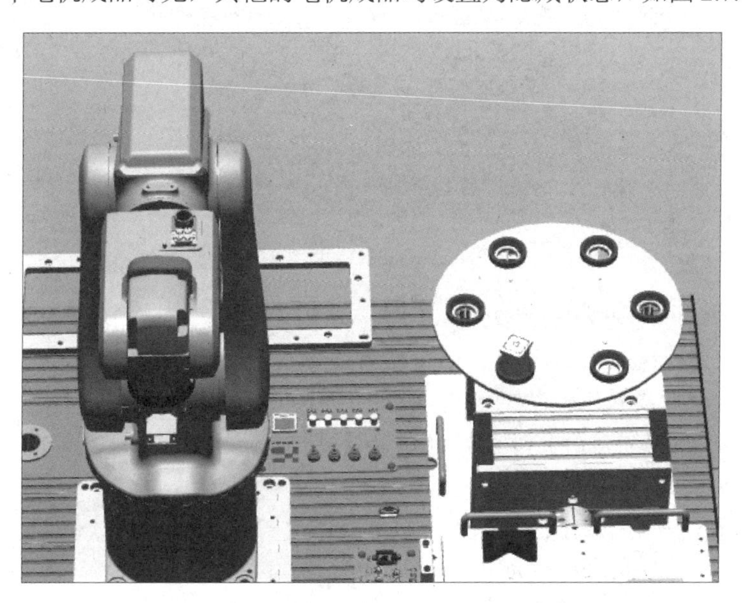

图 2.7.1　旋转供料模块料盘的初始状态

旋转供料模块的料盘上有六个物料槽，离机器人最近的物料槽是电机成品的拾取位置。当此位置上有物料时，通过传感器告知机器人有物料信息，机器人直接拾取物料；当此位置上没有物料时，机器人会发出料盘转动信号，每发出一次信号，料盘沿逆时针方向旋转 60 度，直到电机成品拾取位置上有物料，传感器向机器人发出物料到位信号，料盘停止转动，机器人开始拾取物料。

扫码下载

t12

打开“t11-finished（或 t12）”工作站，新建一个 Smart 组件，并重

命名为“SC_旋转供料”。添加一个“LineSensor”传感器组件，用于检测物料拾取位置是否有物料。创建“Line Sensor”传感器组件时，“Start”点可直接捕捉物料槽上表面的圆心点，并保证传感器的长度向下不超过 20 mm。也可直接将“Start”点和“End”点的位置设置为[−150，340，1176]和[−150，340，1160]，将“Radius”设置为“1”，单击“应用”按钮，创建的“Line Sensor”传感器组件如图 2.7.2 所示。为了和后续创建的传感器组件进行区分，将此传感器重命名为“LineSensor_XzInPos”。以同样的方式分别在每个工位的圆心位置创建一个高度、半径与“LineSensor_XzInPos”相同的传感器组件，并分别重命名为“LineSensor_1”“LineSensor_2”“LineSensor_3”“LineSensor_4”“LineSensor_5”。将新创建的传感器组件安装到“旋转供料模块固定部分”，并将“旋转供料模块转动部分”设置为不可由传感器检测。

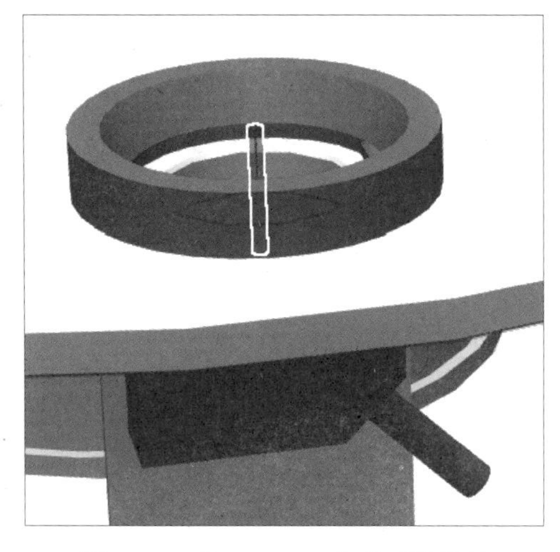

扫码观看

旋转供料组件设置及效果验证

图 2.7.2　“LineSensor”传感器组件

旋转供料模块的旋转来自两部分：一是料盘本身的旋转，二是料盘上的物料跟随料盘的旋转。料盘的旋转可以使用“Rotator2”组件实现，此组件可使料盘绕着一个轴旋转指定的角度。而料盘上的物料，可以通过“Attacher”组件将其安装到料盘上，当物料到达拾取位置后再使用“Detacher”组件将其从料盘上拆除。料盘上所有物料的处理方法均是相同的，接下来将以图 2.7.1 中显示的物料为例进行讲解。

在“SC_旋转供料”组件中添加三个子组件“Rotator2”“Attacher”“Detacher”。“Rotator2”的属性设置如图 2.7.3 所示，“Object”表示旋转的对象，“CenterPoint”和“Axis”决定了转轴的位置和方向，“Angle”表示每次旋转的角度，“Duration”表示旋转过程所需的时间。“Attacher”属性中的“Parent”选择“旋转供料模块转动部分”，其他不做设置，“Detacher”属性不做设置。将“Attacher”重命名为“Attacher_1”。为了确保物料安装到料盘后料盘才开始旋转，需要添加一个“LogicGate[NOP]”组件，其作用是延时，延时时长由其属性中的“Delay”决定，此处设置为 0.2s。

创建如下两个“属性与连结”。

（1）“LineSensor_1”检测到的部件“SensedPart”作为“Attacher_1”要安装的对象“Child”；

（2）“LineSensor_XzInPos”检测到的部件作为“Detacher”要拆除的对象“Child”。

创建一个输入信号“di_XuanZhuanStart”用于启动料盘转动，创建一个输出信号

“do_XzInPos”，用于输出电机成品拾取位置物料到位信息。然后建立如下“信号和连接”。

（1）“di_XuanZhuanStart”信号触发“LineSensor_1”的激活“Active”；

（2）“LineSensor_1”的检测输出信号“SensorOut”触发“Attacher_1”的执行“Execute”；

（3）“di_XuanZhuanStart”信号作为“LogicGate[NOP]”的输入信号“InputA”；

（4）“LogicGate[NOP]”的输出信号“Output”触发“Ratator2”的执行“Execute”；

（5）“Ratator2”的执行完成信号“Executed”触发“Detacher”的执行“Execute”；

（6）以“LineSensor_XzInPos”的检测输出信号“SensorOut”作为输出信号“do_XzInPos”。

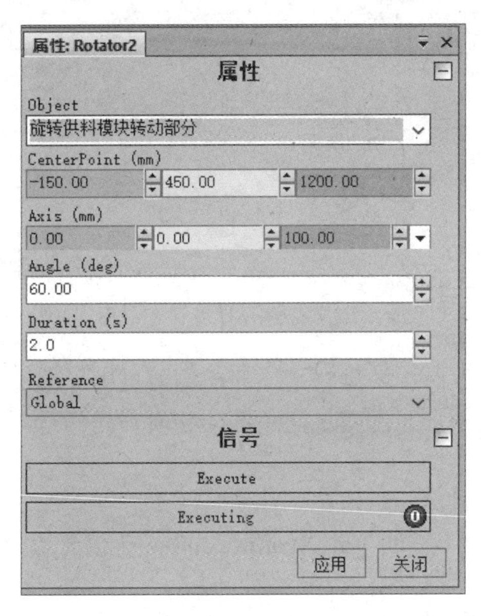

图 2.7.3　“Rotator2”的属性设置

Smart 组件设置完成后，可对其动态效果进行仿真验证。仿真运行后，工作站的状态会与仿真前不同。此时可以单击“仿真”选项卡“仿真控制”组里的“重置”按钮，使工作站回到仿真前的状态。在进行仿真前可对整个工作站的状态进行保存，当仿真完成后，直接重置保存的状态即可回到仿真前的状态，且可以保存多个状态。在“仿真”选项卡的“仿真控制”组里，单击“重置”按钮，会显示如图 2.7.4 所示的“重置”下拉菜单。选择“重置”下拉菜单中的“保存当前状态”选项，弹出如图 2.7.5 所示的“保存当前状态”窗口，在“名称”栏输入“001”，并在“数据已保存”栏中勾选“t12”复选框，单击“确定”按钮，即可保存当前状态。

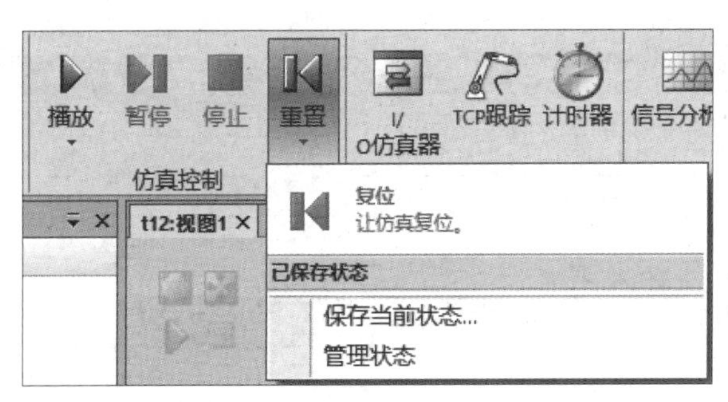

图 2.7.4　“重置”下拉菜单

图 2.7.5 “保存当前状态”窗口

接下来可根据以下步骤对旋转供料模块的动态效果进行验证。

（1）通过“仿真”选项卡“配置”组里的“仿真设定”选项，设置当前的仿真对象为“SC_旋转供料”。

（2）单击“播放”按钮，开始仿真。

（3）将“SC_旋转供料”里的“di_XuanZhuanStart”信号置位，此时料盘转动，且物料跟随料盘一起转动，将启动信号复位。

（4）重复步骤（3）四次，物料将移动至电机成品拾取位置，输出信号“do_XzInPos”置位。此时再将“SC_旋转供料”里的“di_XuanZhuanStart”信号置位，料盘转动但物料不动，说明物料已被从料盘上成功拆除。复位信号“di_XuanZhuanStart”。

（5）单击“停止”按钮，停止仿真。

（6）通过“重置”按钮将工作站状态恢复至“001”状态。

在“SC_旋转供料”组件里再添加四个“Attacher”子组件，并分别重名为“Attacher_2”“Attacher_3”“Attacher_4”“Attacher_5”，属性设置与“Attacher_1”相同，并建立它们与各自对应的传感器间的“属性与连结”“信号和连接”，“SC_旋转供料”组件的“属性与连结”“信号和连接”分别如图 2.7.6 和图 2.7.7 所示。设置完成后，可对任意物料进行仿真验证，保存工作站为“t12-finished”。

属性连结

源对象	源属性	目标对象	目标属性或信号
LineSensor_1	SensedPart	Attacher_1	Child
LineSensor_XzInPos	SensedPart	Detacher	Child
LineSensor_2	SensedPart	Attacher_2	Child
LineSensor_3	SensedPart	Attacher_3	Child
LineSensor_4	SensedPart	Attacher_4	Child
LineSensor_5	SensedPart	Attacher_5	Child

添加连结　添加表达式连结　编辑　删除

图 2.7.6 “SC_旋转供料”组件的“属性与连结”

I/O连接

源对象	源信号	目标对象	目标信号或属性
SC_旋转供料	di_XuanZhuanStart	LineSensor_1	Active
LineSensor_1	SensorOut	Attacher_1	Execute
SC_旋转供料	di_XuanZhuanStart	LogicGate [NOP]	InputA
LogicGate [NOP]	Output	Rotator2	Execute
Rotator2	Executed	Detacher	Execute
LineSensor_XzInPos	SensorOut	SC_旋转供料	do_XzInPos
SC_旋转供料	di_XuanZhuanStart	LineSensor_2	Active
SC_旋转供料	di_XuanZhuanStart	LineSensor_3	Active
SC_旋转供料	di_XuanZhuanStart	LineSensor_4	Active
SC_旋转供料	di_XuanZhuanStart	LineSensor_5	Active
LineSensor_2	SensorOut	Attacher_2	Execute
LineSensor_3	SensorOut	Attacher_3	Execute
LineSensor_4	SensorOut	Attacher_4	Execute
LineSensor_5	SensorOut	Attacher_5	Execute

添加I/O Connection　编辑　删除　　上移　下移

图 2.7.7　“SC_旋转供料”组件的信号和连接

三、任务小结

本任务通过使用 Smart 组件实现了料盘的旋转供料，具体实施过程中需要注意以下要点。

（1）每个料槽位置均需要放置一个传感器，以实现对物料的检测；

（2）每次接收到旋转供料的命令时，要再次激活所有的传感器，以便于设置物料随料盘的旋转运动；

（3）为了使电机成品在顺利到达物料拾取位置后，再在料盘上对其进行拆除，需使用旋转完成信号来触发拆除。

扫码观看

使用机械装置实现旋转供料

四、思考与练习

（1）组件 LogicGate[NOP]的作用是什么？

（2）本任务中在制作旋转供料模块的动态效果时，直接让“旋转供料模块旋转部分”绕固定轴旋转。能否直接使用制作好的机械装置“旋转供料模块”完成旋转供料？

任务 2.8　使用 Smart 组件实现井式上料

一、任务目标

（1）熟悉 Source、Queue、LogicSRLatch 等组件的使用方法；

（2）掌握物料（输出法兰）在料井内下落动态效果的创建方法；

（3）掌握气缸对物料推送动态效果的创建方法。

扫码观看

料井内物料下落组件的添加和属性设置

二、任务实施

井式上料模块的功能是控制物料在料井内的下落和气缸对物料的推送两个动作。仿真开始后，在料井的上方自动生成一个物料，然后物料进行自由落体运动，当运动至料井底部时，气缸将物料推送至输送带上，气缸归位，且在料井上方又生成一个新的物料，重复上述过程。

1. 创建物料在料井内的下落动态效果

扫码下载

t13

打开“t12-finished（t13）”工作站，导入几何体“输出法兰”，通过“一点法”将其放置到料井上方，并让其绕自身坐标系 Z 轴旋转 90 度，将其颜色设置为蓝色。在“布局”窗口里找到“井式上料模块气缸”的“链接”中的“L1”，右击，在弹出的快捷菜单中选择“图形显示”选项，弹出“图形外观-L1”窗口，在此窗口中可完成井式上料模块中所有与图形外观相关的设置。选择“物体”单选按钮，在窗口中直接单击料井，并将其“不透明度（%）”设置为“50”，如图 2.8.1 所示，以方便观察物料在料井内的动作。放置“输出法兰”和修改料井透明度后井式上料模块的外观如图 2.8.2 所示。

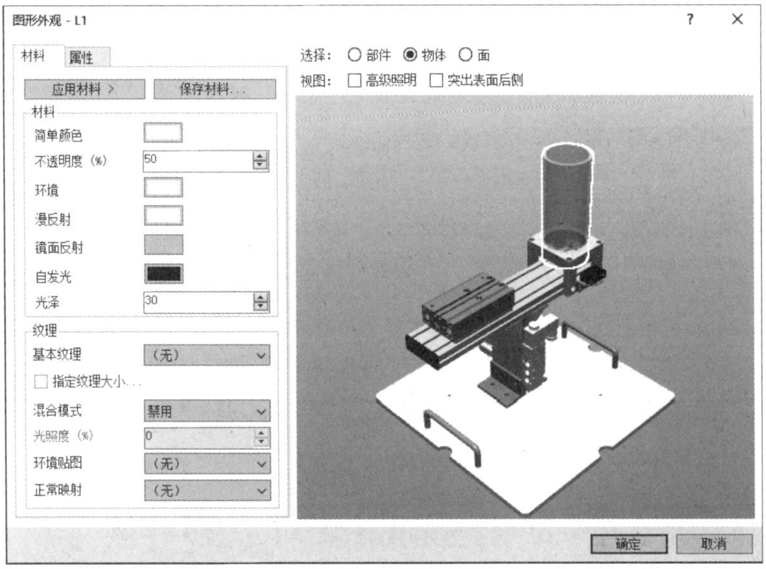

图 2.8.1　在“图形外观-L1”窗口中修改物料的外观属性

新建一个 Smart 组件，并重命名为“SC_井式上料”，在“SC_井式上料”组件里添加如图 2.8.3 所示的子组件，分别是：“动作”组里的“Source”组件，“本体”组里的“LinearMover”组件，“其他”（“其它”是软件中不规范的写法，本书统一用“其他”替代）组里的“Queue”组件和“SimulationEvents”组件，“传感器”组里的“PlaneSensor”组件，“信号和属性”

组里的“LogicGate”组件和“LogicSRLatch”组件。它们的作用和设置方法如下。

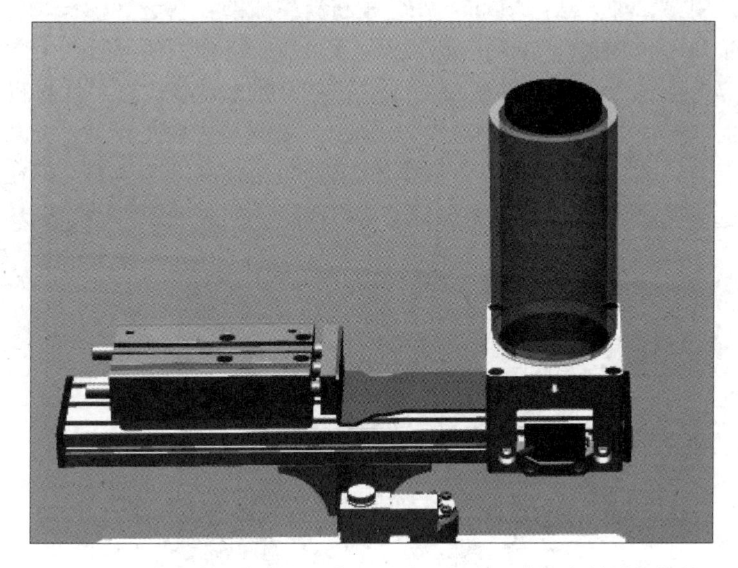

图 2.8.2　放置“输出法兰”和修改料井透明度后井式上料模块的外观

图 2.8.3　物料下落动作使用的子组件

（1）“Source”组件，用于创建图形的拷贝，使仿真过程中可以不断地产生物料。在“Source”组件的属性设置窗口中，“Source”指产品源，在其下拉列表中选择“输出法兰”，将“Copy”和“Parent”置空，（“Position”和“Orientation”）指的是新生成的物料放置的位置和方向。这里有两种方法可以设置，第一种方法，直接将输出法兰的位置数据设置为“Source”组件的位置数据；第二种方法，重新设置输出法兰的本地原点，将所有的数据设置为零。由于“Source”组件里的数据默认都是零，因此在 Source 属性窗口中就不用再进行设置，这里采用第二种方法。“Transient”指将新生成的物料进行标记。仿真时，默认情况下拷贝是新生成一个物料，如果仿真连续运行，那么将会源源不断地生成物料，直至仿真结束，物料仍不会消失。工作站里新生成的物料会越来越多，直至计算机发生内存错误报警。为了防止这种错误发生，应勾选“Transient”复选框，在工作站停止仿真时，所有新产生的物料都会自动消失。调试时，可以先不勾选“Transient”复选框，但在最后仿真时要进行勾选。“Source”组件的属性设置如图 2.8.4 所示，单击“应用”按钮。

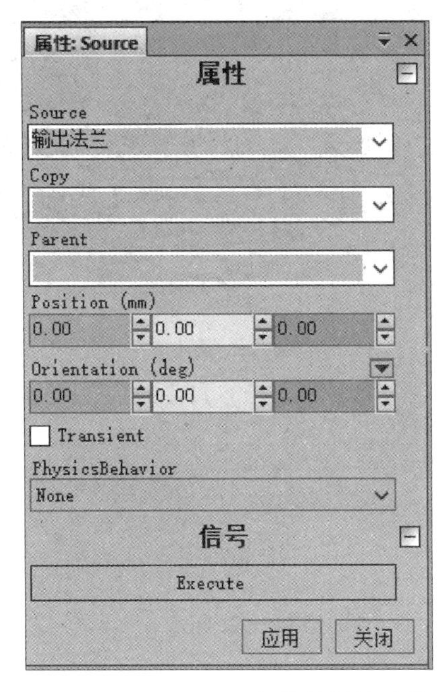

图 2.8.4 “Source”组件的属性设置

（2）“Queue”组件，用来表示对象的队列。在“Queue”组件的属性设置窗口中，“Back”指下一个即将加入队列的对象；“Front”指在队列里排在第一位的对象。将物料剔除出队列时，排在第一位的对象是最先被剔除的。这里均不做设置。设置完成后，单击“应用”按钮。

（3）“LinearMover”组件，用于使物料沿着直线运动。在“LinearMover”组件的属性设置窗口中，“Object”指要移动的对象，但此处的移动对象并不是唯一的，而是每次新产生的物料，因此可以在其下拉列表中选择“Queue”。所有加入队列的对象均会被移动，而当物料被移动到正确的位置后，则会被剔除出队列，将不再会被移动。“Direction”指运行的方向，设置为“Reference”，即参照大地坐标，这里的运行方向是 Z 轴的负方向，因此在“Direction”下方的第三个文本框里输入一个负值，其他值设置为“0”。“Speed”指运行速度，这里设置为“100”。“Execute”指此子组件是否执行，此处勾选“Execute”复选框，模拟一直在执行的状态。单击“应用”按钮。

（4）“PlaneSensor”组件，用于实现对物料的检测。物料到达料井最下方后需要停下来，这里利用面传感器的信号属性实现运动的停止。通过捕捉点和参数设置，将面传感器设置在料井下方的支撑面上，具体的参数设置如图 2.8.5 所示。“Origin”是指通过捕捉工具选择的第一个点，“Axis1”和“Axis2”是指平面的两个方向。

（5）“LogicGate”组件，此处设置为“NOT”。

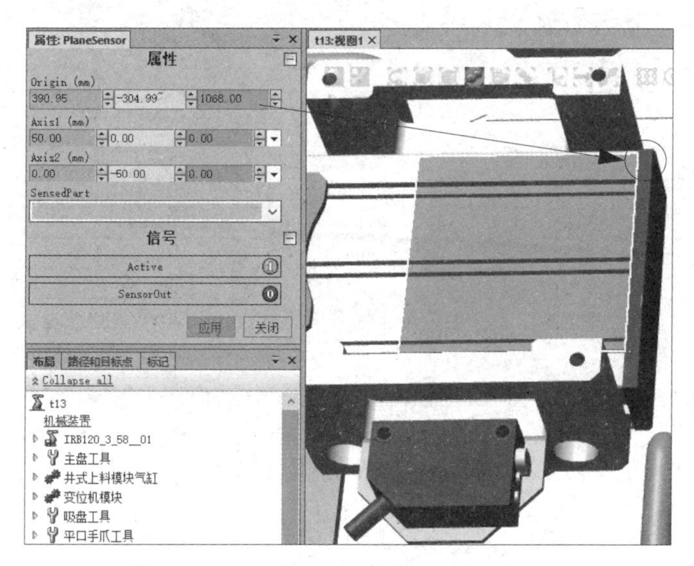

图 2.8.5　在“属性：PlaneSensor”窗口中设置参数

（6）“SimulationEvents”组件，用于在仿真开始和停止时发出的脉冲信号。由于物料的拷贝没有相应的触发信号，因此可以用仿真开始信号进行触发，同时此信号也可用来控制“PlaneSensor”组件的“Active”，其属性无须设置。

（7）“LogicSRLatch”组件，用于锁定信号的“置位-复位”状态，其属性无须设置。

创建一个“属性与连结”，让“Source”产生的新的物料“Copy”作为队列“Queue”加入的下一个对象“Back”。

物料下落到料井底部后，底部的传感器会输出一个信号给机器人，便于机器人发出信号使气缸将物料推送到输送带上，故应添加一个物料到位输出信号“do_ObInPos”。然后在各 Smart 子组件间建立如下“信号和连接”。

（1）“SimulationEvents”发出的仿真开始脉冲信号作为“LogicSRLatch”的置位信号“Set”；

（2）“SimulationEvents”发出的仿真停止脉冲信号作为“LogicSRLatch”的复位信号“Reset”；

（3）“LogicSRLatch”的输出信号“Output”触发“Source”的执行“Execute”；

（4）“LogicSRLatch”的输出信号触发“PlaneSensor”的激活“Active”；

（5）“Source”的执行完成信号“Executed”将新生成的物料加入“Queue”的队列“Enqueue”；

（6）“PlaneSensor”的输出结果“SensorOut”将检测到的物料剔除出“Queue”的队列“Dequeue”；

（7）“PlaneSensor”的输出结果“SensorOut”置位输出信号“do_ObInPos”；

（8）“PlaneSensor”的输出结果“SensorOut”作为“LogicGate [NOT]”的“InputA”；

扫码观看

料井内物料下落组件的设置及调试

（9）“LogicGate[NOT]”的输出信号“OutPut”触发“Source”的“Execute”，实现物料的再次产生。

具体的“信号和连接”如图 2.8.6 所示。

I/O连接

源对象	源信号	目标对象	目标信号或属性
SimulationEvents	SimulationStarted	LogicSRLatch	Set
SimulationEvents	SimulationStopped	LogicSRLatch	Reset
LogicSRLatch	Output	Source	Execute
LogicSRLatch	Output	PlaneSensor	Active
Source	Executed	Queue	Enqueue
PlaneSensor	SensorOut	Queue	Dequeue
PlaneSensor	SensorOut	SC_井式上料	do_ObInPos
PlaneSensor	SensorOut	LogicGate [NOT]	InputA
LogicGate [NOT]	Output	Source	Execute

添加I/O Connection　编辑　删除　　上移　下移

图 2.8.6　实现物料下落动作的“信号和连接”

在“仿真设定”窗口中只勾选“SC_井式上料”复选框。将输出法兰隐藏，单击“播放”按钮，此时将在料井上方产生一个新的输出法兰，且沿着垂直方向向下运动。当新的输出法兰运动至料井底部时，停止运动，如图 2.8.7 所示。此时移动新生成的输出法兰，当它移动至离开“PlaneSensor”子组件设置的位置时，料井上方将再次生成一个新的输出法兰，重复下落动作，如图 2.8.8 所示。单击“仿真”选项卡里的“停止”按钮，停止仿真，再单击“重置”按钮，回到仿真前的状态。打开子组件“Source”的属性窗口，勾选“Transient”复选框，单击“应用”按钮并关闭窗口。

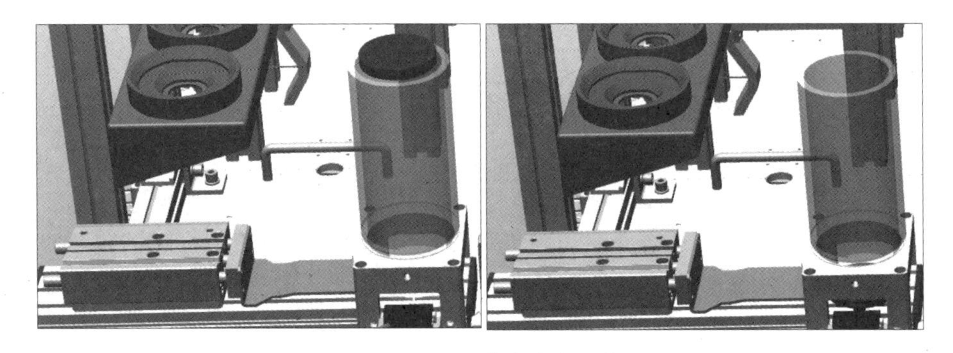

图 2.8.7　物料的产生和下落

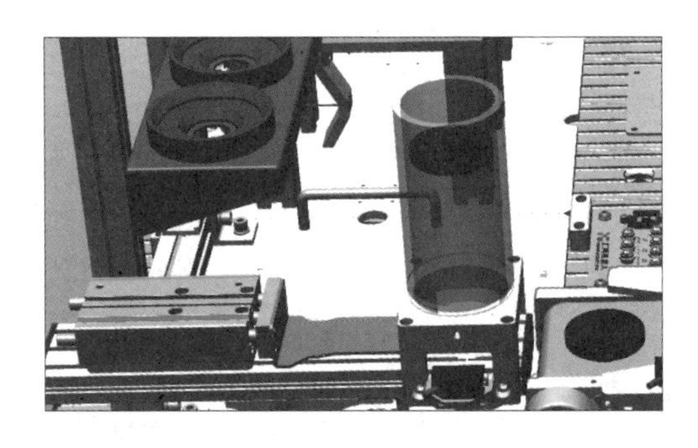

图 2.8.8　物料的再次产生

2. 创建气缸推料动态效果

当机器人接收到物料已经达到料井底部的信号时，会发送气缸推出信号，等待一段时间后将此信号复位，使气缸缩回。

打开“SC_井式上料”组件，在里面添加如图 2.8.9 中所示的子组件，分别是：两个“本体”组里的“PoseMover”组件，“本体”组里的“LinearMover2”组件和两个“信号和属性”组里的“LogicGate”组件。它们的作用和设置方法如下。

（1）“PoseMover”组件，用于设置气缸的伸缩位置。其中的“Mechanism”均设置为“井式上料模块”。两个“Pose”，一个设置为“SyncPose”，表示伸出位置；另一个设置为“HomePose”，表示缩回位置。“Duration”均设置为 0.2s。

（2）“LinearMover2”组件，用于移动一个对象到指定位置。通过此组件可使料井底部的物料移动一段固定的距离至输送带上。其中的“Object”指被移动的目标，可将“PlaneSensor”检测到的物料作为移动的目标。“Direction”指物料移动的方向，将其第二个参数设为一个正值，其他参数均设置为“0”。“Distance”指物料移动的距离，设置为 70mm，“Duration”指物料移动所需要的时间，设置为 0.2s。具体的参数设置如图 2.8.10 所示。

扫码观看

井式上料模块气缸推料

（3）两个“LogicGate”组件，其中一个的“Operator”设置为“NOT”，用于触发气缸的缩回动作执行；另一个的“Operator”设置为“NOP”，“Delay”设置为 0.05s，用来表示气缸推出动作执行 0.05s 后触发组件“LinearMover2”的执行。

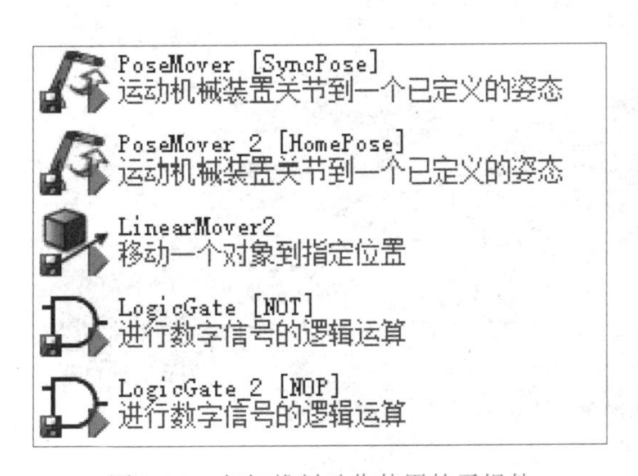

图 2.8.9　气缸推料动作使用的子组件

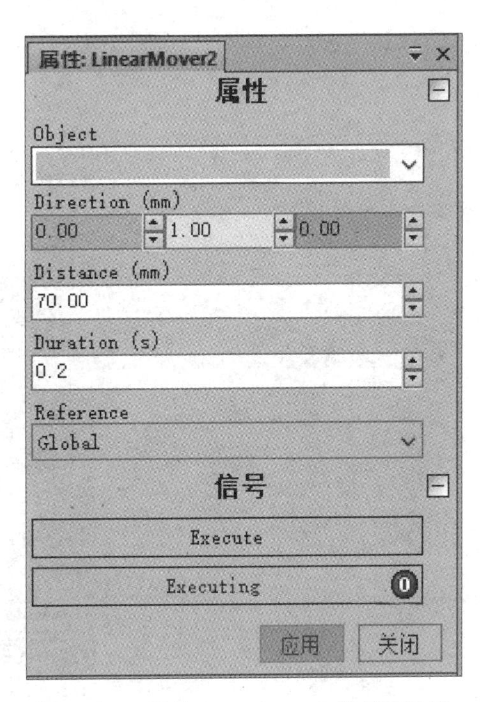

图 2.8.10　组件 LinearMover2 的属性设置

创建一个“属性与连结”，让“PlaneSensor”检测到的物料“SensedPart”作为“LinearMover2”移动的目标“Object”。

添加一个机器人启动气缸动作的输入信号“di_TuiQiDong”，然后在各 Smart 子组件间建立如下“信号和连接”。

（1）“di_TuiQiDong”信号触发“PoseMover”的执行“Execute”；

（2）“di_TuiQiDong”信号作为“LogicGate[NOT]”的输入“InputA”；

（3）“di_TuiQiDong”信号作为“LogicGate[NOP]”的输入“InputA”；

（4）“LogicGate[NOT]”的输出信号“OutPut”触发“PoseMover_2”的执行“Execute”；

（5）“LogicGate[NOP]”的输出信号“OutPut”触发“LinearMover2”的执行“Execute”。

具体的信号和连接如图 2.8.11 所示。

I/O连接

源对象	源信号	目标对象	目标信号或属性
SC_井式上料	di_TuiQiDong	PoseMover [SyncPose]	Execute
SC_井式上料	di_TuiQiDong	LogicGate_3 [NOP]	InputA
LogicGate_3 [NOP]	Output	LinearMover2	Execute
SC_井式上料	di_TuiQiDong	LogicGate_2 [NOT]	InputA
LogicGate_2 [NOT]	Output	PoseMover_2 [HomePose]	Execute

添加I/O Connection　编辑　删除　　上移　下移

图 2.8.11　实现气缸推料动作的“信号和连接”

单击“仿真”选项卡里的“播放”按钮，可在料井上方生成一个物料并运动至料井底部。手动将“di_TuiQiDong”信号置位，气缸推出，将物料推送至输送带上，如图 2.8.12 所示，同时料井内产生下一个物料下落动作。手动将“di_TuiQiDong”信号复位，气缸缩回，等待下一次推出物料动作。

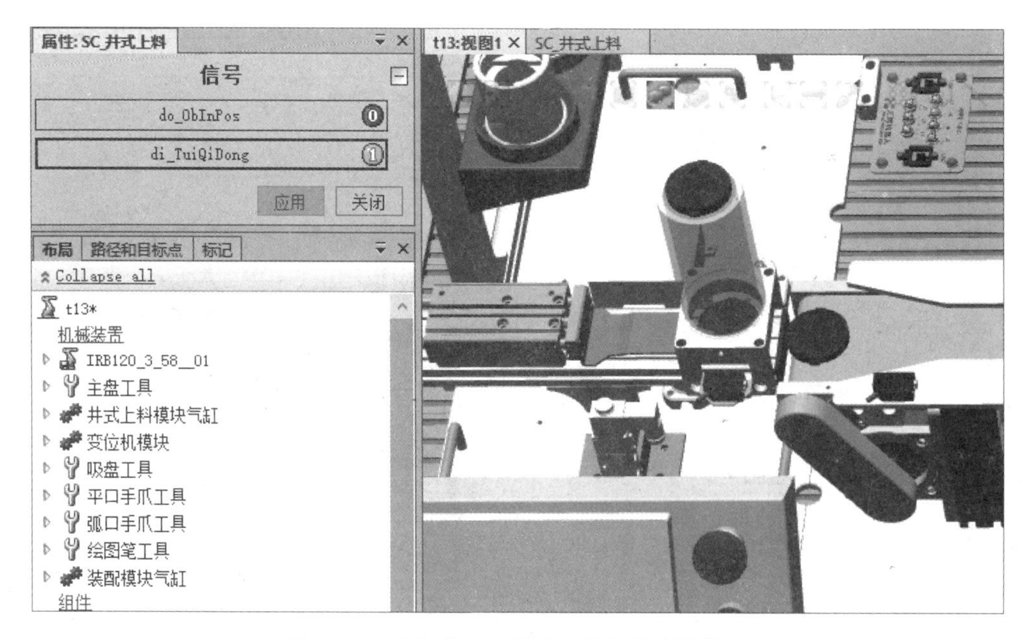

图 2.8.12　气缸推出，将物料推送至输送带上

停止仿真，保存工作站为“t13-finished”。

三、任务小结

本任务中完成了井式上料模块动态效果的制作。和真实工作站中要预先在料井内放置多个物料不同，这里采用了“Source”组件不断产生新物料的方式。在具体操作过程中需要注意以下要点。

（1）需要使用“SimulationEvents”组件触发新物料的第一次生成；

（2）由于每次下落的物料是不同的，“LinearMover”的移动目标不是唯一的，因此使用了“Queue”组件作为移动的目标，同时用“Queue”组件控制加入和剔除的对象。

四、思考与练习

（1）为何要使用“LogicSRLatch”组件控制传感器“PlaneSensor”的激活？如果直接使用“SimulationEvents”组件的“SimulationStarted”信号控制传感器“PlaneSensor”的激活，是否可行？

（2）在“SC_物料阵列”和“SC_旋转供料”组件中添加“SimulationEvents”和“LogicSRLatch”信号，用于控制仓储模块中的六个传感器及旋转供料模块中的电机成品拾取位置检测传感器。

（3）本任务中，如果直接在料井中放置多个物料，如图 2.8.13 所示，气缸推走最下方一个物料后，其余物料模拟在重力作用下自由下落，该如何实现？

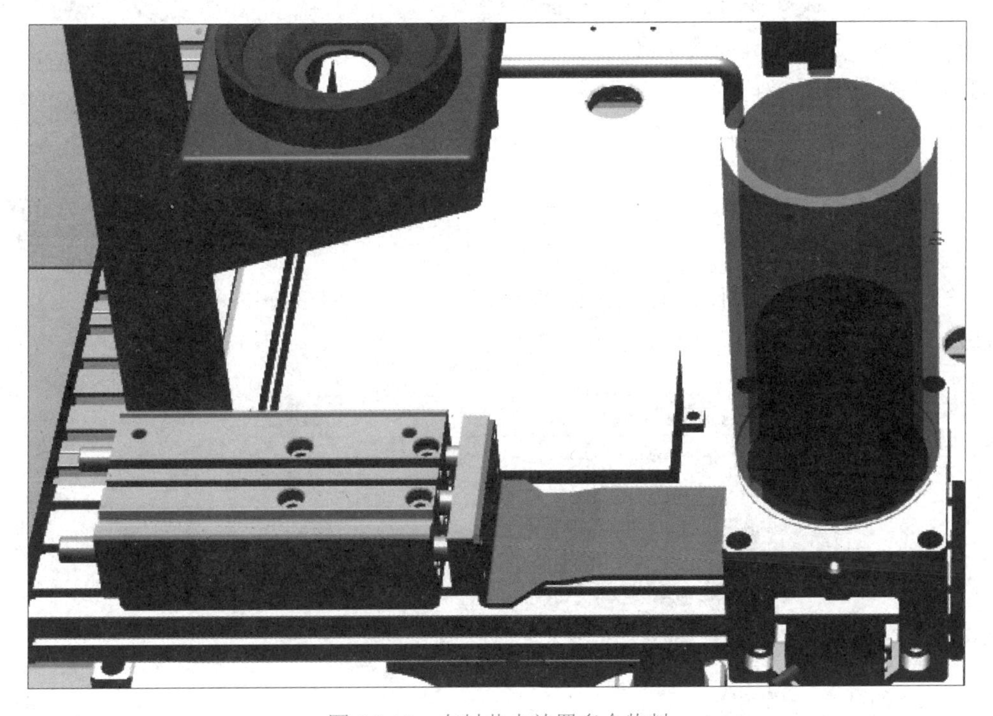

图 2.8.13　在料井内放置多个物料

任务 2.9　用 Smart 组件实现输送带传送物料

一、任务目标

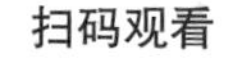

输送带传送物料

（1）掌握使用一个信号控制输送带启停的方法；
（2）掌握用输送带传送物料动态效果的创建方法。

二、任务实施

推料气缸将物料推送到输送带上后，输送带前端传感器检测到物料，并将物料到位信息发送给机器人。机器人发出输送带启动信号，输送带带动物料向输送带后端运动。当物料达到输送带后端时，输送带后端检测传感器检测到物料，并将物料到位信息发送给机器人，此时无论输送带是否已经停止，物料均会停止运动。在将物料从输送带前端向输送带后端输送的过程中，一旦机器人发出输送带停止信号，输送带和物料均会立即停止运动。

打开“t13-finished（或 t14）”工作站，新建一个名为“SC_输送带”的 Smart 组件，并在里面添加如图 2.9.1 所示的子组件，分别是：两个“传感器”组里的“PlaneSensor”组件，“本体”组里的“LinearMover”组件，“其他”组里的“Queue”组件。它们的作用和设置方法如下。

扫码下载

t14

（1）两个“PlaneSensor”组件，分别用于实现对输送带前端物料到位和输送带后端物料到位的检测。两个“PlaneSensor”组件的属性设置如图 2.9.2 所示。然后取消勾选“皮带运输模块”的“可由传感器检测”复选框。

（2）“Queue”组件，表示移动的物料队列，其属性中的选项均无须设置。

（3）“LinearMover”组件中的“Object”设置为“Queue”，“Direction”设置为 Y 轴正向，“Speed”设置为 100 mm/s。

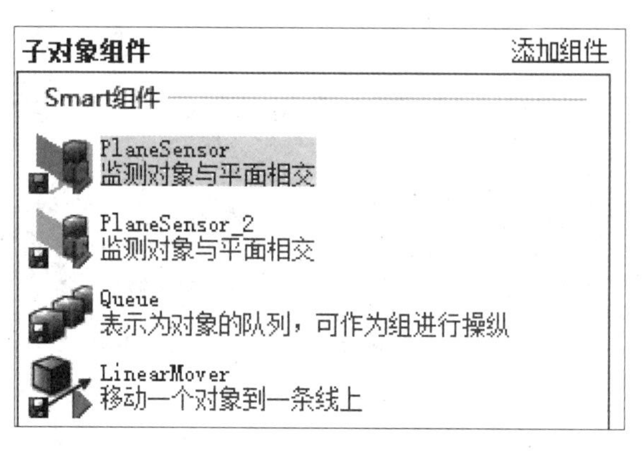

图 2.9.1　“SC_输送带”组件的子组件

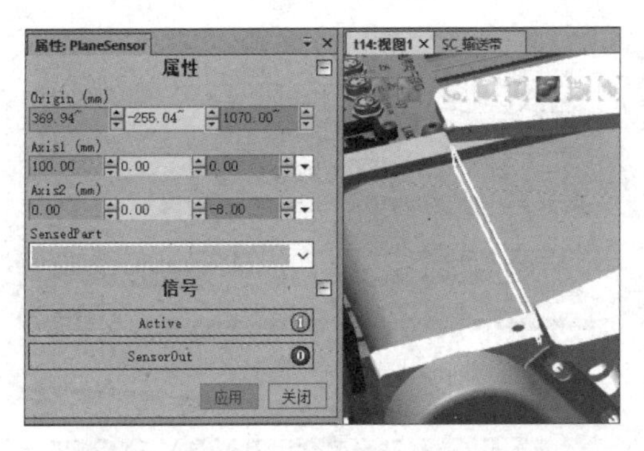

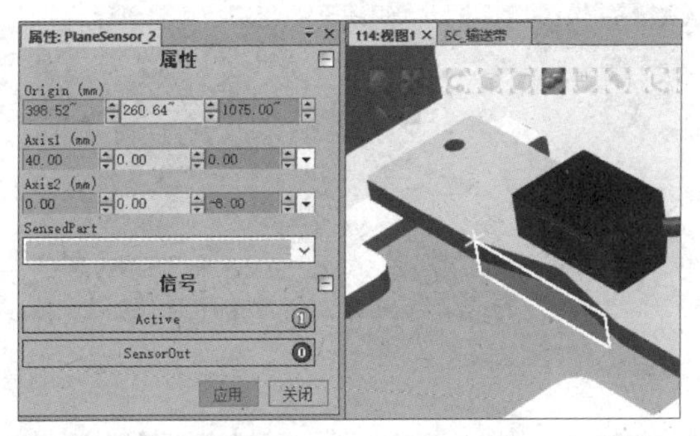

图 2.9.2　两个“PlaneSensor”组件的属性设置

创建一个“属性与连结”，让“PlaneSensor”检测到的物料“SensedPart”作为队列“Queue”的下一个目标“Back”。

添加一个控制输送带启停的输入信号“di_SsQiDong”，两个物料到位信号“do_SsInPos1”和“do_SsInPos2”，然后在各 Smart 子组件间建立如下“信号和连接”。

（1）“PlaneSensor”的输出信号“SensorOut”将检测到的物料加入“Queue”的队列“Enqueue”；

（2）“PlaneSensor”的输出信号“SensorOut”置位输出信号“do_SsInPos1”；

（3）“PlaneSensor_2”的输出信号“SensorOut”将检测到的物料剔除出“Queue”的队列“Dequeue”；

（4）“PlaneSensor_2”的输出信号“SensorOut”置位输出信号“do_SsInPos2”；

（5）输入信号“di_SsQiDong”控制“LinearMover”的执行“Execute”。

具体的“信号和连接”如图 2.9.3 所示。

I/O连接

源对象	源信号	目标对象	目标信号或属性
PlaneSensor	SensorOut	Queue	Enqueue
PlaneSensor	SensorOut	SC_输送带	do_SsInPos1
PlaneSensor_2	SensorOut	Queue	Dequeue
PlaneSensor_2	SensorOut	SC_输送带	do_SsInPos2
SC_输送带	di_SsQiDong	LinearMover	Execute

添加I/O Connection　编辑　删除　　上移　下移

图 2.9.3　实现输送带传送物料的信号和连接

在“仿真设定”窗口中同时勾选“SC_井式上料”和“SC_输送机”复选框，运行仿真，通过井式上料模块将物料推送至输送带前端，在“SC_输送带”的属性里手动置位“di_SsQiDong”信号，物料开始沿着输送带的方向运行。在任意时刻，将“di_SsQiDong”信号复位，输送带均会立即停止运行，如图 2.9.4 所示。再次将“di_SsQiDong”信号置位，物料继续在输送带上运行，当运行至输送带末端时，即使未复位“di_SsQiDong”信号，物料也会在输送带末端停下，并向机器人发出物料到位信号，如图 2.9.5 所示。

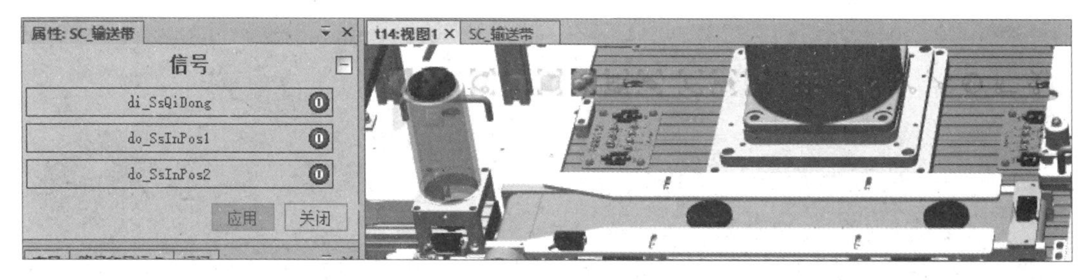

图 2.9.4　手动控制输送带停止运行

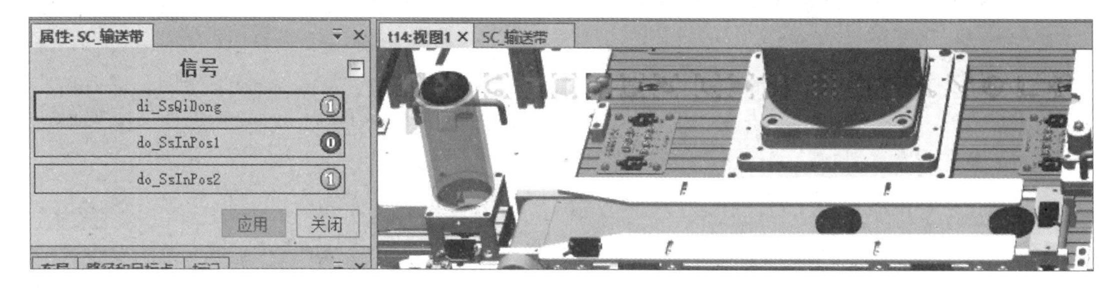

图 2.9.5　物料自动停留在输送带末端

停止仿真，保存工作站为“t14-finished”。

三、任务小结

本任务中实现了用输送带物料传送物料动作的制作，组件中使用了 PlaneSensor 组件、Queue 组件和 LinearMover 组件，通过两个 PlaneSensor 组件的输出信号控制 Queuc 组件（移动的物料队列）的加入和剔除。

四、思考与练习

（1）在“SC_输送带”组件中，是如何使用一个信号控制“LinearMover”组件启停的？
（2）如何使用“di_SsQiDong”信号控制输送带的启动？

任务 2.10　使用 Smart 组件实现预置多个物料自由下落

一、任务目标

（1）了解多个物料自由下落动作的创建思路；
（2）熟悉 Smart 组件嵌套使用的方法。

二、任务实施

在图 2.8.13 所展示的场景中，多个物料被放置在井式上料装置的料井内，当气缸每次推走最下方的物料后，上方的物料一起下落到料井底部。此场景可分解为料井内物料下落和气缸推料两个动作。其难点在于料井内的物料在每次下落时数量都是变化的。本任务将通过传感器移动循环扫描的方式将料井内剩余物料加入队列，实现物料下落和气缸推料两个动作。

扫码观看

料井内物料扫描装置的创建

1. 创建多个物料自由下落动态效果

打开“t14-finished（或 t15）”工作站，将除“井式上料模块”“皮带运输模块”“SC_输送带”“输出法兰”以外的所有模型及组件均设置为不可见，并将机械装置“井式上料模块”设置为不可由传感器检测。新建一个 Smart 组件，并重命名为“SC_自由落料”，在里面添加一个“参数建模”组里的“LinearRepeater”组件，用以实现输出法兰的复制。“LinearRepeater”组件属性中，“Source”指要复制的对象，选择“输出法兰”；“Offset”指两个复制对象间空间的偏移量，这里可理解为设置复制对象的方向，将其设置为[0，0，1]；“Distance”表示复制对象间的距离，这里设置为物料的厚度 8mm，单击“应用”按钮后，“Offset”的数值会和“Distance”设置的数值保持一致；“Count”指要复制对象的数量，假设料井最多可放置十个物料，输入 10。单击“应用”按钮，此时会在“LinearRepeater”组件里复制 10 个物料。将“LinearRepeater”的位置和方向设置为[0，0，−161]和[0，0，0]，即料井底部的位置。为了方便后续操作，将新产生物料周围的料井、推料板等部件均设置为不可见，如图 2.10.1 所示。

扫码下载

t15

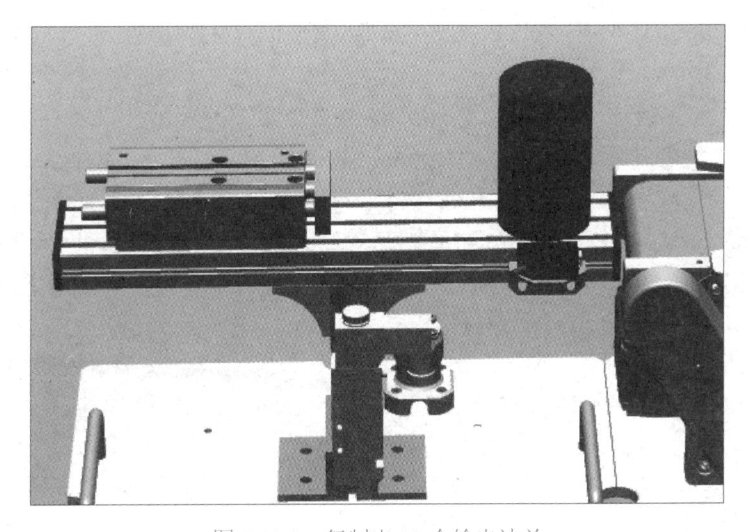

图 2.10.1　复制出 10 个输出法兰

通过“建模”功能创建一个圆柱体，其基座中心点为[0，0，0]，方向为[0，0，0]，“半径”和“高度”分别为“1”和“80”。再创建一个中心点和方向不变，半径为 1，高度为 50 的圆柱体，并让其绕大地坐标的 X 轴旋转−90 度。将新建的两个部件分别重命名为“竖杆”和“横杆”。将“竖杆”作为“BaseLink”（基座标），建立一个名为“My_Mechanism”的机械设备，其关节类型为“往复的”，横杆可沿 Z 轴从 0mm 位置运动至 80mm 的位置。“编译机械装置”后，创建姿态为 4mm 的原点位置，并将整个机械装置放置到如图 2.10.2 所示的位置，使“横杆”刚好处于最下方物料的内部。将“My_Mechanism”设置为不可由传感器检测，并在“布局”窗口里将其拖动至“SC_自由落料”的组件内。

图 2.10.2 创建并放置“My_Mechanism”

在“SC_自由落料”组件内新建一个名为“di_TuiQiDong”的数字输入信号，并勾选“自动复位”复选框，如图 2.10.3 所示，此信号可以在发出一个脉冲后自动复位。在“SC_自由落料”组件内添加四个子组件，分别是“信号和属性”组里的“Repeater”和“LogicGate[NOP]”，“本体”组里的“JointMover”和“PoseMover”。它们的作用和设置方法如下。

扫码观看

料井内多个物料的下落

（1）“Repeater”组件，可以将一个脉冲输出信号变成多个脉冲输出信号，信号数量取决于其属性中“Count”值的设置。此处，“Repeater”组件用于将“di_TuiQiDong”变成多个输出信号进行物料个数的搜索，因此将“Count”的值设置为 9。

（2）“JointMover”组件，用来移动机械装置，在其属性中的“Mechanism”下拉列表中选择新建的“My_Mechanism”，并勾选“Relative”复选框，将“J1”设置为 8mm，意味着每次将“My_Mechanism”相对于当前位置移动 8mm。

（3）“PoseMover”组件，用于“My_Mechanism”每完成一次搜索后回到原点位置，在其属性中的“Mechanism”下拉列表中选择“My_Mechanism”，在“Pose”下拉列表中选择“HomePose”。

（4）“LogicGate[NOP]”组件，用于确保机械装置在完成每一次搜索后再回到原点位置，将其属性中的“Delay”设置为 0.048s，即两个仿真时步。

选择“仿真”选项卡“仿真控制”组右下角的“仿真选项”选项，打开“选项”窗口，如图 2.10.4 所示。在“仿真时钟”区域内可以看到默认的“仿真时步”为 24ms，“Repeater”组件中设置的次数将在一个仿真时步内完成，那么“My_Mechanism”用时最多不会超过

24ms 便会完成一次搜索过程，因此通过两个仿真时步的延时可以确保机械装置在回到原点位置前已完成搜索。

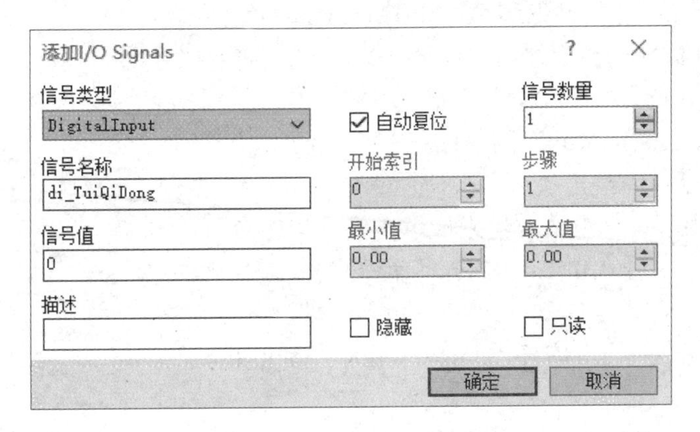

图 2.10.3　创建自动复位型数字输入信号“di_TuiQiDong”

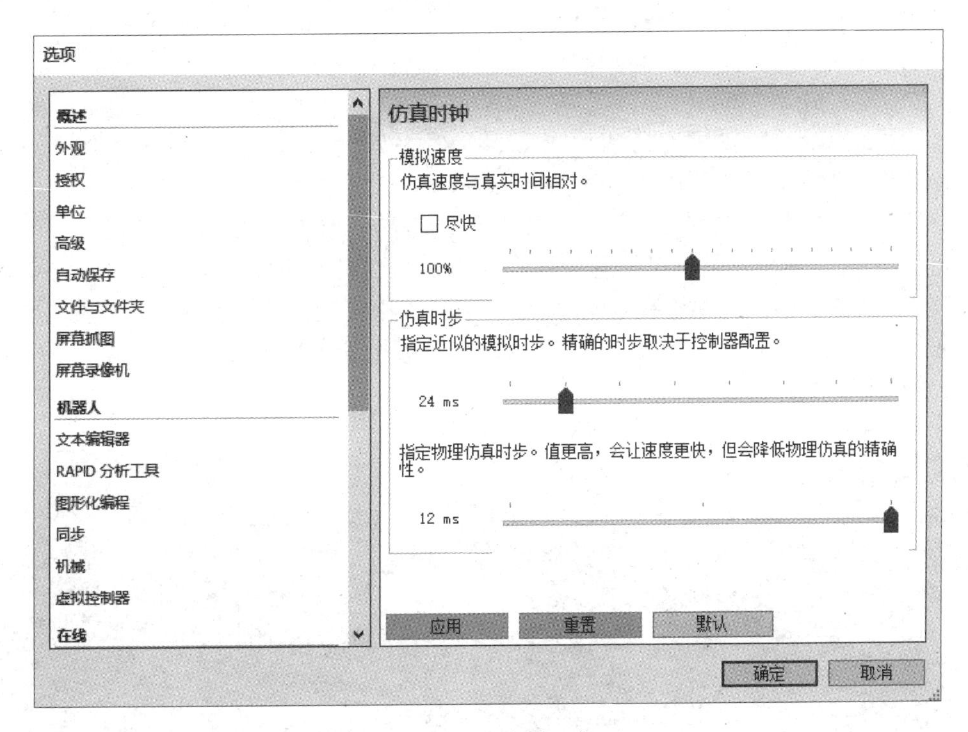

图 2.10.4　“选项”窗口

新建一个 Smart 组件并重命名为“SC_物料扫描”，然后在“布局”窗口里将其拖动至“SC_自由落料”组件内，实现 Smart 组件的嵌套使用。在“SC_物料扫描”组件内添加一个“LineSensor”子组件和一个“Queue”子组件。“LineSensor”组件的位置和参数与“My_Mechanism”里横杆的位置和参数相同即可。“Queue”组件的属性不用设置。然后创建一个名为“saomiao”的数字输入信号，并建立以下“属性与连结”“信号和连接”。

（1）传感器“LineSensor”检测到的物体“SensedPart”作为“Queue”的“Back”；

（2）数字输入信号“saomiao”触发传感器“LineSensor”的激活“Active”；

（3）传感器“LineSensor”的输出信号“SensorOut”将检测到的物料加入“Queue”的队列“Enqueue”。

将“SC_物料扫描”组件安装至“My_Mechanism”的 L2（横杆）上，使新添加的传感器可以跟随“My_Mechanism”的横杆一起运动。可直接在“布局”窗口中将“SC_物料扫描”拖动至“My_Mechanism”的“L2”上，如图 2.10.5 所示，在弹出的对话框中单击“否”按钮。

SC_自由落料
JointMover
LinearRepeater
My_Mechanism
链接
L1
L2
物体
<SC_物料扫描>
PoseMover [HomePose]
Repeater
SC_物料扫描
LineSensor
Queue

图 2.10.5　拖动安装“SC_物料扫描”组件

在“SC_自由落料”组件内建立如下“信号和连接”。

（1）数字输入信号“di_TuiQiDong”触发“Repeater”的执行“Execute”；

（2）“Repeater”的输出信号“Output”触发“JointMover”的执行“Execute”；

（3）“JointMover”的执行完成信号“Execute”作为“SC_物料扫描”组件的输入信号“saomiao”；

（4）数字输入信号“di_TuiQiDong”作为“LogicGate[NOP]”的输入信号“InputA”；

（5）“LogicGate[NOP]”的输出信号“Output”触发“PoseMover”的执行“Execute”。

至此已经完成了对料井内物料的循环扫描。通过“仿真”选项卡里的“仿真设定”选项进行设置，只对“SC_自由落料”组件进行仿真。单击“播放”按钮，并手动将“di_TuiQiDOng”信号置位，可以看到共扫描到 9 个物料，并且全部加入到了“SC_物料扫描”的“Queue”中，如图 2.10.6(a)所示。将物料中的任意两个设置为不可见，通过单击“Queue”中的“Clear”按钮，将其内部数据清空并重新进行扫描，可以看到组件共扫描到 7 个物料，如图 2.10.6(b)所示。

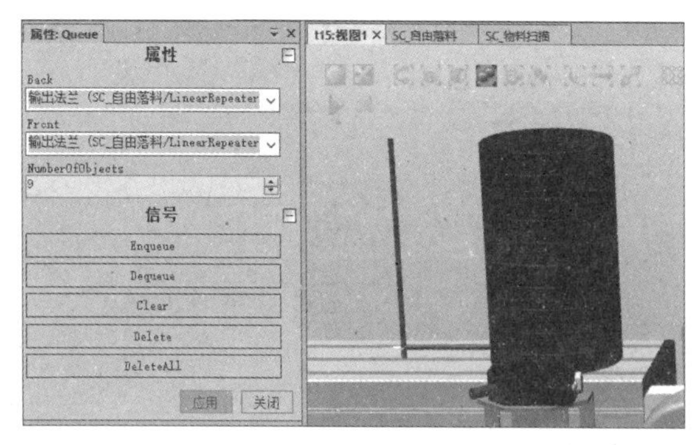

a）全部物料扫描结果

b）部分物料扫描结果

图 2.10.6　验证循环扫描结果

在“SC_物料扫描”组件内添加一个“LogicGate[NOP]”子组件和一个“LinearMover2”子组件。“LogicGate[NOP]”子组件用来设置物料下落延时，在其属性中将“Delay”设置为 0.5s。“LinearMover2”子组件用于将检测到的物料队列沿 Z 轴向下移动一个物料的厚度，在其属性中将“Object”设置为“Queue”，“Direction”设置为[0，0，−1]，“Distance”设置为 8mm，“Duration”设置为 0.1s。创建一个数字输入信号“xialuo”，并建立如下的“信号和连接”。

（1）数字输入信号“xialuo”作为“LogicGate[NOP]”的输入信号“InputA”；
（2）“LogicGate[NOP]”的输出信号“Output”触发“LinearMover2”的执行“Execute”；
（3）“LinearMover2”的执行完成信号“Executed”执行对“Queue”的清除“Clear”。
整个“SC_物料扫描”组件的“信号和连接”如图 2.10.7 所示。

SC_物料扫描　描述　English

设计　组成　属性与连结　信号和连接

I/O 信号

名称	信号类型	值
saomiao	DigitalInput	0
xialuo	DigitalInput	0

添加I/O Signals　展开子对象信号　编辑　删除

I/O连接

源对象	源信号	目标对象	目标信号或属性
SC_物料扫描	saomiao	LineSensor	Active
LineSensor	SensorOut	Queue	Enqueue
SC_物料扫描	xialuo	LogicGate [NOP]	InputA
LogicGate [NOP]	Output	LinearMover2	Execute
LinearMover2	Executed	Queue	Clear

添加I/O Connection　编辑　删除　上移　下移

图 2.10.7　“SC_物料扫描”组件的“信号和连接”

单击“仿真”选项卡里的“播放”按钮，手动将“SC_自由落体”组件的信号“di_TuiQiDong”置位，再将“SC_物料扫描”组件的信号“xialuo”置位，可以看到除最下方一个物料外，其他物料均向下移动了一个物料厚度的距离。将信号“xialuo”复位，再将信号“di_TuiQiDong”和信号“xialuo”置位，物料又下落一次，循环往复，直到所有物料完成下落。停止仿真，单击“重置”按钮，将工作站恢复到仿真前的状态。

2. 创建气缸推料动作

扫码观看

井式上料模块气缸推料动作

将“井式上料模块”中隐藏的部件设置为可见，并将推料板设置为不可由传感器检测。气缸推料动作需要包含推料板的动作、物料的移动、料井内物料下落运动等，故需添加如下子组件。

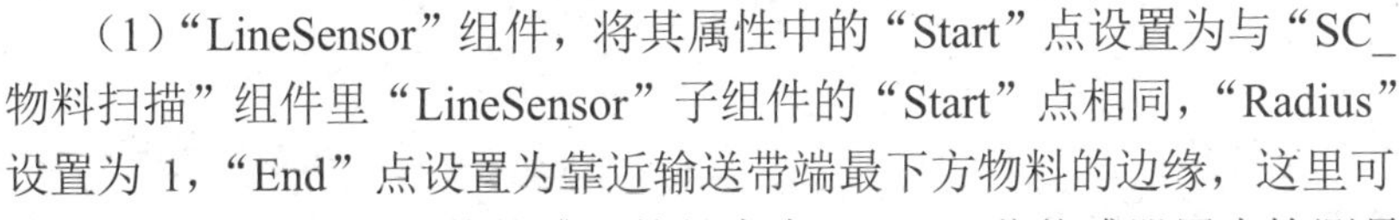

（1）“LineSensor”组件，将其属性中的“Start”点设置为与“SC_物料扫描”组件里“LineSensor”子组件的“Start”点相同，“Radius”设置为 1，“End”点设置为靠近输送带端最下方物料的边缘，这里可通过“End”点的设置使传感器的长度为 80mm。此传感器用来检测最下方物料的有无，设置为常开状态。

（2）“LogicGate[NOT]”组件，当传感器检测到物料从“有”变为“无”时，通过“LogicGate[NOT]”子组件发出的信号触发料井内物料的下落动作。

（3）“LinearMover2”组件，用于将物料移动至输送带上，其属性中的“Object”不做设置，“Direction”沿着大地坐标 Y 轴正方向，“Distance”设置为 70mm，“Duration”设置为 0.5s。

（4）“LogicGate[NOP]”组件，其属性中的“Delay”设置为 0.2s。

（5）两个“PoseMover”组件，用于设置推料板的位置，其属性中的“Mechanism”均设置为“井式上料模块”，“Pose”分别设置为“SyncPose”和“HomePose”，“Duration”均设置为 0.5s。

创建一个数字输出信号“do_ObInPos”，用于将“LineSensor”检测到的物料信息输出。在各 Smart 子组件间建立如下“属性与连结”“信号和连接”。

（1）“LineSensor”检测到的物体“SensedPart”作为“LinearMover2”的移动目标“Object”；

（2）数字输入信号“di_TuiQiDong”触发“LineSensor”的激活“Active”；

（3）“LineSensor”的输出信号“SensorOut”作为“LogicGate[NOT]”的输入信号“InputA”；

（4）“LineSensor”的输出信号“SensorOut”作为“do_ObInPos”信号；

（5）“LogicGate[NOT]”的输出信号“Output”作为“SC_物料扫描”组件的“xialuo”信号；

（6）数字输入信号“di_TuiQiDong”作为“LogicGate_2[NOP]”的输入信号“InputA”；

（7）“LogicGate_2[NOP]”的输出“Output”触发“LinearMover2”的执行“Execute”；

（8）数字输入信号“di_TuiQiDong”作为“PoseMover_2[SyncPose]”的执行“Execute”；

（9）“PoseMover_2[SyncPose]”的执行完毕信号“Executed”触发“PoseMover_3[HomePose]”的执行“Execute”。

“SC_自由落料”组件的“信号和连接”如图 2.10.8 所示。

I/O连接

源对象	源信号	目标对象	目标信号或属性
SC_自由落料	di_TuiQiDong	Repeater	Execute
Repeater	Output	JointMover	Execute
JointMover	Executed	SC_物料扫描	saomiao
SC_自由落料	di_TuiQiDong	LogicGate [NOP]	InputA
LogicGate [NOP]	Output	PoseMover [HomePose]	Execute
SC_自由落料	di_TuiQiDong	LineSensor	Active
LineSensor	SensorOut	LogicGate [NOT]	InputA
LineSensor	SensorOut	SC_自由落料	do_ObInPos
LogicGate [NOT]	Output	SC_物料扫描	xialuo
SC_自由落料	di_TuiQiDong	LogicGate_2 [NOP]	InputA
LogicGate_2 [NOP]	Output	LinearMover2	Execute
SC_自由落料	di_TuiQiDong	PoseMover_2 [SyncPose]	Execute
PoseMover_2 [SyncPose]	Executed	PoseMover_3 [HomePose]	Execute

添加I/O Connection　编辑　删除　　上移　下移

图 2.10.8　“SC_自由落料”组件的“信号和连接”

在“仿真设定”窗口中只勾选“SC_自由落料”和“SC_输送带”。选择“仿真”选项卡“监控”组里的“I/O 仿真器”选项，弹出“SC_自由落件 个信号”窗口，在“选择控制器：”下拉列表中选择“SC_自由落料”，如图 2.10.9 所示，通过此窗口可触发“di_TuiQiDong”信号。

打开“SC_输送带”的属性窗口。单击“仿真”选项卡中的“播放”按钮，并通过右侧窗口将“di_TuiQiDong”信号置位，气缸将最下方物料推送至输送带上，料井内上方物料下落，被推出的物料触发输送带上的传感器发出物料到位信号，如图 2.10.10 所示。将“Di_SsQiDong”信号置位，物料将被输送至输送带末端，输送带模块发出物料到位信号，如图 2.10.11 所示。再次将“di_TuiQiDong”信号置位，将开始新的推料过程。

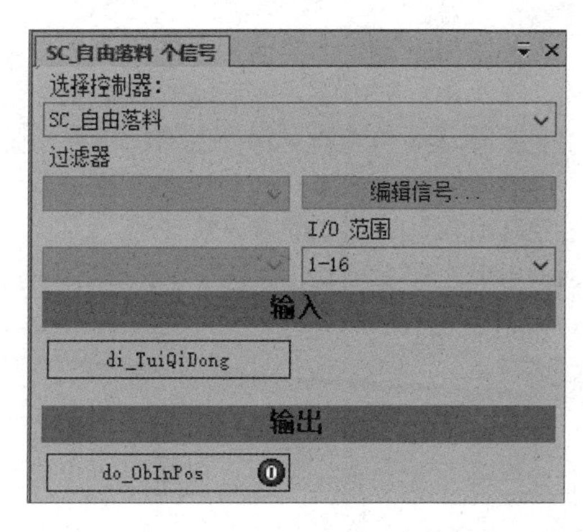

图 2.10.9　“SC_自由落料”个信号窗口

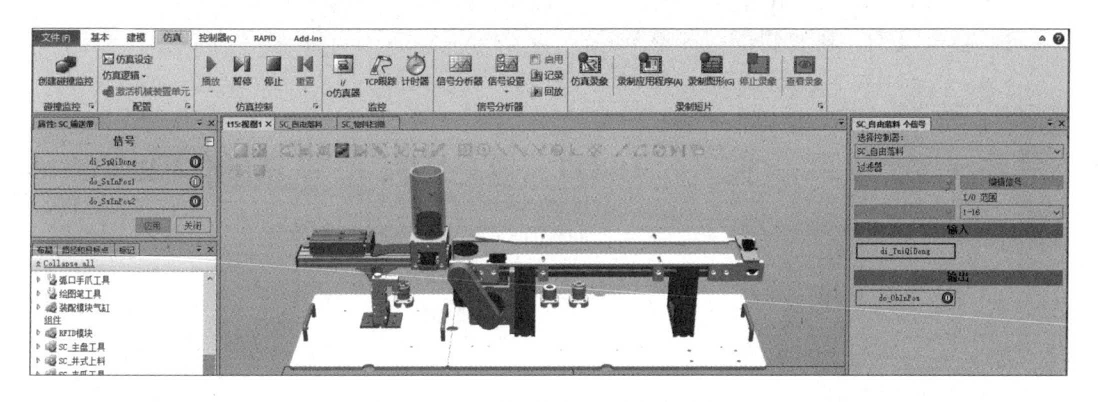

图 2.10.10　井式上料模块完成上料

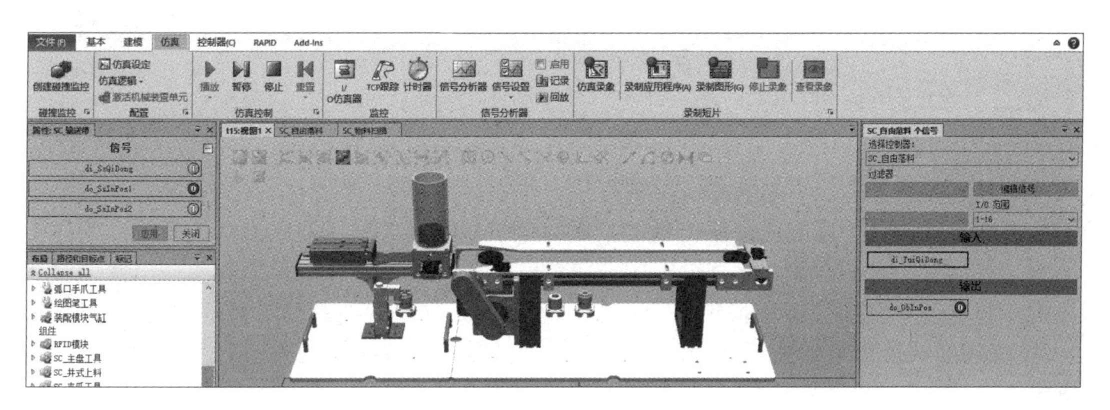

图 2.10.11　输送带完成物料运输

将工作站中所有的部件设置为可见，并保存工作站为“t15-finished”。由于本任务中所采用的井式上料方法更接近于实际工作站的上料方法，因此在后续任务中将采用此方法。

三、任务小结

本任务中实现了对真实工作站中井式上料动作的模拟，在料井中预先放置了 10 个输出法兰，当推料气缸将最下方的物料推走后，其他物料自动下落。其实现难点在于每次下落的物料的数量都是不同的。在实施过程中需要注意以下要点。

（1）每次推料前使用一个移动的传感器对料井内的物料进行循环扫描，并将扫描结果加入队列中；

（2）循环扫描是通过控制机械装置运动的方式实现的；

（3）Smart 组件嵌套使用时，不同组件的信号是可以相互关联和传递的。

四、思考与练习

（1）本任务中通过创建一个机械装置带动传感器的运动，实现了对物料的扫描，此功能可否通过创建 10 个传感器实现？

（2）如果将“SC_自由落料”组件中的“LinearMover2”组件更换成“LinearMover”组件，该如何实现对下落物料的检测？

任务 2.11　使用 Smart 组件实现关节成品装配

一、任务目标

扫码观看

关节成品装配

（1）了解关节成品的装配流程；

（2）掌握创建装配体搬运动作的方法。

二、任务实施

关节成品共包含三个零部件：关节基座、电机成品和输出法兰。关节成品装配流程如下：机器人将关节基座放置在变位机上；搬运电机成品至关节基座上方，电机成品通过自由落体下落到合适的位置；变位机旋转一定的角度，已经装配的关节基座和输出法兰随变位机一起旋转；机器人搬运输出法兰，放置到合适的位置后，带动工具绕自身 Z 轴旋转 90 度将输出法兰拧紧；变位机回到水平位置，机器人将装配好的关节成品搬运到仓储模块中。

1. 关节零部件装配动态的实现

扫码下载

t16

打开“t15-finished（或 t16）”工作站，新建一个 Smart 组件，并将其重命名为“SC_装配”，在里面添加如图 2.11.1 所示的子组件，分别是一个“PlaneSensor”组件、三个“LineSensor”组件、两个“Attacher”组件、一个“LinearMover2”组件和一个“LogicGate”组件。它们的作用和设置方法如下。

（1）“PlaneSensor”组件，用于实现对关节基座到位的检测，其属性中的“Origin”可根据实际情况通过捕捉工具完成设置，也可直接设置为[230，350，1167]，“Axis”和“Axis2”分别设置为[50，0，0]和[0，50，0]。

（2）“LineSensor”组件，用于检测电机成品是否到达关节基座上方。如果到达，将触发“LinearMover2”组件的运动，设置其位置时，要注意在平口夹爪工具不发生碰撞的情况下对电机成品进行检测。“Start”点和“End”点位置可分别设置为[260，375，1178]和[260，375，1221]，“Radius”设置为 1mm。

（3）“LineSensor_2”组件，用于将电机成品吸附到关节基座上，其位置应该设置为电机成品装配完成后对其进行检测的位置，“Start”点和“End”点位置可分别设置为[260，370，1178]和[260，370，1221]，“Radius”设置为 1mm。

（4）“LineSensor_3”组件，用于将输出法兰吸附到关节基座上，其位置应该设置为输出法兰装配完成后对其进行检测的位置，“Start”点和“End”点位置可分别设置为[260，375，1230]和[260，375，1240]，“Radius”设置为 1mm。

（5）“Attacher”和“Attacher_2”两个组件，分别用于实现电机成品和输出法兰的吸附，此处均不做设置。

（6）“LinearMover2”组件，用于移动一个对象至指定的位置，在其属性中，将“Direction”设置为[0，0，−1]，“Distance”设置为 32mm，“Duration”设置为 0.5s。“Distance”的数值与电机成品的放置位置相关，需要根据实际情况进行调整。

（7）“LogicGate”组件设置为“NOP”，“Delay”设置为 0.2s，用于模拟平口工具打开所需的时间。

将所有的传感器均安装到“装配模块气缸/L1”上，并将“装配模块气缸/L1”设置为不可由传感器检测。

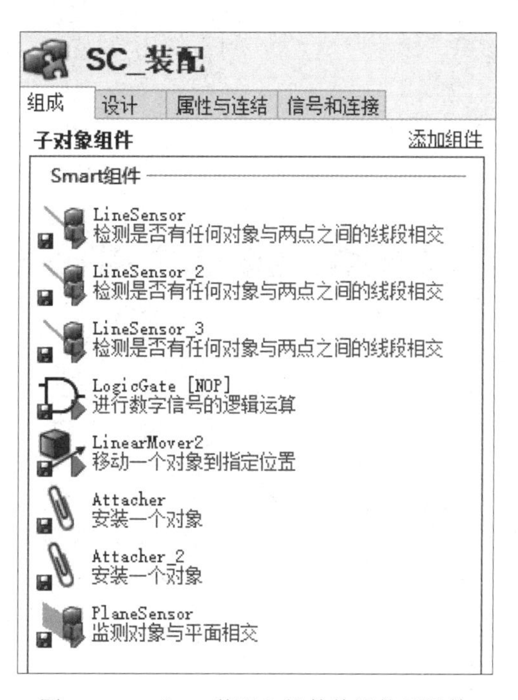

图 2.11.1　“SC_装配”组件使用的子组件

创建的“SC_装配”组件的“属性与连结”，如图 2.11.2 所示，具体如下。

（1）“LineSensor”检测到的物料“SensedPart”作为“LinearMover2”的运动目标“Object”；

（2）“PlaneSensor”检测到的物料“SensedPart”作为“Attacher”的父对象“Parent”；

（3）“PlaneSensor”检测到的物料“SensedPart”作为“Attacher_2”的父对象“Parent”；

（4）“LineSensor_2”检测到的物料“SensedPart”作为“Attacher”的子对象“Child”；

（5）“LineSensor_3”检测到的物料“SensedPart”作为“Attacher_2”的子对象“Child”。

属性连结

源对象	源属性	目标对象	目标属性或信号
LineSensor	SensedPart	LinearMover2	Object
PlaneSensor	SensedPart	Attacher	Parent
LineSensor_2	SensedPart	Attacher	Child
PlaneSensor	SensedPart	Attacher_2	Parent
LineSensor_3	SensedPart	Attacher_2	Child

图 2.11.2　“SC_装配”组件的“属性与连结”

添加两个数字输入信号“di_Zhuangpei1”和“di_Zhuangpei2”，分别用于触发两个“Attacher”组件的吸附动作。各Smart子组件间建立的“信号和连接”如图2.11.3所示，具体如下。

（1）“di_Zhuangpei1”信号触发“PlaneSensor”的激活“Active”；

（2）“di_Zhuangpei1”信号触发“LineSensor_2”的激活“Active”；

（3）“di_Zhuangpei2”信号触发“LineSensor_3”的激活“Active”；

（4）“LineSensor_2”的检测结果“SensorOut”触发“Attacher”的执行“Execute”；

（5）“LineSensor_3”的检测结果“SensorOut”触发“Attacher_2”的执行“Execute”；

（6）“LineSensor”的检测结果“SensorOut”作为“LogicGate［NOP］”的输入信号“InputA”；

（7）“LogicGate［NOP］”的输出信号“Output”触发“LinearMover2”的执行“Execute”。

I/O连接

源对象	源信号	目标对象	目标信号或属性
SC_装配	di_Zhuangpei1	PlaneSensor	Active
SC_装配	di_Zhuangpei1	LineSensor_2	Active
SC_装配	di_Zhuangpei2	LineSensor_3	Active
LineSensor_2	SensorOut	Attacher	Execute
LineSensor_3	SensorOut	Attacher_2	Execute
LineSensor	SensorOut	LogicGate [NOP]	InputA
LogicGate [NOP]	Output	LinearMover2	Execute

添加I/O Connection　编辑　删除　上移　下移

图 2.11.3　“SC_装配”组件的“信号和连接”

扫码观看

变位机旋转及关节成品搬运动态效果

2. 变位机旋转及关节成品搬运动态效果的实现

变位机旋转是为了配合机器人在不同的位置进行零部件装配。变位机旋转时，已经安装到变位机上的物体要跟随变位机一起旋转。前文已经将电机成品和输出法兰吸附到关节基座上，因此此处只需要创建关节基座的吸附和拆除动作、变位机的动作即可。

新建一个 Smart 组件，并将其重命名为“SC_变位机”，并在里面添加如图 2.11.4 所示的子组件，一个“PlaneSensor”组件、两个“PoseMover”组件、一个“Attacher”组件、一个“Detacher”组件、一个“LogicSRLatch”组件和一个“SimulationEvents”组件。将前面建立的 Smart 组件“SC_装配”拖动至“SC_变位机”组件中。各子组件的作用和设置方法如下。

（1）“PlaneSensor”组件，用于实现对关节基座的检测，在其属性中将“Origin”设置为[230，350，1170]，“Axis”和“Axis2”分别设置为[50，0，0]和[0，50，0]，并将其安装到“装配模块气缸/L1”上。

（2）“Attacher”组件，用于实现关节基座的吸附，在其属性中将“Parent”设置为“SC_变位机”中的“PlaneSensor”。

（3）“Detacher”组件，用于实现装配体的拆除，无须进行设置。

（4）“PoseMover”组件，用于实现变位机的转动，两个“Pose”分别设置为“左侧工作位”和“HomePose”，“Duration”设置为 2s。

（5）“LogicSRLatch”组件，用于“PlaneSenor”激活信号的置位和复位。

（6）“SimulationEvents”组件，用于在仿真停止时发出的信号复位“LogicSRLatch”，确保仿真停止时“PlaneSenor”激活信号复位。

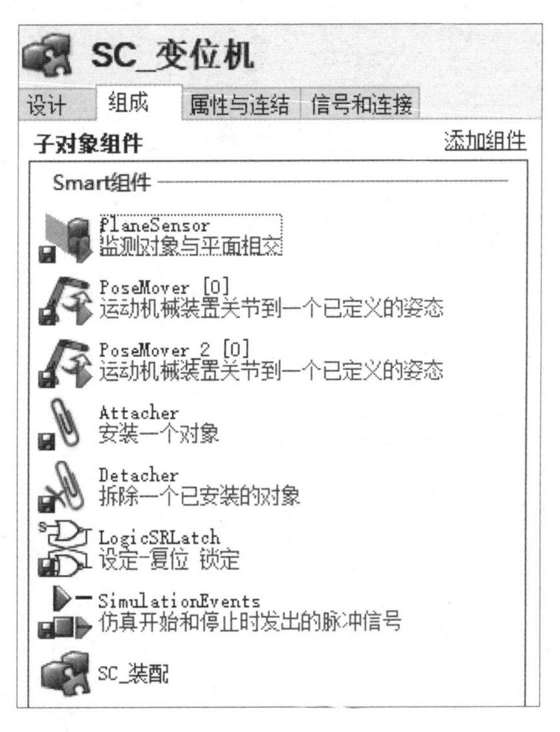

图 2.11.4 “SC_变位机”组件使用的子组件

创建如下两个“属性与连结”。

（1）“PlaneSensor”检测到的物料“SensedPart”作为“Attacher”的子对象“Child”。

（2）“Attacher”的子对象“Child”作为“Detacher”的子对象“Child”。

添加两个数字输入信号“di_Left”和“di_Home”，分别用于触发变位机到左侧工作位和回原点的动作。各 Smart 子组件间建立如图 2.11.5 所示“信号和连接”，具体如下。

（1）“di_Left”信号关联“SC_装配”的“di_Zhuangpei1”信号；

（2）“di_Home”信号关联“SC_装配”的“di_Zhuangpei2”信号；

（3）“di_Left”信号触发“PoseMover[左侧工作位]”的执行“Execute”；

（4）“di_Home”信号触发“PoseMover_2[HomePose]”的执行“Execute”；

（5）“di_Left”信号触发“LogicSRLatch”的置位“Set”；

（6）“LogicSRLatch”的输出信号“Output”触发“PlaneSensor”的激活“Active”；

（7）“PlaneSensor”的检测结果“SensorOut”触发“Attacher”的执行“Execute”；

（8）“PoseMover_2[HomePose]”的执行“Executed”触发“Detacher”的执行“Execute”；

（9）“Detacher”的执行“Executed”触发“LogicSRLatch”的复位“Reset”；

（10）“SimulationEvents”的仿真结束信号“SimulationStopped”触发“LogicSRLatch”的复位“Reset”。

I/O连接

源对象	源信号	目标对象	目标信号或属性
SC_变位机	di_Left	SC_装配	di_Zhuangpei1
SC_变位机	di_Home	SC_装配	di_Zhuangpei2
SC_变位机	di_Left	PoseMover [左侧旋转位置]	Execute
SC_变位机	di_Home	PoseMover_2 [HomePose]	Execute
SC_变位机	di_Left	LogicSRLatch	Set
LogicSRLatch	Output	PlaneSensor	Active
PlaneSensor	SensorOut	Attacher	Execute
PoseMover_2 [HomePose]	Executed	Detacher	Execute
Detacher	Executed	LogicSRLatch	Reset
SimulationEvents	SimulationStopped	LogicSRLatch	Reset

添加I/O Connection　编辑　删除　　上移　下移

图 2.11.5 “SC_变位机”组件的“信号和连接”

3. 变位机装配动作的手动验证

根据以下步骤对变位机装配动作的效果进行验证。

（1）将“关节基座”“电机成品”和“输出法兰”预先放置在装配过程中所处的位置，如图 2.11.6 所示。放置完成后将它们设置为隐藏状态。

（2）在“仿真设定”窗口中设置当前的仿真对象为“SC_变位机”。

（3）单击“播放”按钮，开始仿真。

（4）将“关节基座”设置为可见状态，将“电机成品”设置为可见状态，“电机成品”会垂直向下运动，且达到正确安装位置后停止运动。

扫码观看

变位机装配动作的手动验证

（5）将“SC_变位机”里的“di_Left”信号置位，变位机旋转至左侧工作位，且已安装的物料跟随变位机一起旋转，如图 2.11.7 所示。将“di_Left”信号复位。

（6）将“输出法兰”设置为可见状态，将“SC_变位机”里的“di_Home”信号置位，变位机旋转至原点位置，且输出法兰跟随变位机一起旋转，如图 2.11.8 所示。将“di_Home”信号复位。

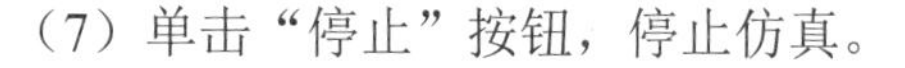

（7）单击“停止”按钮，停止仿真。

（8）单击“重置”按钮，恢复工作站至仿真前的状态。

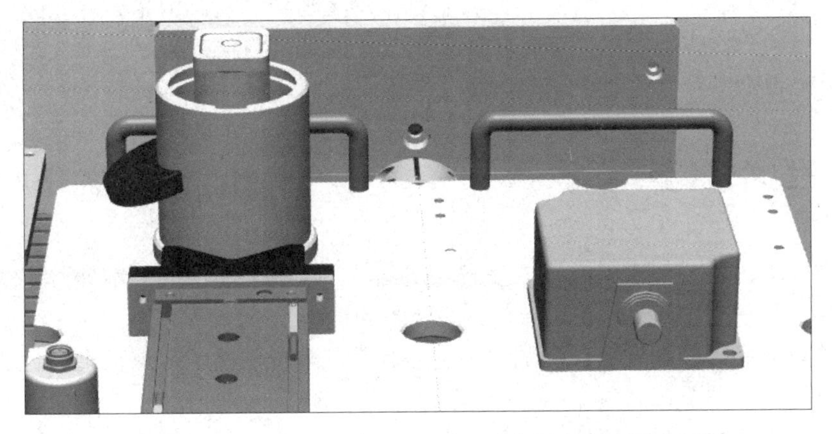

图 2.11.6　对变机装配效果进行验证时物料预先放置的位置

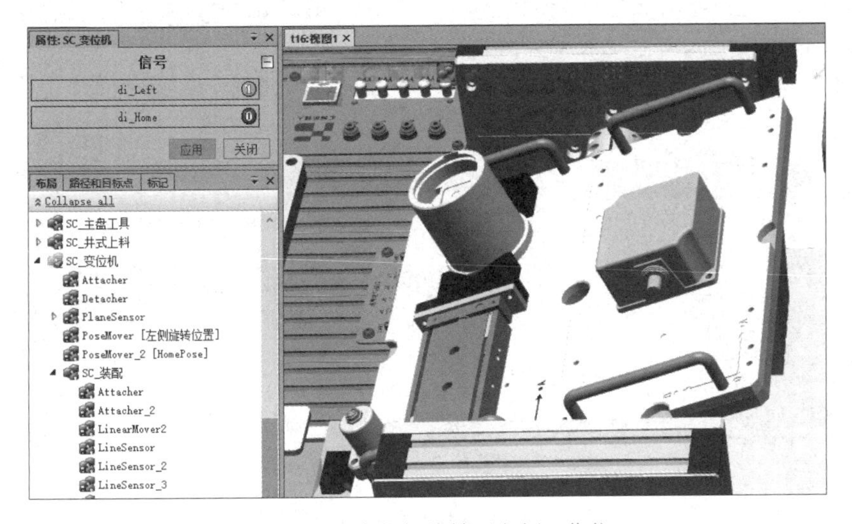

图 2.11.7　变位机旋转至左侧工作位

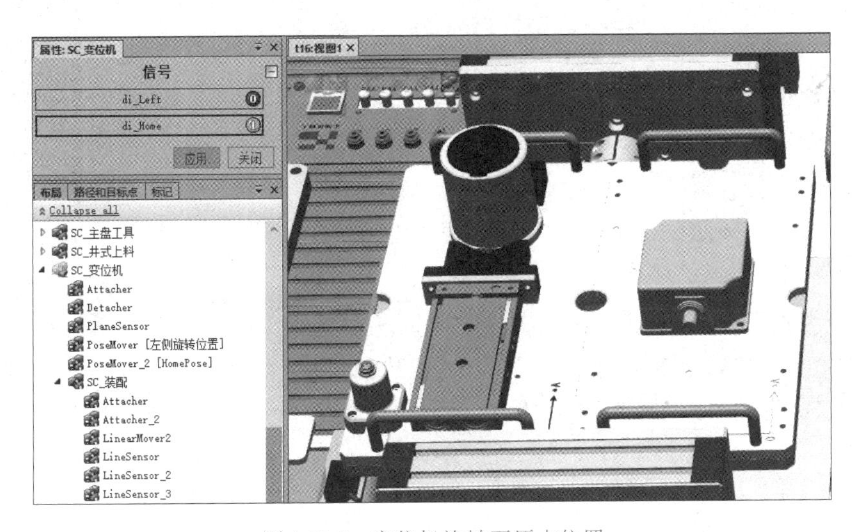

图 2.11.8　变位机旋转至原点位置

扫码观看

关节基座自动装配点的示教

让机器人分别在仓储模块、旋转供料模块和输送带末端拾取关节基座、电机成品和输出法兰三种物料，将它们拖动至与图 2.11.8 中相应物料重合的位置，并示教并分别命名目标点“JiZuoPut”“DianJiPut”“FaLanPut”。保存工作站为“t16-finished”。

三、任务小结

关节成品是由关节基座、电机成品和输出法兰三个物料组成的。本任务实现了对三个物料的装配，在任务实施过程中需要注意以下要点。

（1）关机成品的装配过程：装配关节基座、装配电机成品、变位机旋转、装配输出法兰、变位机旋转、关节成品入库；

（2）关节基座是装配在变位机活动板上的，是可拆除的；

（3）电机成品和输出法兰都是装配在关节基座上的，是不可拆除的，它们随关节基座的移动而移动；

（4）装配电机成品时要避免夹爪工具与关节基座发生碰撞。

四、思考与练习

“SC_变位机”组件中，子组件“SimulationEvents”的作用是什么？不添加该子组件会导致何种效果？

任务 2.12　工作站逻辑的设置及仿真信号控制

一、任务目标

扫码观看

工作站逻辑的设置及仿真信号控制

（1）掌握工作站逻辑的设置方法；

（2）了解仿真时机器人 I/O 信号的控制方法。

二、任务实施

前文中每次在Smart组件设置完成并进行验证时，均是手动触发各个组件的输入信号。要使各个 Smart 组件连接起来自动实现整个工作站的完整动作，需要进行工作站逻辑的设置和机器人程序的编写。工作站逻辑的设置即是将各个 Smart 组件中的 I/O 信号与机器人 I/O 信号进行关联，由机器人程序决定各个 Smart 组件动作的顺序。各个 Smart 组件中的输出信号作为机器人的输入信号，机器人的输出信号则作为各个 Smart 组件中的输入信号。对于机器人程序的编写将在后续任务中进行讲解，本任务中将介绍如何设置工作站的逻辑和在仿真时如何控制机器人的 I/O 信号。

1. 确认 Smart 组件 I/O 信号与机器人 I/O 信号的对应关系

在已建立的各个 Smart 组件中使用的 I/O 信号及其说明如表 2.12.1 所示。

表 2.12.1　各个 Smart 组件中使用的 I/O 信号及其说明

Smart 组件	信号名称	说明
SC_主盘工具	di_ZhuPanSongkai	数字输入信号，用于控制主盘工具的松开
	di_ZhuPanJiajin	数字输入信号，用于控制主盘工具的夹紧
SC_夹爪工具	di_JiaZhuaSongkai	数字输入信号，用于控制夹爪工具的松开
	di_JiaZhuaJiajin	数字输入信号，用于控制夹爪工具的夹紧
	do_XiPanInPos	数字输出信号，用于反馈吸盘工具有无信息
	do_PingKouInPos	数字输出信号，用于反馈平口夹爪工具有无信息
	do_HuKouInPos	数字输出信号，用于反馈弧口夹爪工具有无信息
	do_HuiTuInPos	数字输出信号，用于反馈绘图笔工具有无信息
SC_物料取放	di_JiaZhuaSongkai	数字输入信号，用于控制夹爪工具对物料的放置
	di_JiaZhuaJiajin	数字输入信号，用于控制夹爪工具对物料的拾取
	di_Zhenkong	数字输入信号，用于控制吸盘工具的吸取和放置物料
SC_自由落料	di_TuiQiDong	数字输入信号，用于控制井式上料模块中气缸的推出与缩回
	do_ObInPos	数字输出信号，用于反馈料井底部物料到位信息
SC_输送带	di_SsQiDong	数字输入信号，用于控制输送带的启停
	do_SsInPos1	数字输出信号，用于反馈输送带前端物料到位信息
	do_SsInPos2	数字输出信号，用于反馈输送带后端物料到位信息
SC_物料阵列	do_CkInPos1	数字输出信号，用于反馈仓储模块料位 1 物料有无信息
	do_CkInPos2	数字输出信号，用于反馈仓储模块料位 2 物料有无信息
	do_CkInPos3	数字输出信号，用于反馈仓储模块料位 3 物料有无信息
	do_CkInPos4	数字输出信号，用于反馈仓储模块料位 4 物料有无信息
	do_CkInPos5	数字输出信号，用于反馈仓储模块料位 5 物料有无信息
	do_CkInPos6	数字输出信号，用于反馈仓储模块料位 6 物料有无信息
SC_旋转供料	di_XuanZhuanStart	数字输入信号，用于控制转台的旋转
	do_XzInPos	数字输出信号，用于反馈旋转供料模块物料拾取位置是否有物料
SC_变位机	di_Left	数字输入信号，用于控制变位机向左侧工作位运动
	di_Home	数字输入信号，用于控制变位机向原点位置运动

在表 2.1.1 中已经对机器人的 I/O 地址进行了分配，但表中的有些信号在创建 Smart 组件时并未用到，有些信号已经在事件管理器中进行了关联，无须再通过工作站逻辑进行关联。对比表 2.1.1 和表 2.12.1，可以得到在已经创建的各个 Smart 组件中使用的 I/O 信号与机器人 I/O 信号的对应关系，如表 2.12.2 所示。

表 2.12.2 各个 Smart 组件中已用 I/O 信号与机器人 I/O 信号对应关系

Smart 组件			机器人		
组件名称	信号名称	信号类型	I/O 板卡	信号名称	信号类型
SC_主盘工具	di_ZhuPanSongkai	数字输入	d652	YV1	数字输出
	di_ZhuPanJiajin	数字输入	d652	YV2	数字输出
SC_夹爪工具	di_JiaZhuaSongkai	数字输入	d652	YV3	数字输出
	di_JiaZhuaJiajin	数字输入	d652	YV4	数字输出
	do_XiPanInPos	数字输出	d652	DI12	数字输入
	do_PingKouInPos	数字输出	d652	DI13	数字输入
	do_HuKouInPos	数字输出	d652	DI14	数字输入
	do_HuiTuInPos	数字输出	d652	DI15	数字输入
SC_物料取放	di_JiaZhuaSongkai	数字输入	d652	YV3	数字输出
	di_JiaZhuaJiajin	数字输入	d652	YV4	数字输出
	di_Zhenkong	数字输入	d652	YV5	数字输出
SC_自由落料	di_TuiQiDong	数字输入	d652	DO6	数字输出
	do_ObInPos	数字输出	d652	DI3	数字输入
SC_输送带	di_SsQiDong	数字输入	d652	DO16	数字输出
	do_SsInPos1	数字输出	d652	DI4	数字输入
	do_SsInPos2	数字输出	d652	DI5	数字输入
SC_物料阵列	do_CkInPos1	数字输出	d652	DI6	数字输入
	do_CkInPos2	数字输出	d652	DI7	数字输入
	do_CkInPos3	数字输出	d652	DI8	数字输入
	do_CkInPos4	数字输出	d652	DI9	数字输入
	do_CkInPos5	数字输出	d652	DI10	数字输入
	do_CkInPos6	数字输出	d652	DI11	数字输入
SC_旋转供料	do_XzInPos	数字输出	d652	DI1	数字输入
	di_XuanZhuanStart	数字输入	d652	DO9	数字输出
SC_变位机	di_Left	数字输入	d652	DO10	数字输出
	di_Home	数字输入	d652	DO11	数字输出

扫码下载

t17

2. 设置工作站逻辑“信号和连接”

打开“t16-finished（或 t17）”工作站，选择“仿真”选项卡“配置”组里的“仿真逻辑”选项，弹出“工作站逻辑”窗口，如图 2.12.1 所示，进入该窗口中进行工作站逻辑设置。

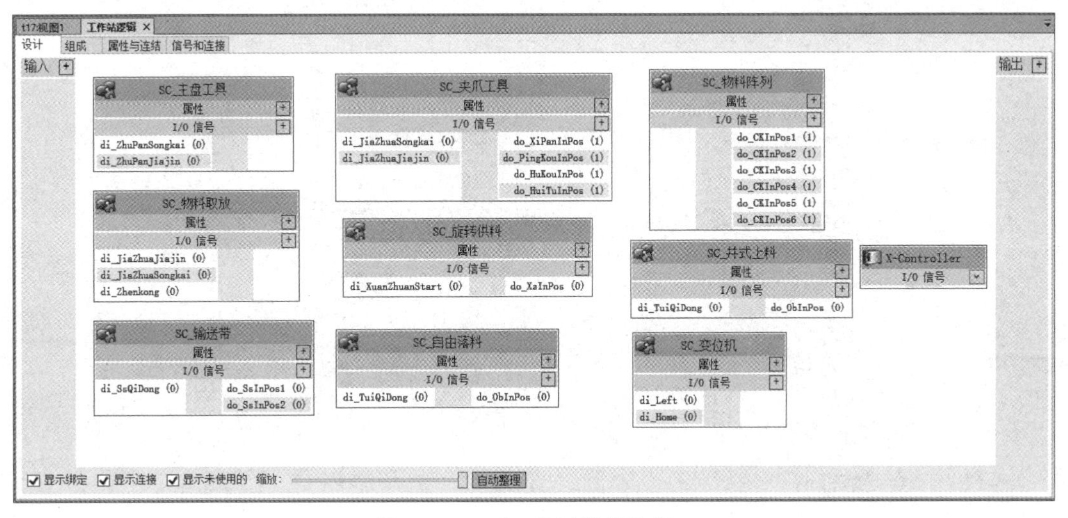

图 2.12.1　“工作站逻辑”窗口

选择“信号和连接”选项卡，选择“添加 I/O Connection”选项，弹出“创建 I/O 连接”窗口。对机器人的输出信号和各 Smart 组件的输入信号进行连接，假如要连接“YV1”信号和“di_ZhuPanSongkai”信号，需将“X-Controller”设置为“源对象”，“YV1”设置为“源信号”，“SC_主盘工具”设置为“目标对象”，“di_ZhuPanSongkai”设置为“目标信号或属性”，如图 2.12.2 所示，单击“确定”按钮，建立连接。对于各 Smart 组件的输出信号与机器人的输入“信号和连接”，假如要连接“do_XzInPos”信号和“DI1”信号，需将“do_XzInPos”所属的 Smart 组件“SC_旋转供料”设置为“源对象”，将“do_XzInPos”设置为“源信号”，将“X-Controller”设置为“目标对象”，将“DI1”设置为“目标信号或属性”，如图 2.12.3 所示，单击“确定”按钮，建立连接。

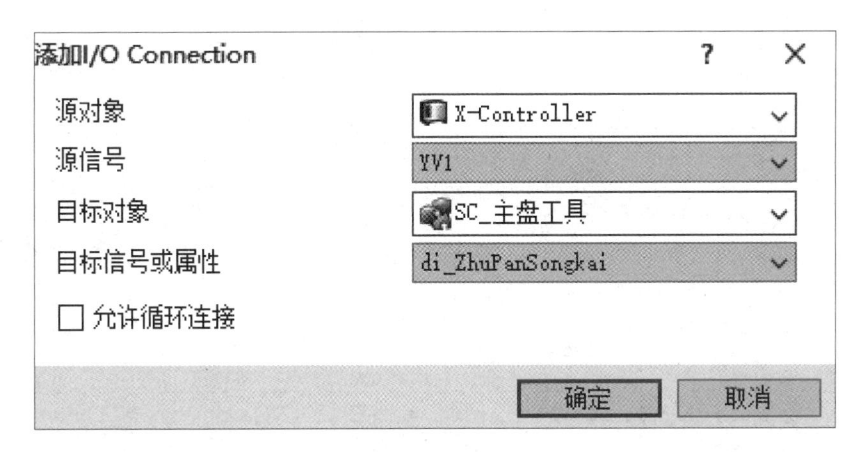

图 2.12.2　“YV1”信号和“di_ZhuPanSongkai”信号的连接

采用上述方法建立表 2.12.2 中所有的“信号和连接”，如图 2.12.4 所示。在进行仿真时，机器人的 I/O 信号和各 Smart 组件的 I/O 信号之间可进行通信。

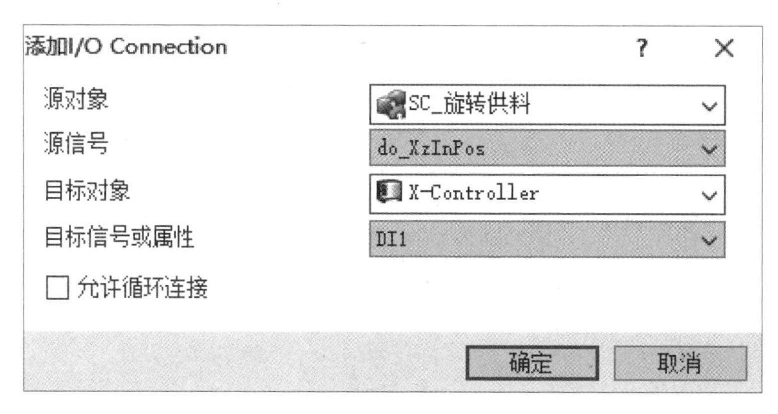

图 2.12.3 “do_XzInPos”信号和“DI1”信号的连接

3. 仿真信号控制

在进行工作站仿真时，可以通过“I/O 仿真器”查看 I/O 信号的状态，并进行一定的手动操作。如图 2.12.5 所示，在“选择控制器”下拉列表中选择“X-Controller”，在“过滤器”下拉列表中选择“设备”，将“设备”设置为“d652”，可以看到在 d652 板卡上配置的所有信号的状态。

I/O连接

源对象	源信号	目标对象	目标信号或属性
X-Controller	YV1	SC_主盘工具	di_ZhuPanSongkai
X-Controller	YV2	SC_主盘工具	di_ZhuPanJiajin
X-Controller	YV3	SC_夹爪工具	di_JiaZhuaSongkai
X-Controller	YV4	SC_夹爪工具	di_JiaZhuaJiajin
X-Controller	YV3	SC_物料取放	di_JiaZhuaSongkai
X-Controller	YV4	SC_物料取放	di_JiaZhuaJiajin
X-Controller	YV5	SC_物料取放	di_Zhenkong
X-Controller	DO6	SC_自由落料	di_TuiQiDong
X-Controller	DO9	SC_旋转供料	di_XuanZhuanStart
X-Controller	DO10	SC_变位机	di_Left
X-Controller	DO11	SC_变位机	di_Home
X-Controller	DO16	SC_输送带	di_SsQiDong
SC_旋转供料	do_XzInPos	X-Controller	DI1
SC_自由落料	do_ObInPos	X-Controller	DI3
SC_输送带	do_SsInPos1	X-Controller	DI4
SC_输送带	do_SsInPos2	X-Controller	DI5
SC_物料阵列	do_CKInPos1	X-Controller	DI6
SC_物料阵列	do_CKInPos2	X-Controller	DI7
SC_物料阵列	do_CKInPos3	X-Controller	DI8
SC_物料阵列	do_CKInPos4	X-Controller	DI9
SC_物料阵列	do_CKInPos5	X-Controller	DI10
SC_物料阵列	do_CKInPos6	X-Controller	DI11
SC_夹爪工具	do_XiPanInPos	X-Controller	DI12
SC_夹爪工具	do_PingKouInPos	X-Controller	DI13
SC_夹爪工具	do_HuKouInPos	X-Controller	DI14
SC_夹爪工具	do_HuiTuInPos	X-Controller	DI15

添加I/O Connection　编辑　删除　　上移　下移

图 2.12.4 工作站所有的“信号和连接”

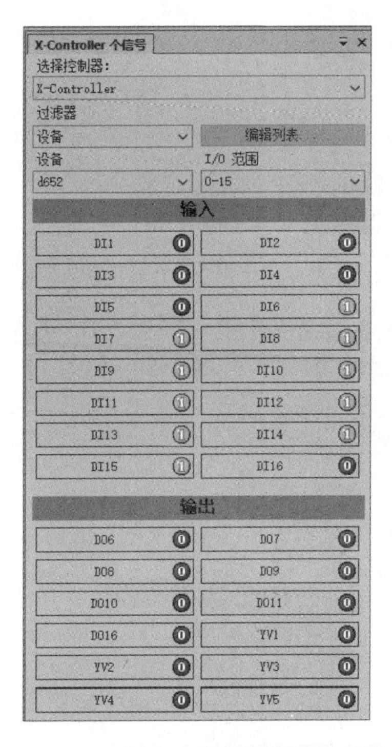

图 2.12.5　d652 板卡上配置的所有信号的状态

机器人系统有三种操作模式：自动模式、手动模式和手动全速模式。在任何运行模式下进行仿真时，机器人的输入信号均可以通过“I/O 仿真器”进行强制更改。在自动模式下进行仿真时，机器人的所有输出信号的状态是不能通过“I/O 仿真器”进行强制更改的，此时机器人输出信号的状态由机器人程序决定。但在手动模式或手动全速模式下进行仿真时，机器人的输出信号是可以通过“I/O 仿真器”进行强制更改的。如果有必要在自动模式下仿真某个 Smart 组件的动作，可在“I/O 仿真器”窗口中的“选择控制器”里选择该 Smart 组件，更改与该 Smart 组件相关的信号。通过“I/O 仿真器”设置 Smart 组件的信号状态的窗口图 2.12.6 所示，但这只是更改了 Smart 组件的信号状态，并未改变机器人输出信号的状态。

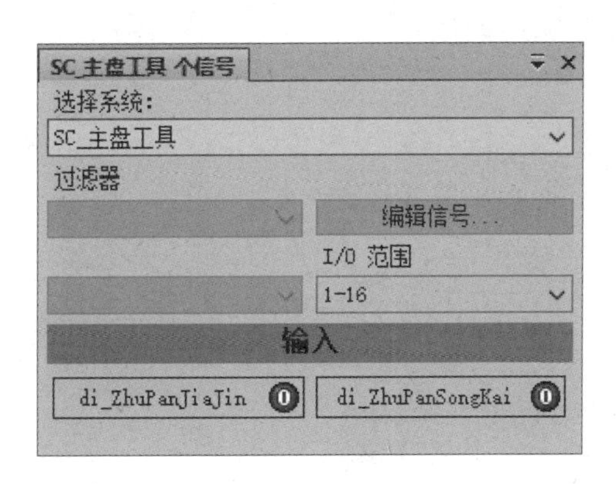

图 2.12.6　通过“I/O 仿真器”设置 Smart 组件的信号状态

在进行仿真时，还可以通过“控制器”选项卡“控制器工具”组中的“输入/输出”选项，进行机器人 I/O 信号的设置，具体操作方法可参照任务 2.2 中的“验证事件”部分。保存工作站为“t17-finished”。

三、任务小结

每个 Smart 组件都是独立的个体，只有将各个 Smart 组件的 I/O 信号与机器人的 I/O 信号进行连接，才能构成完整的机器人工作站。可以把设置工作站逻辑的过程分为以下步骤。

（1）整理需要进行连接的各个 Smart 组件的 I/O 信号；

（2）整理各个 Smart 组件 I/O 信号和机器人 I/O 信号间的对应关系；

（3）通过“工作站逻辑”窗口进行设置。

四、思考与练习

在进行工作站逻辑设置时，为什么要在“YV3”信号和“YV4”信号间创建两次连接？

项目 3

机器人汉字书写工作站离线编程及真机验证

通过 RobotStudio 软件的自动生成路径功能捕捉模型表面生成轨迹程序的方法，实现对复杂轨迹的编程，比较简单。在实际生产中，焊接、激光切割、涂胶等工作都可能涉及复杂轨迹的编程，因此掌握使用 RobotStudio 软件实现复杂轨迹编程的方法非常重要。本项目中将以完成汉字书写任务的过程为例，讲解通过 RobotStudio 软件编写复杂轨迹离线程序，再将其下载到真实工作站中进行验证的过程。

任务 3.1　工具数据和工件坐标的创建

一、任务目标

扫码观看

工具数据和工件坐标的创建

（1）掌握工具数据的创建方法；
（2）掌握工件坐标的创建方法。

二、任务实施

汉字书写工作站如图 3.1.1 所示，该工作站包含机器人、工作桌面、主盘工具、绘图笔工具和绘图模块等部分。将主盘工具直接安装在机器人末端，绘图笔工具安装在主盘工具上。绘图模块被倾斜放置于工作桌面上，绘图模块与桌面间的夹角约为 30°。机器人带动绘图笔工具生成绘图模块上“山”字的书写程序，然后直接通过网线将程序下载到真实机器人控制器上，使用示教器对程序进行微调后，即可在真实机器人工作站中进行离线程序的验证。在生成工作站的离线程序前，需要先创建机器人工作站，建立绘图笔的工具数据和绘图模块的工件坐标。

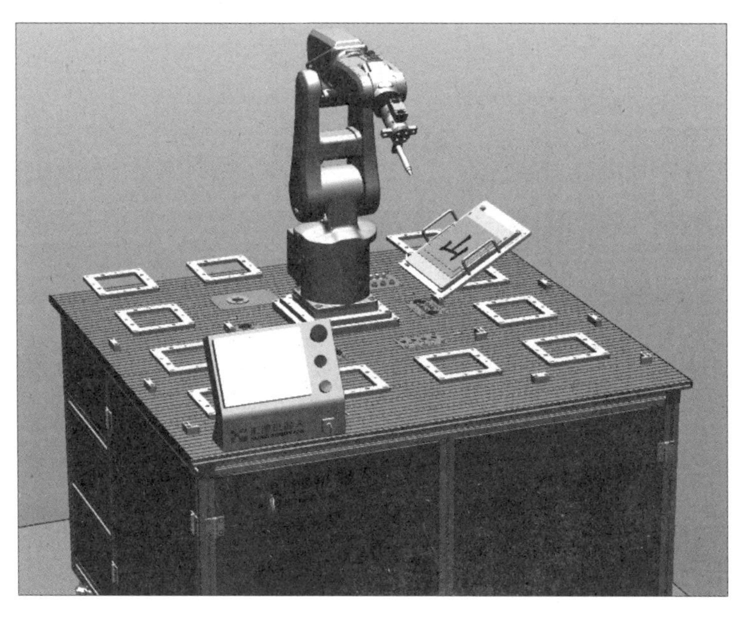

图 3.1.1　汉字书写工作站

1. 创建汉字书写工作站

扫码观看

机器人书写汉字

首先导入几何体“机器人工作桌面.sat”文件。然后导入 ABB IRB120 机器人模型，并将其位置设置为[0，0，950，0，0，0]。导入库文件“主盘工具”，并将其安装到机器人末端。用上述同样的方法导入几何体“绘图模块”，并将其位置设置为[−150，450，910，0，0，0]。此时新建的汉字书写工作站如图 3.1.2 所示。绘图模块上的“山”字的线条即机器人要书写的轨迹。“山”字模型是使用第三方软件预先制作的，“山”字模型边框尺寸与 A4 纸尺寸相同。

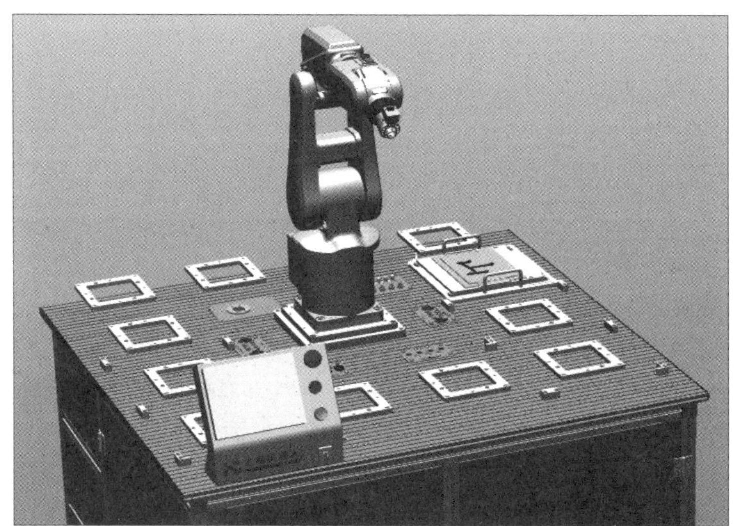

图 3.1.2　新建的汉字书写工作站模型

扫码下载

汉字书写工作站素材

绘图模块被导入后是平铺在工作台面上的，因此需要调整倾斜角度至桌面夹角为 30°。在左侧“布局”窗口里右击“绘图模块”，在弹出的快捷菜单中选择“位置”子菜单里的“旋转”选项，弹出“旋转：绘图模块”窗口，如图 3.1.3（a）所示。在“参考”下拉列表中选择“User defined axis”选项，“轴开始点”和“轴末端点”分别选择图 3.1.3（b）中用圆圈标示出的左右两个点，“旋转”设置为 30 度，单击“应用”按钮并关闭窗口。绘图模块的放置位置无须和真实工作站上的放置位置完全一致，只需将其放置在近似位置即可。

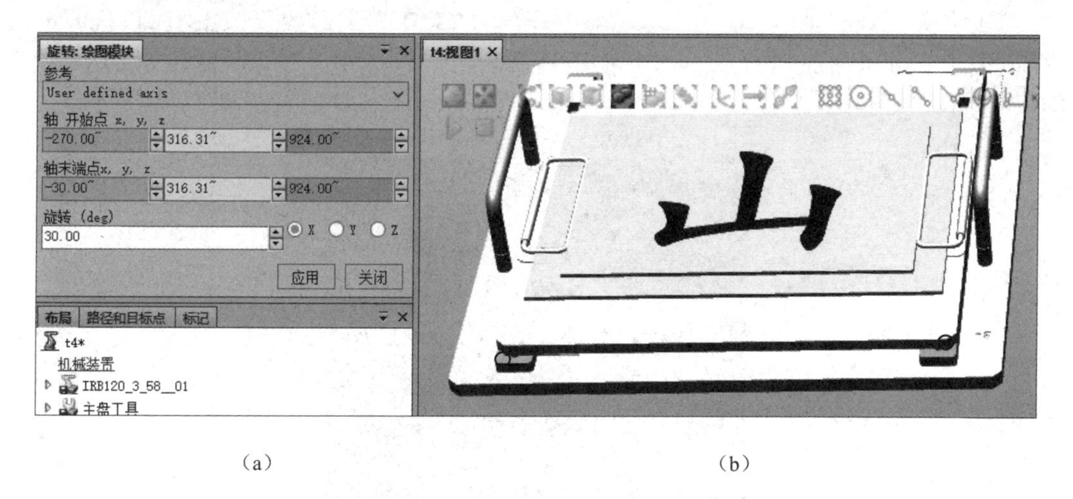

（a）　　　　（b）

图 3.1.3　设置绘图模块放置参数

工作站创建完成后，选择“基本”选项卡“建立工作站”组里的“虚拟控制器”选项，从下拉菜单中选择“从布局”选项，创建名为“Curve-Controller”的机器人虚拟控制器。

2. 创建工具数据

通过“导入几何体”选项导入“绘图笔工具.sat”文件，但此时“绘图笔工具”并不是以机器人工具的形式被导入的，故还需再对它进行处理，之后才能作为机器人工具使用。要使已导入的几何部件成为机器人工具，有两种方法：第一种方法是通过“创建工具”功能进行创建，具体创建过程可参考任务 1.4；第二种方法是直接将绘图笔工具安装到机器人上，然后在绘图笔工具的笔尖处创建工具数据。下面将介绍通过第二种方法创建机器人工具的过程。

由于绘图笔工具和机器人末端之间隔着主盘工具，因此需要对绘图笔工具的位置进行设定。通过“设定位置”选项将绘图笔工具的位置设定为[0，0，41，0，0，180]，然后设定本地原点为[0，0，0，0，0，0]。位置设定完成后的绘图笔工具如图 3.1.4 所示。将绘图笔工具安装到机器人上，并在弹出的“更新位置”对话框中单击“是”按钮。

选择“基本”选项卡“路径编程”组里的“其他”选项，选择“创建工具数据”选项，会弹出“创建工具数据”窗口。在该窗口的“Misc 数据”选区中将“名称”修改为“TCP_HuiTu”。单击“工具坐标框架”里的“位置 X、Y、Z”，然后单击右侧的图标，弹出“位置设定”窗口，使用捕捉工具捕捉绘图笔工具的末端尖点，当窗口中的数据变成蓝色后，单击“Accept”按钮。如果“重量”“重心”“惯性”等参数已知，在相应的文本框内直接输入参数即可，如果不清楚具体参数，直接采用默认值。在此工作站中采用默认值，不会影响机器人的运行。但是对于一些比较重的搬运工具等，这些参数非常重要，必须准确填写。在不知道确切数值的情况下，可以在真实的机器人工作站中使用 ABB 机器人的“LoadIdentify”程序进行测量，具体操作过程将在下一任务中进行讲解。单击“创建”按钮，此时在绘图笔工具末端创建了一个的工具数据“TCP_HuiTu”，如图 3.1.5 所示。如果需要对已经创建的工具数据“TCP_HuiTu”中进行修改，可以在“路径和目标点”窗口的“工具数据”栏内找到“TCP_HuiTu”，右击，在弹出的快捷菜单中选择“修改 Tooldata”选项，如图 3.1.6 所示。工具数据创建后，在“基本”选项卡里的“设置”栏里，“工具”已经自动变成了“TCP_HuiTu”，说明“TCP_HuiTu”已成为当前可使用的工具数据，此时可使用“手动重定位”功能对新建的工具数据进行验证。

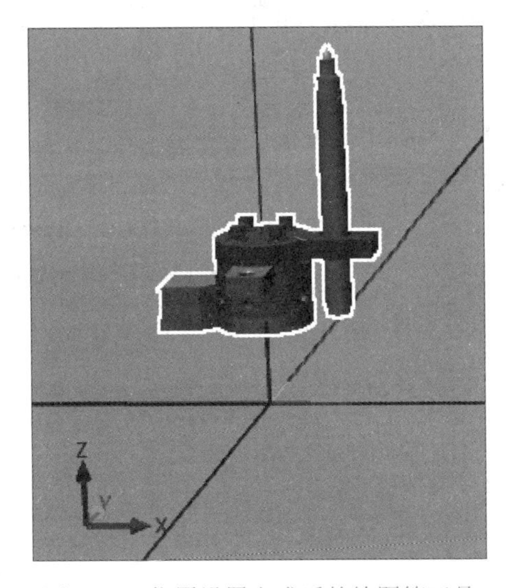

图 3.1.4　位置设置完成后的绘图笔工具

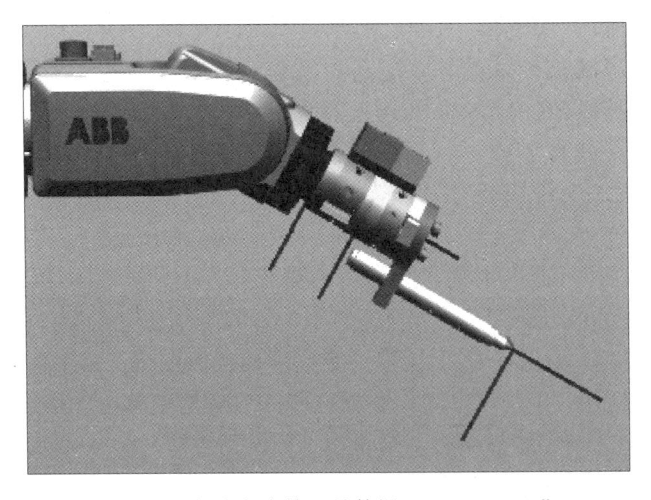

图 3.1.5　创建完成的工具数据“TCP_HuiTu”

通过创建工具数据的方式并未将绘图笔变成真正的工具，因此在后续工作中可能会受到影响。此方法适用于创建不需要对姿态进行复杂调整的工具（如搬运类工具），此处仅是对方法进行讲解。删除建立的工具数据“TCP_Huitu”，然后直接导入已经创建的库文件“绘图笔工具”，并将其安装到机器人末端。

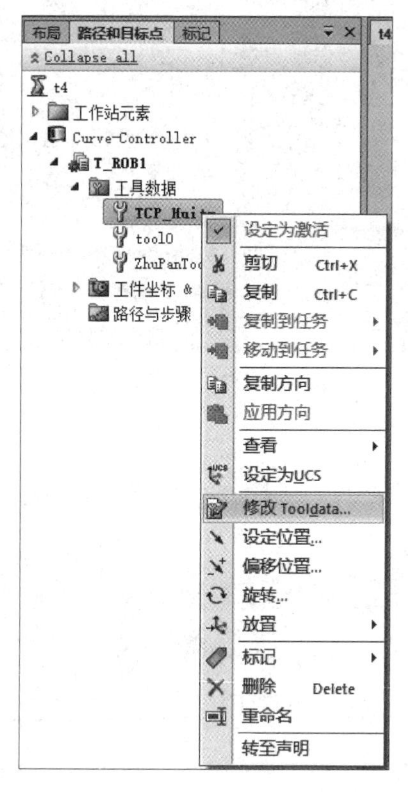

图 3.1.6　在弹出的快捷菜单中选择“修改 Tooldata”选项

3. 创建工件坐标

在应用机器人轨迹的过程中，需要创建工件坐标，以便于编程或修改路径。创建工件坐标时，一般以相对轨迹具有固定相对位置的特征点为基准。在本工作站中，汉字书写在纸张上的具体位置并没有严格限制，因此只要选择绘图模块上相对固定的特征点作为基准即可。

选择“基本”选项卡中的“其他”选项，在弹出的快捷菜单中选择“创建工件坐标”选项，弹出“创建工件坐标”窗口。在“Misc 数据”选区中将其“名称”设置为“Wobj_HuiTu”，如图 3.1.7（a）所示。单击“用户坐标框架”选区里的“取点创建框架”选项，再单击右侧的倒三角图标，会弹出“创建框架点的位置设定”窗口。在窗口中选择“三点”单选按钮，然后使用捕捉工具依次捕捉图 3.1.7（b）中绘图模块上用圆圈标示出的三个点。三个点依次为“*X* 轴上的第一个点”“*X* 轴上的第二个点”和“*Y* 轴上的点”。单击“Accept”按钮，再单击“创建”按钮，创建完成的工件坐标“Wobj_HuiTu”如图 3.1.8 所示。特别需要注意的是，要在“用户坐标框架”选区中创建工件坐标，而不是在“工件坐标框架”选区中创建工件坐标。

在“基本”选项卡，将“设置”组里的“工件坐标”和“工具”选项分别设置为“Wobj_HuiTu”和“HuiTuTool”，在“Freehand”组中选择“当前工件坐标”选项，然后使用“手动线性”功能对新建的工具数据和工件坐标进行验证，验证工件坐标“Wobj_HuiTu”时的情况如图 3.1.9 所示。最后保存工作站为“t18-finished”。

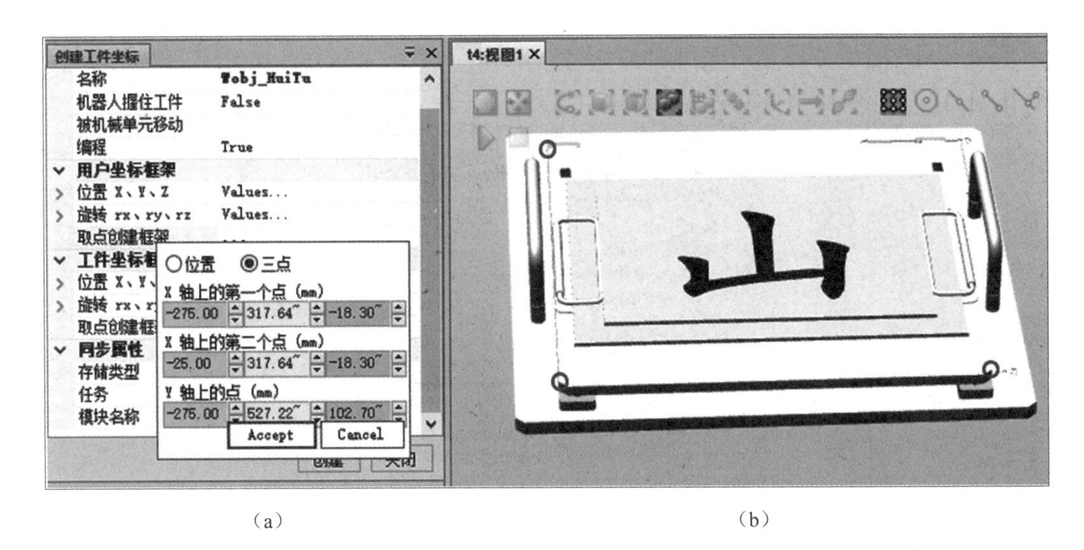

（a）　　　　　　　　　　　　（b）

图 3.1.7　三点法创建工件坐标

图 3.1.8　创建完成的工件坐标“Wobj_HuiTu”

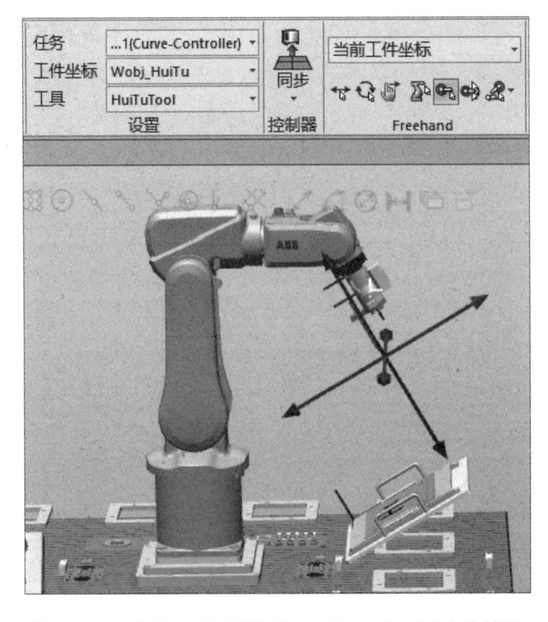

图 3.1.9　验证工件坐标“Wobj_HuiTu”时的情况

三、任务小结

本任务讲解了工具数据和工件坐标的创建，需要注意以下几点。

（1）工具数据是相对腕坐标系的；

（2）创建工件坐标时需要在“用户坐标框架”选区中，而非在“工件坐标框架”选区中。

四、思考与练习

（1）汉字书写工作站由哪些部分组成？

（2）在“用户坐标框架”和“工件坐标框架”选区中创建工作坐标，有何不同？

任务 3.2　自动测载荷程序的应用

一、任务目标

扫码观看

工具载荷的自动测量

（1）熟悉自动测载荷程序（LoadIdentify）的使用过程；

（2）掌握机器人运动模式的切换方法。

二、任务实施

在创建工具数据的过程中需要输入工具的质量、重心和转动惯量等参数。在涉及机器人轨迹的任务中，直接采用这些参数的默认值一般不会影响机器人的正常运行。但是对于承担搬运任务的工业机器人来说，这些参数非常重要。对于未知的工具或者载荷，可以通过 ABB 机器人提供的服务例行程序进行测量。本任务将对自动测载荷程序的使用过程进行讲解。

ABB 机器人提供了一系列常用服务的标准程序，即服务例行程序，如电池关闭程序、电机参数配置合理性验证程序、自动测载荷程序等。自动测载荷程序可以完成对工具或载荷的自动测量，但该程序只能在真实的机器人上运行，不能通过 RobotStudio 软件运行。

在示教器中打开“手动操纵”窗口，选择“工具坐标”选项，新建一个名为“HuiTuTool”的工具。选中“HuiTuTool”工具，依次选择“编辑”→“更改值”选项，将“HuiTuTool”的“mass”更改为一个正值，修改完成后单击“确定”按钮两次。

打开“程序编辑器”窗口，在例行程序中新建 main 程序，进入 main 程序，并在“调试”界面中把指针移至此程序，如图 3.2.1 所示。选择“调用例行程序”选项，选择“LoadIdentify”，单击“转到”按钮，如图 3.2.2 所示，然后手动给机器人使能，并按下开始按钮，进入自动测载荷程序的设置流程。

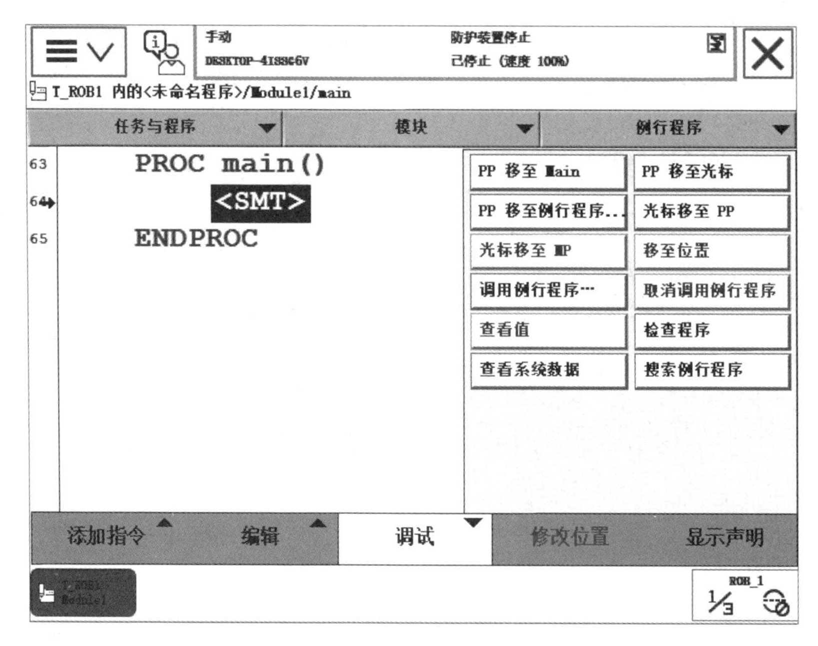

图 3.2.1　在“调试”界面中把指针移至 main 程序

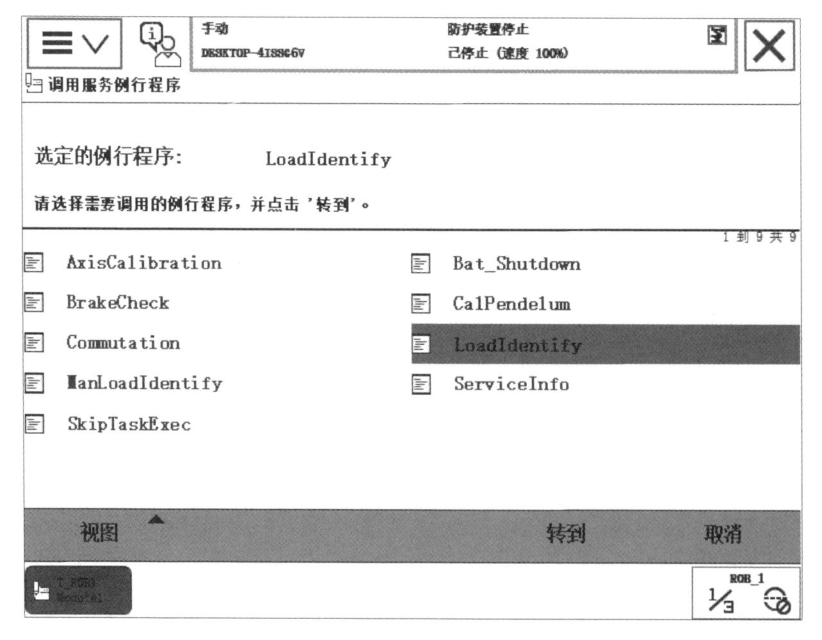

图 3.2.2　调用“LoadIdentify”

进入自动测载荷程序后，首先显示的是程序运行时的指针变化情况，如图 3.2.3 所示，单击“OK”按钮。

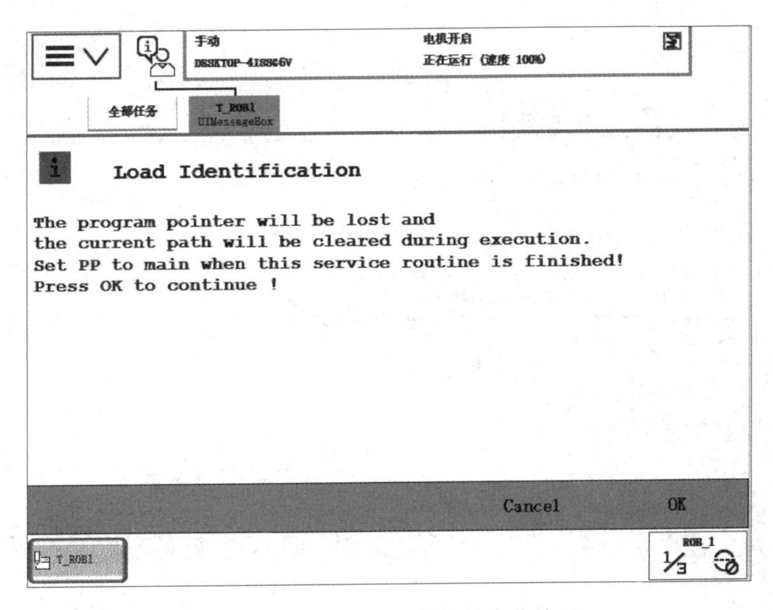

图 3.2.3　程序运行时的指针变化情况

然后会弹出新的界面，询问是测量工具还是有效载荷，如图 3.2.4 所示，单击“Tool”按钮。

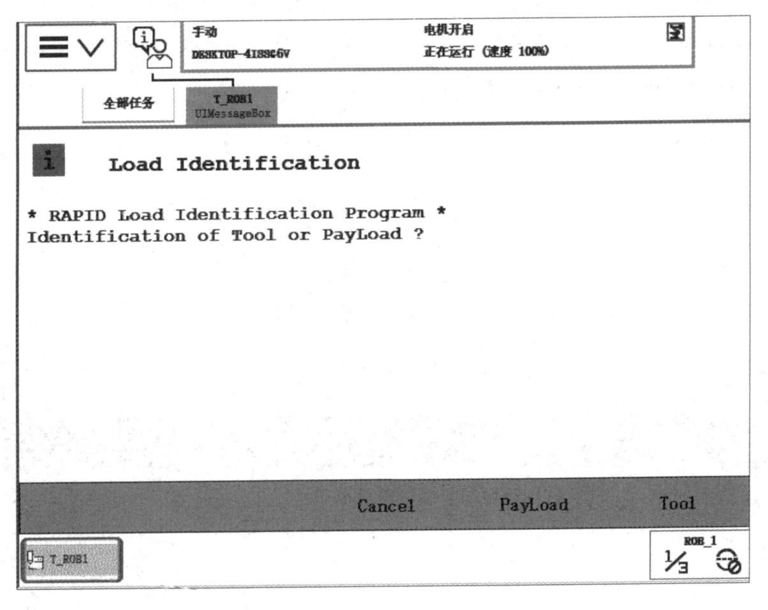

图 3.2.4　选择测量对象

之后会弹出新的页面，如图 3.2.5 所示，说明了测量前的三个要求：待测工具必须安装在机器人上、已经定义且微动控制窗口处于活动状态；必须定义了上臂载荷；机器人的轴处于合适的位置。单击“OK”按钮。

之后会弹出新的界面，询问是否对名为 HuiTuTool 的工具进行测量，如图 3.2.6 所示，单击“OK”按钮。

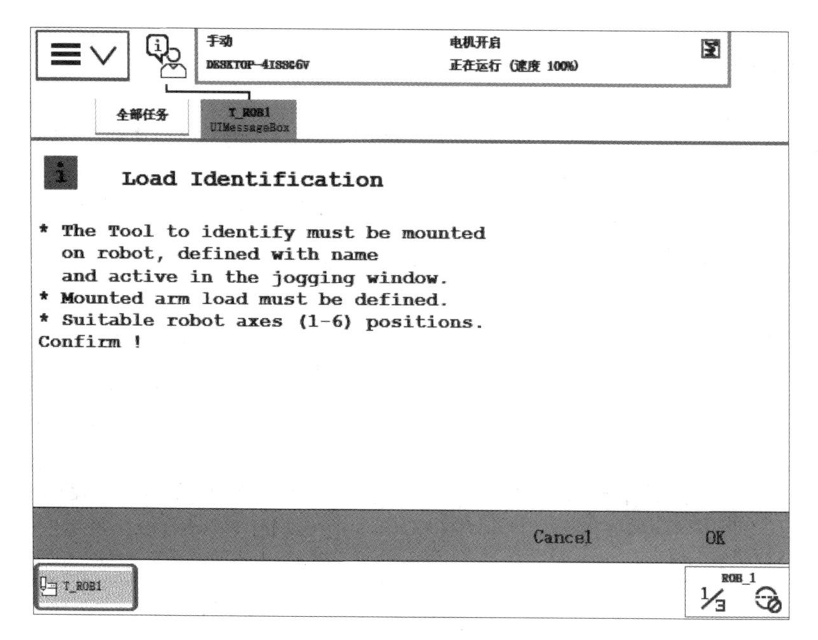

图 3.2.5 机器人情况确认

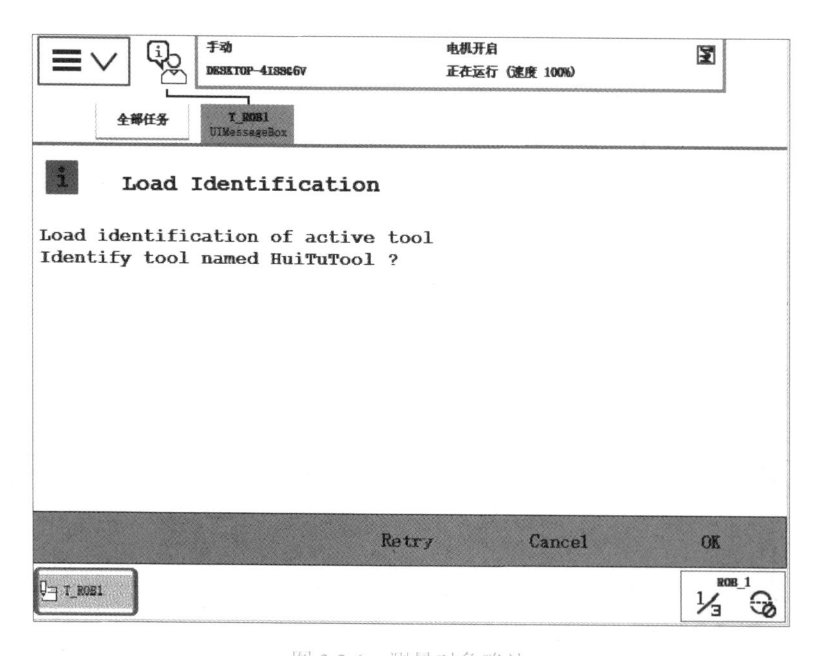

图 3.2.6 测量对象确认

之后会弹出新的界面，如图 3.2.7 所示，对载荷的三种识别情况进行选择：若输入“1”，则表示已知工具的质量；若输入“2”，则表示不知道工具的质量；若输入“0”，则表示取消。假设这里并不知道工具的质量，输入“2”，单击“确定”按钮。

之后会弹出新的界面，如图 3.2.8 所示，对第 6 轴在测试时的运行角度进行选择。推荐的角度范围是±90 度，最小的角度范围是±30 度。如果机器人在推荐角度范围内没有障碍物，选择正 90 度或负 90 度即可；如果有障碍物，就需要根据具体情况进行选择。这里选择“+90”。

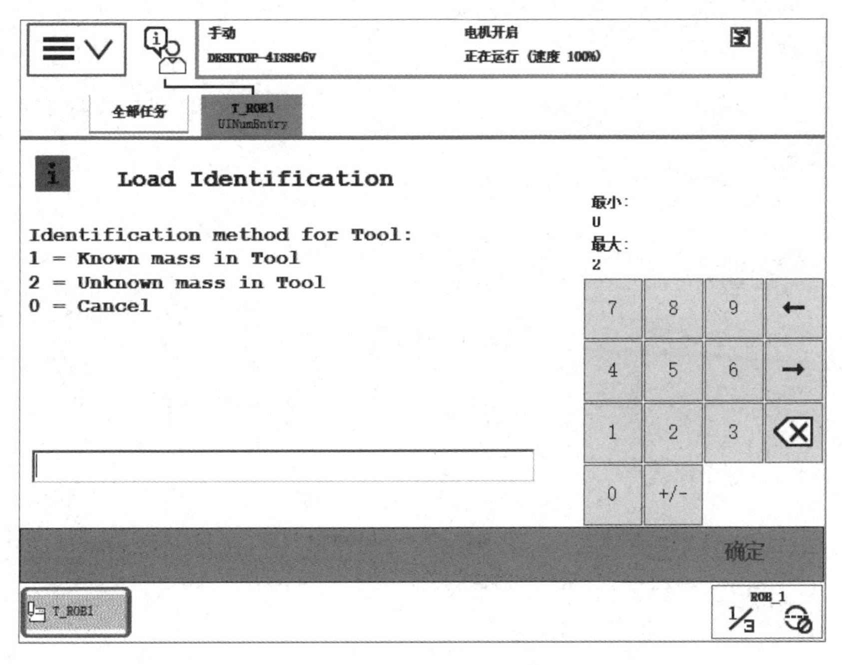

图 3.2.7　载荷情况确认

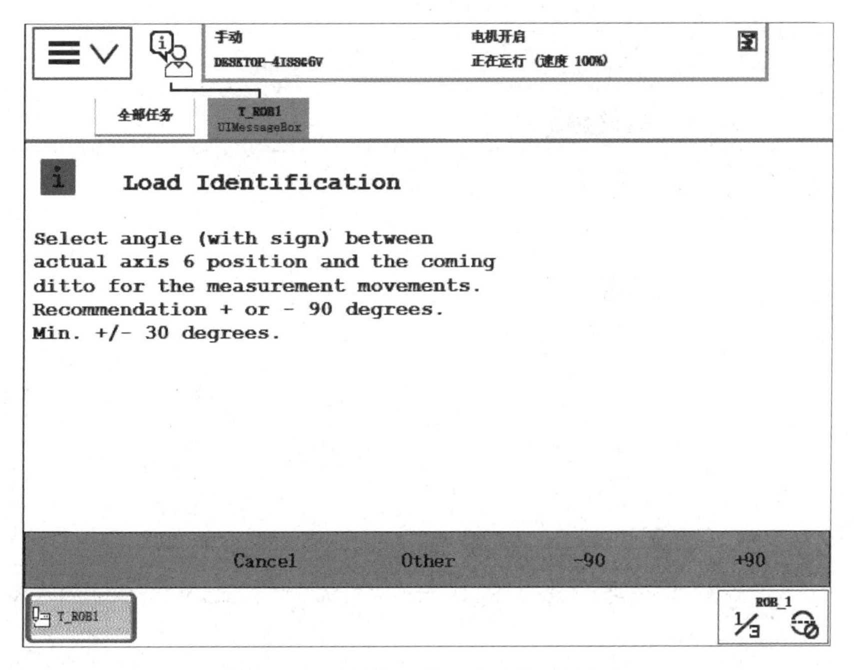

图 3.2.8　选择第 6 轴测试时的运行角度

之后会弹出新的界面，如图 3.2.9 所示，提示程序现在将使手腕轴缓慢地移动到精确的位置。单击“MOVE”按钮，开始运动。

之后会弹出新的界面，询问是否可以以低速运行。在如图 3.2.10 所示界面中单击“Yes”按钮。在用较高速度进行真实的测量前必须以较低的速度进行测试。机器人运行期间要保持手动使能，示教器屏幕上会显示运行步骤。等待机器人完成运行，直至出现下次提示。

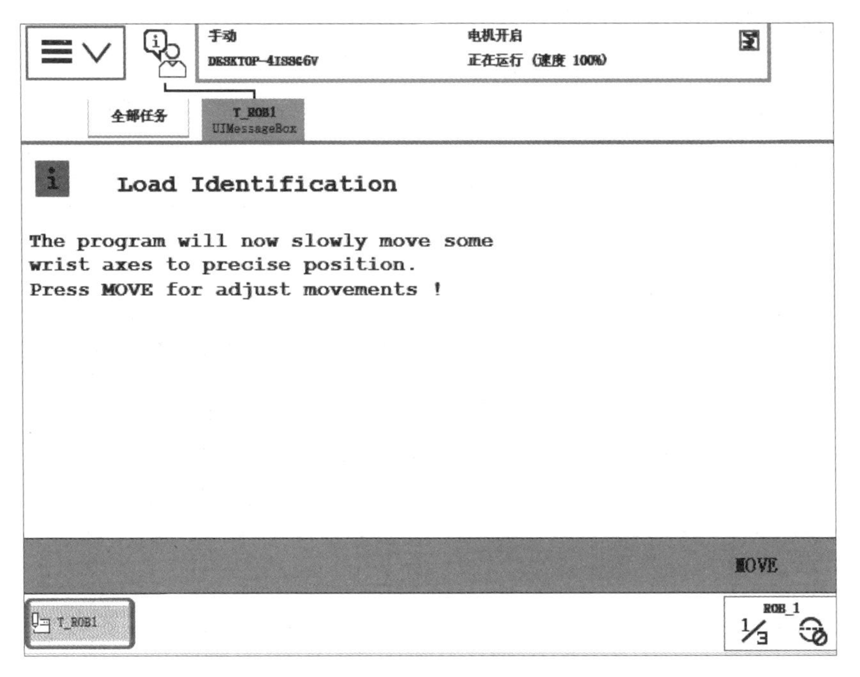

图 3.2.9　开始移动手腕轴

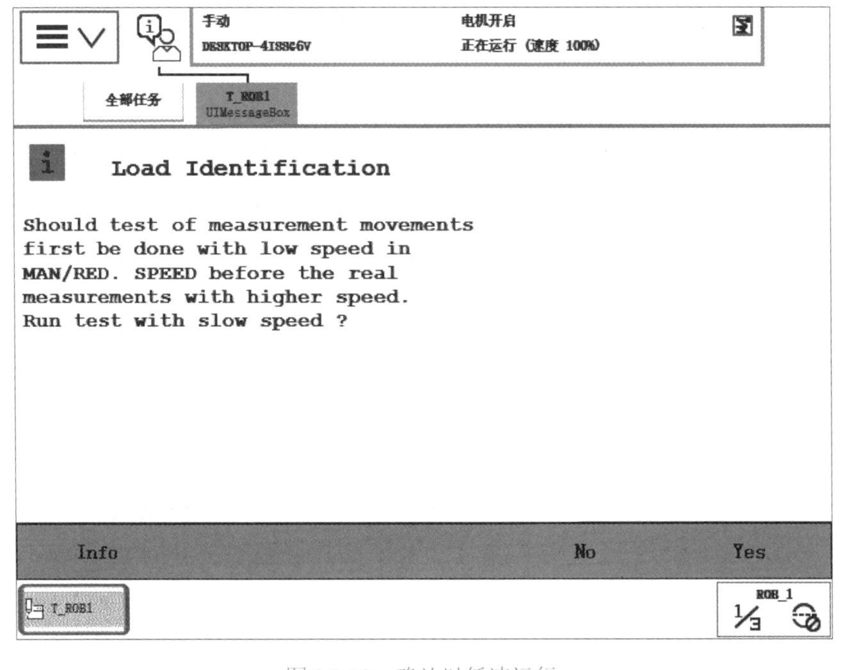

图 3.2.10　确认以低速运行

之后会弹出新的界面，如图 3.2.11 所示，提示需要改变操作模式：1. 切换至自动模式或手动全速模式；2. 开始执行程序。当开始执行时，将立即开始运动。松开手动使能，通过机器人控制器面板将机器人切换成自动模式，在示教器上单击“确认”按钮，切换为自动模式。按下控制器面板上的电机使能按钮，单击示教器上的“开始”按钮，机器人会立即开始自动测量。

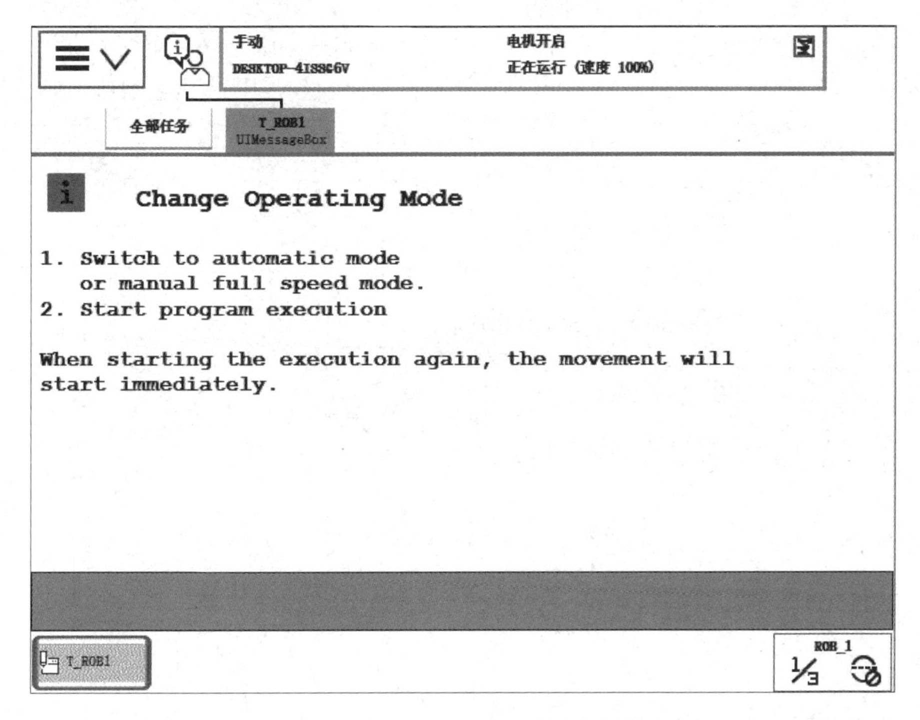

图 3.2.11　提示需要切换机器人运行模式

经过一段时间的测试运行后，会弹出新的界面，提示将机器人调回手动模式，如图3.2.12所示。将机器人控制面板上的旋钮调回手动模式，示教器手动使能，单击“OK”按钮。

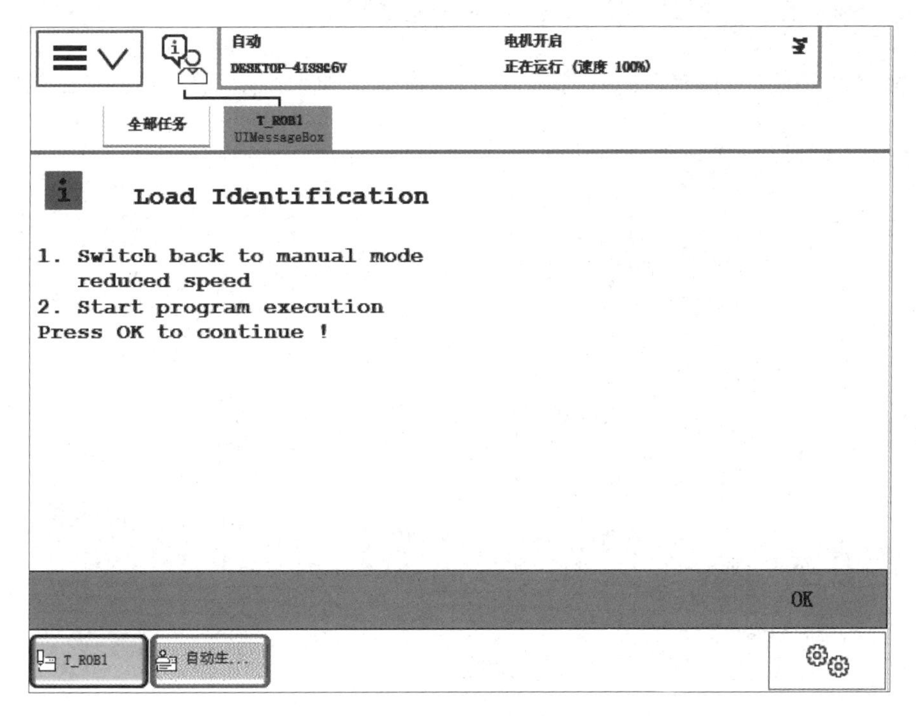

图 3.2.12　提示将机器人调回手动模式

保持手动使能，此时示教器上会显示测量结果，如图 3.2.13 所示，页面中询问是否使用测量结果升级工具信息，单击“Yes”按钮，测量结果将会被应用到工具“HuiTuTool”中。

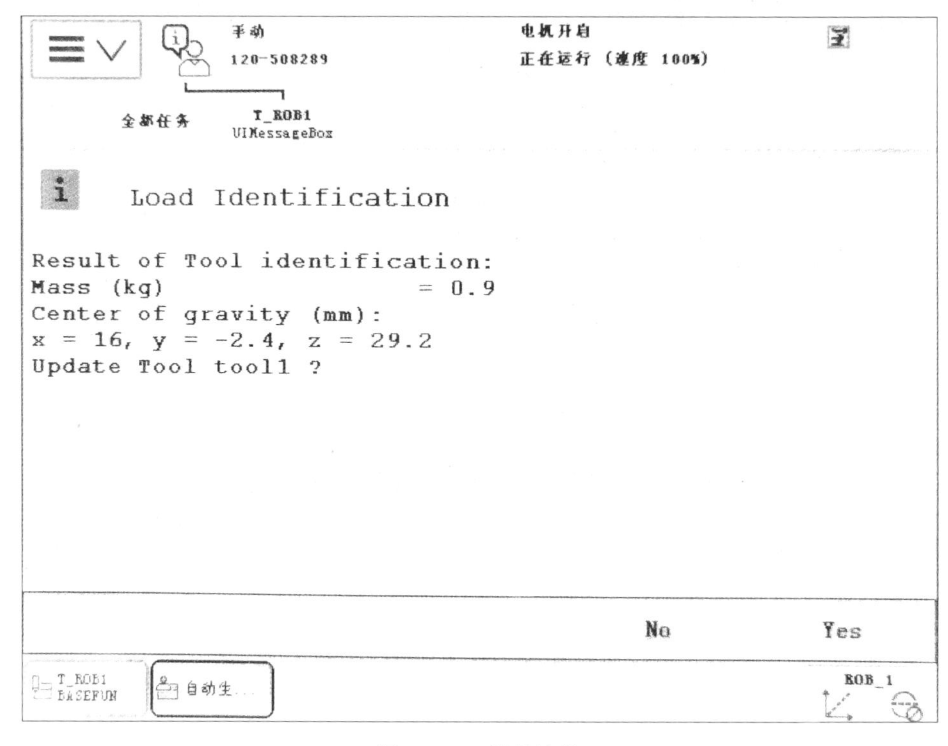

图 3.2.13　测量结果

至此已经完成了使用自动测载荷程序对工具载荷的自动测量。将机器人调回初始位置。

三、思考与练习

是否一定要在 main 程序中运行自动测载荷程序，在其他例行程序中是否可以运行自动测载荷？

任务 3.3　机器人运行轨迹的自动生成

一、任务目标

（1）掌握机器人运行轨迹的自动生成方法；

（2）掌握目标点坐标系的姿态调整方法。

二、任务实施

扫码观看

机器人运行轨迹的自动生成

获取机器人书写汉字轨迹的过程可以分为获取写字轨迹曲线、生成写字轨迹路径、路径优化、仿真运行等几个部分。本任务将对写字轨迹曲线的获取过程和写字轨迹路径的自动生成过程进行讲解。

1. 获取写字轨迹曲线

在自动生成机器人运行轨迹前，需要先获取物体表面的轨迹曲线。常用的获取物体表面轨迹曲线的方法有两种：第一种是使用第三方的三维建模软件（Solidworks、Catia 等），在软件中将机器人运行的轨迹准确地以线段的方式绘制好，然后导入 RobotStudio 工作站中，并将其放置到准确的位置上；第二种是在 RobotStudio 中使用捕捉工具捕捉物体表面的边缘，以获取物体表面轨迹曲线。在工业生产中，第一种方法具有更好的实际应用效果。这里演示使用第二种方法获取物体表面轨迹曲线的过程。

扫码下载

t19

打开“t18-finished（或 t19）”工作站，只保留绘图模块可见，将其他模块设置为不可见。选择工作区上方的快捷按钮中的“选择曲线”→“捕捉对象”选项，用鼠标捕捉“山”字外圈的边缘曲线，会发现捕捉不到，因为现在“山”字外圈不存在曲线。单击快捷按钮中的“选择表面”→“捕捉边缘”选项，选择“建模”选项卡“创建”组里的“表面边界”选项，会弹出“在表面周围创建边界”窗口，在“山”所在的表面的任一点上单击，选中该表面，表面上所有的边缘曲线都被选中，并以白色线条呈现，包括绘图模块和绘图模块上文字的边缘曲线，如图 3.3.1 所示。单击弹出窗口中的“创建”按钮，在“布局”区域中会显示一个新建的名为“部件_1”的部件，即获取的表面边界曲线。虽然表面边缘曲线是通过曲面一次性捕捉的，但是在机器人编程时可以使用任意一条单独的线条（直线、圆弧等）编写程序。

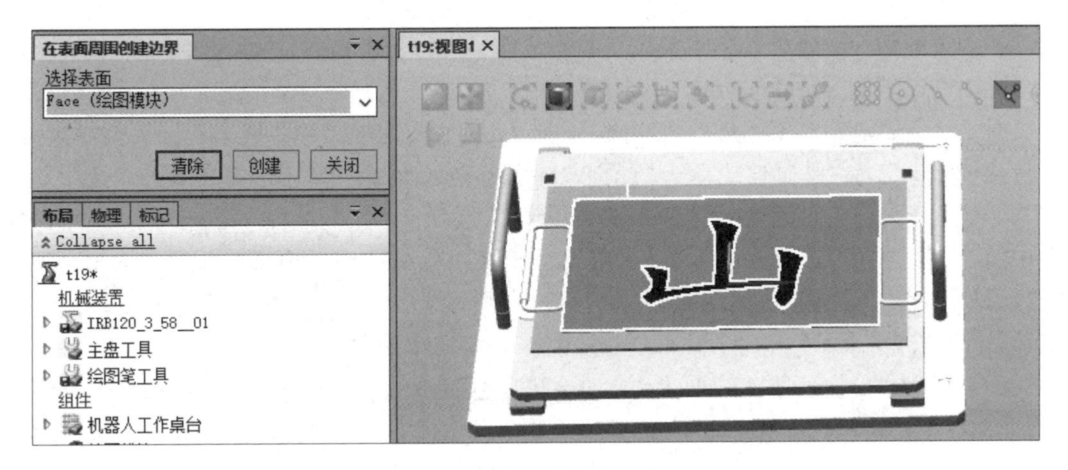

图 3.3.1　创建文字所在表面的边界曲线

2. 生成写字轨迹路径

接下来根据获取的表面边界曲线生成机器人的运行轨迹路径。在生成运行轨迹路径之前，需要先确定机器人的工具数据和工件坐标，并设置生成轨迹路径的运动指令的参数。

运动指令的参数设置在软件的最下方偏右位置，主要用于设置速度、转角半径等参数。这里选择的运动指令为 MoveL，如图 3.3.2 所示，并将图中的速度为 v1000 和转弯半径为 z100 分别设置为 v100 和 z0，工具选择 HuiTuTool，工件坐标选择 Wobj_HuiTu。需要注意的是，在选择运动指令时，只能选择 MoveL 或者 MoveJ，并没有 MoveC 选项。如果需要选择 MoveC 指令，可以先示教两条 MoveL 指令，然后选中这两条指令，右击，在弹出的快捷菜单中选择“修改指令”→“转换为 MoveC”选项，将两条 MoveL 指令将合并成一条 MoveC 指令。

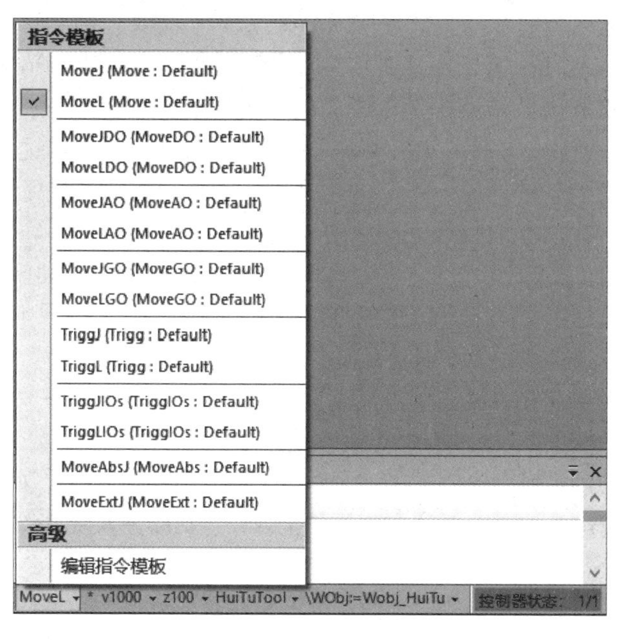

图 3.3.2　选择运动指令

机器人的运行轨迹可以是一条完整的闭环曲线，也可以是完整闭环曲线中的某一段，这两种轨迹自动生成的操作方法是不同的。

对于运行轨迹是完整闭环曲线的情况，如“山”字周围的闭环曲线，其生成方法如下。在快捷按钮中选择“选择曲线”→“捕捉边缘”选项，然后单击“山”字的线条，选中整条曲线，线条变为白色时为选中状态。选择“基本”选项卡“路径编程”组的“路径”下拉菜单中的“自动路径”选项，此时汉字曲线上会出现如图 3.3.3 所示的箭头线段，同时会弹出“自动路径”窗口，窗口中显示有 7 条边，说明此时选中的闭环曲线由 7 条单独的曲线组成。另外，“自动路径”窗口中还有一些参数需要设置，各参数及其说明见表 3.3.1。将“参照面”设置为“山”字所在的平面，此时会出现垂直于所选择平面的箭头线段，一般不对“开始偏移量”和“结束偏移量”进行设置，将“近似值参数”设置为“圆弧运动”，将“最小距离”设置为 1mm，将“最大半径”设置为 1000mm，将“公差”设置为 1mm。单击“创建”按钮，自动生成机器人的路径“Path_10”，如图 3.3.4 所示。“Path_10”中包含了多条运动指令，由于将“近似值参数”设置成“圆弧运动”，因此轨迹中既有 MoveL 指令又有 MoveC 指令。从图 3.3.4 中可以看到，很多指令前出现了各种符号，如 等，这些符号只是一种提示，等完成轨迹的正确配置后即会消失。

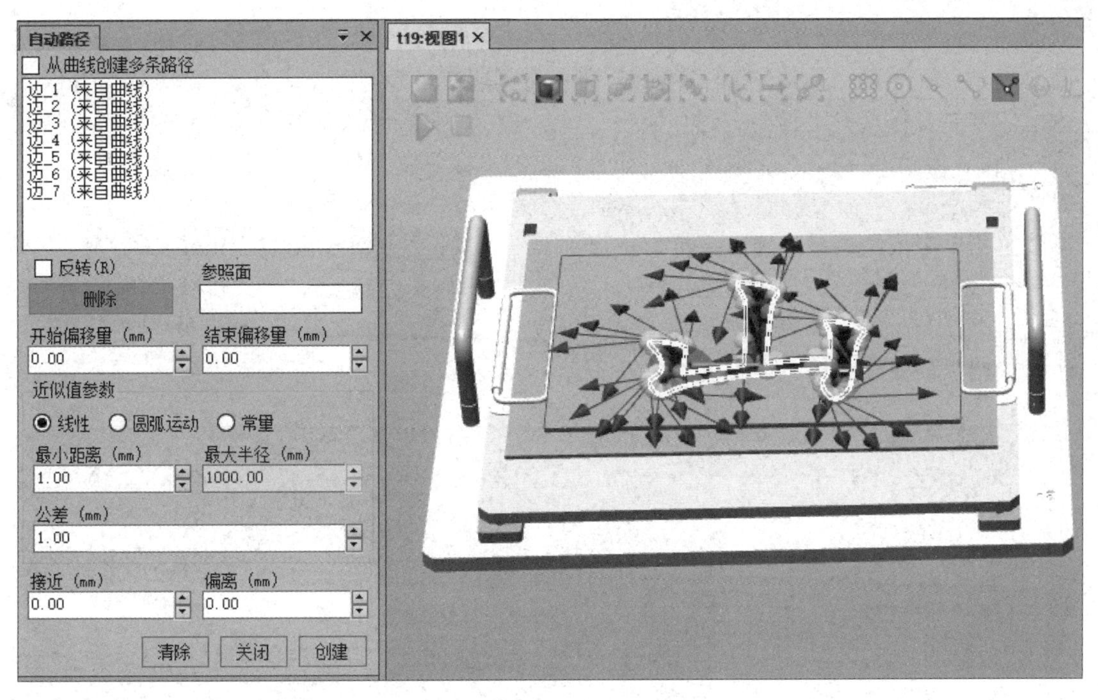

图 3.3.3　自动路径参数设置

表 3.3.1　“自动路径”窗口中的参数及其说明

参数	说明
反转	指机器人的运行方向，默认为逆时针，若勾选“反转”复选框，则运行方向变为顺时针
参照面	生成的目标点的 Z 轴方向与选中的面呈垂直状态
开始偏移量和结束偏移量	开始偏移量指路径真实开始点和理论开始点之间的偏移距离，结束偏移量则是指路径真实结束点和理论结束点之间的偏移距离
近似值参数	有线性、圆弧运动和常量三种近似方法。 线性：为每个目标生成线性指令，圆弧作为分段线性处理。 圆弧运动：在圆弧特征处生成圆弧指令，在线性特征处生成线性指令。 常量：生成具有恒定间隔距离的点
最小距离	设置两个生成点之间的最小距离，小于该最小距离的点将被过滤掉
最大半径	在将圆弧视为直线前，确定圆的半径大小
公差	用于设置生成点所允许的几何描述的最大偏差

如果仅需要生成完整闭环曲线中的某一段的运行轨迹，可以在未选择任何目标的情况下选择“自动路径”选项，在工作区快捷按钮中选择“选择曲线”→“捕捉边缘”选项，将鼠标移动至相应的曲线上，该曲线会显示为红色，单击该曲线，在“自动路径”窗口中可以看到已经选中的曲线，然后完成相关参数设置并进行创建。如果选择曲线的同时按住键盘上的 Shift 键，会选中整条闭环曲线。

3. 工具方向的批量修改

在生成机器人轨迹路径的同时也生成了轨迹路径运行所需要的目标点。在“路径和目标点”窗口中，找到“工件坐标&目标点”，可以看到当前使用的工件坐标下的所有目标点。在任意一个目标点上右击，在弹出的快捷菜单中选择“查看目标处工具”选项，并勾选后面的“绘图笔工具”选项，如图 3.3.5 所示，这时当前选中的目标点在工作区中显示为工具姿态。按住 Shift 键，选中所有的目标点，可以看到所有目标点的工具姿态，是非常凌乱的，因此需要对目标点的工具姿态进行调整。轨迹中的每个目标点都有一个本地坐标系，自动生成机器人轨迹路径时，工具坐标是和目标点的坐标系重合的，因此为了调整机器人运行时的工具姿态，只需要调整目标点的本地坐标系即可。选中点“Target_10”，右击，在弹出的快捷菜单中依次选择“修改目标”→“旋转”选项，会弹出“旋转”窗口，将窗口中的“参考”设置为“本地”，也就是指绕着这个点本身的坐标系旋转，在“旋转”下方的空格内输入“180”，并选中后方的 Z 轴，单击“应用”按钮。这里的 180 度只是一个估计值，可以根据工具姿态进行适当的调整。

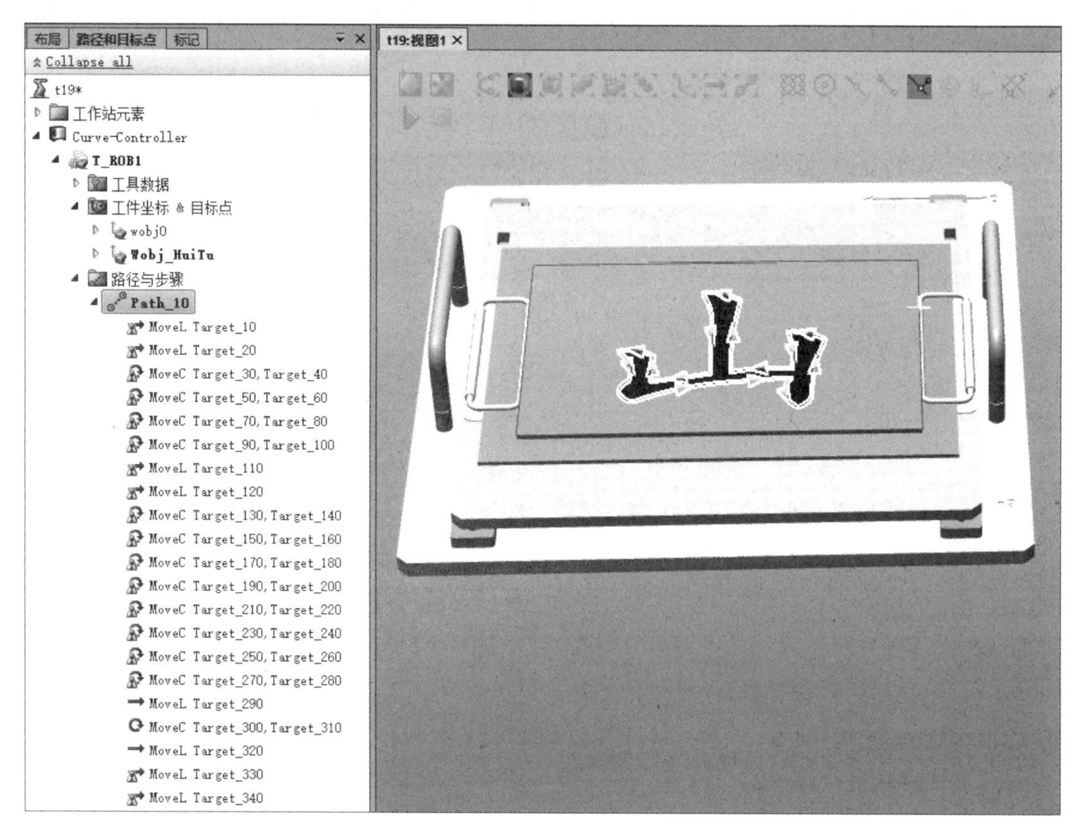

图 3.3.4　创建完成的机器人路径“Path_10”

若要对所有目标点坐标系的姿态进行调整，可以采用批量处理的方式。按住 Shift 键，选中所有剩余的点，右击，在弹出的快捷菜单中依次选择“修改目标”→“对准目标点方向”选项，会弹出“对准目标点：（多种选择）”窗口，在“参考：”下拉列表中选择已经调整好的点 Target_10 将“对准轴：”设置为 X 轴，将“锁定轴：”设置为 Z 轴，如图 3.3.6 所示，单击“应用”按钮。此时选中的所有点上工具方向都与第一点相一致，意味着完成了一次批量修改。需要注意的是，图 3.3.6 中只显示了 4 个点的工具姿态。修改后所有点上的工具方向是一致的，如果对部分点的工具方向有特殊要求，仍需要单独处理。取消显示目标处工具，并选中所有目标点，右击，在弹出的快捷菜单中依次选择“查看”→“可见”选项，将所有目标点隐藏。

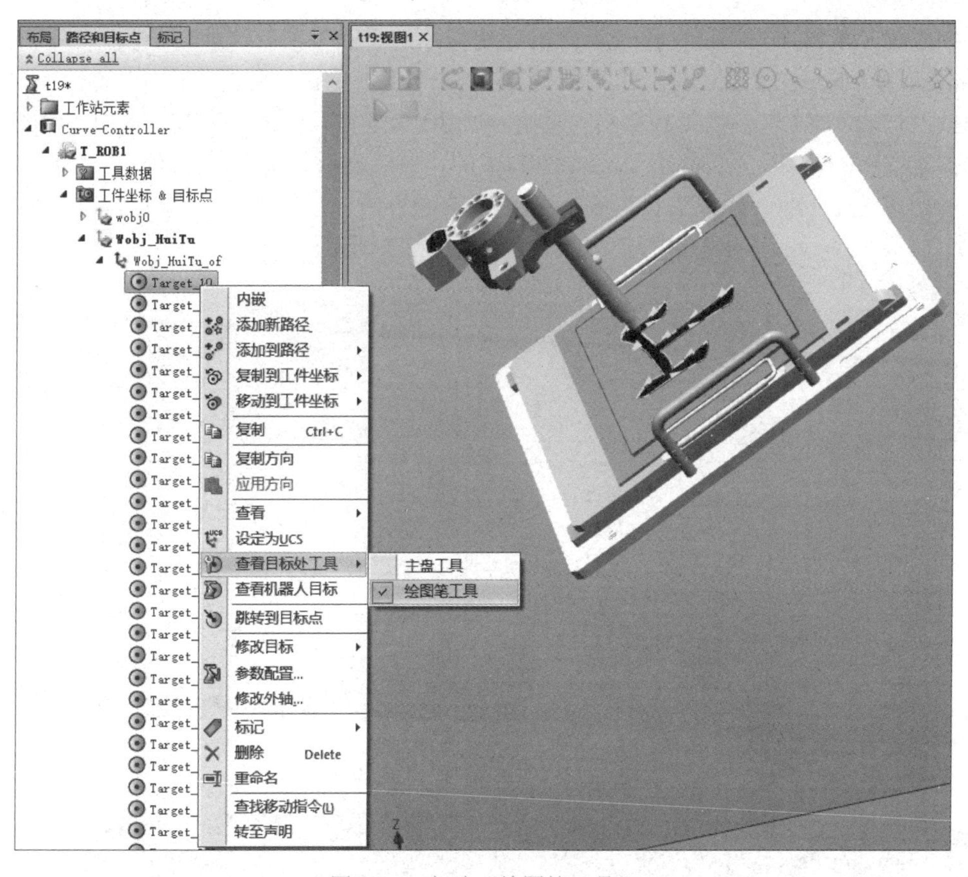

图 3.3.5　勾选“绘图笔工具”

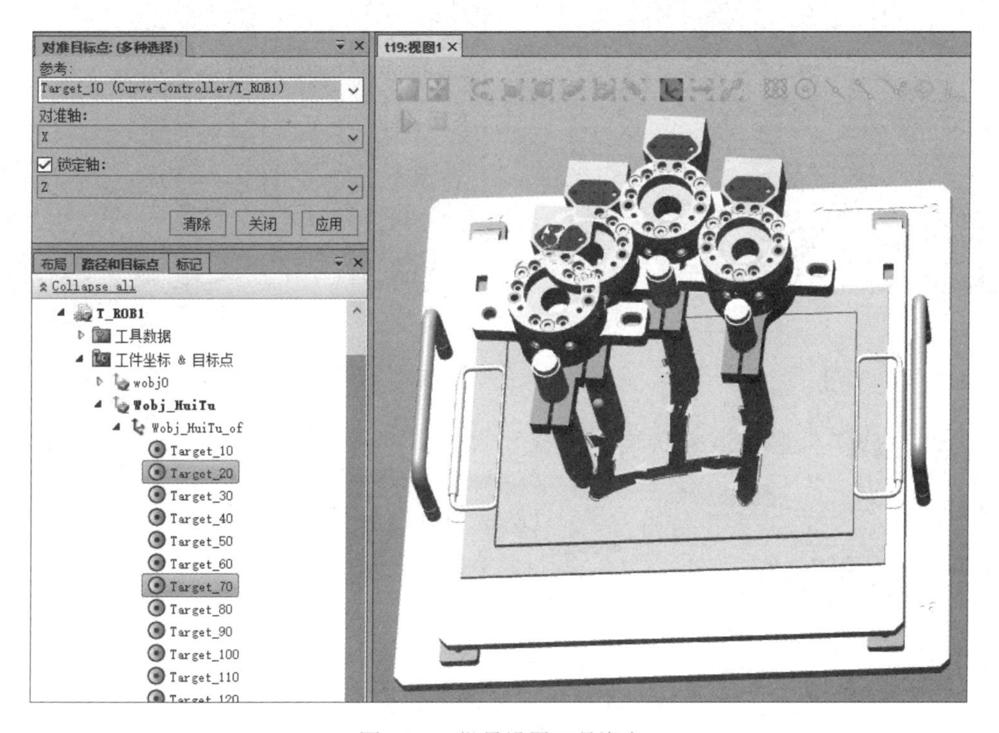

图 3.3.6　批量设置工具姿态

如果想让机器人写出的字比模板上的字变得“胖”一些或者“瘦”一些，可以通过工具补偿功能实现。在“路径与步骤”中找到“Path_10”，右击“Path_10”，在弹出的快捷菜单中依次选择“路径”→“工具补偿”选项，会弹出“工具补偿：Path_10”窗口，如图 3.3.7 所示。方向中的“左”表示曲线内收，方向中的“右”表示曲线外扩，“距离”表示内收或外扩的距离，这里将“距离”设为 3mm，勾选“右”单选按钮，单击“应用”按钮并关闭窗口。曲线在进行工具补偿前后的效果对比如图 3.3.8 所示。

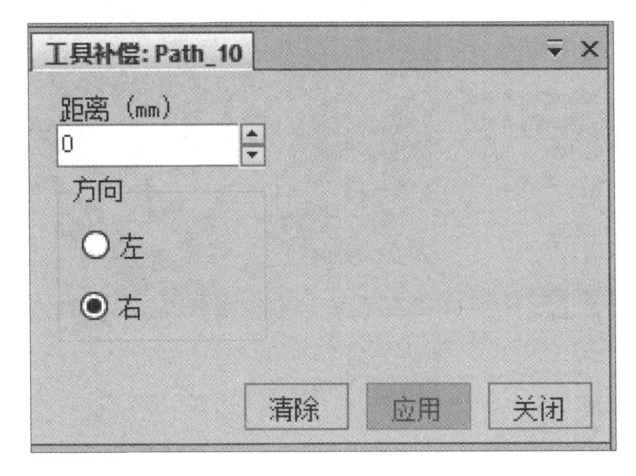

图 3.3.7 “工具补偿：Path_10”窗口

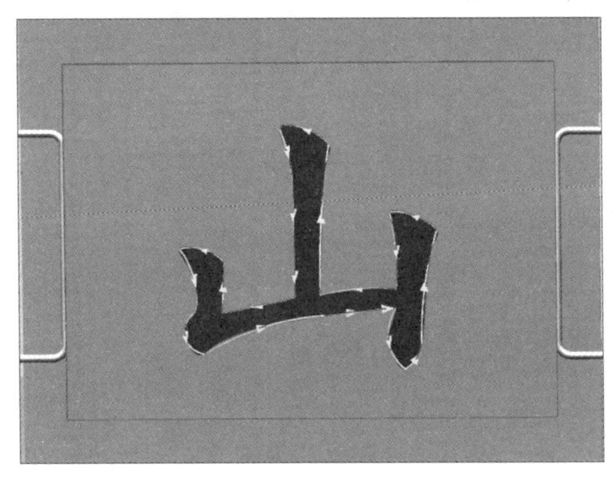

a）补偿前

b）补偿后

图 3.3.8 曲线在进行工具补偿前后的效果对比

至此完成了机器人运行轨迹的生成和目标点姿态的调整。保存工作站为“t19-finished”。

三、任务小结

本任务介绍了自动生成机器人轨迹的过程，一般包含以下步骤：

（1）获取机器人运行轨迹曲线，选择参考坐标系并设置运动指令参数；

（2）生成机器人运行轨迹路径；

（3）对运行轨迹路径中的目标点进行设置。

四、思考与练习

（1）机器人运行轨迹自动生成后，为什么要修改目标点的工具姿态？

（2）将“绘图模块-山”替换成“绘图模块-国旗”，实现机器人多条轨迹的自动生成。

任务 3.4　机器人运行轨迹的优化

一、任务目标

扫码观看

机器人运行轨迹的优化

（1）掌握机器人关节轴的参数配置方法；

（2）掌握通过添加过渡点优化机器人运行轨迹的方法；

（3）了解碰撞监控的作用及创建碰撞监控的方法。

二、任务实施

生成机器人运行轨迹后，还需要完成关节轴参数配置、添加轨迹接近点和离开点等操作，以优化机器人运行轨迹，使机器人运行轨迹更加平顺、合理。

1. 手动配置关节轴参数

当机器人末端工具处在同一目标点时，机器人可能存在多种不同的关节轴组合情况，即存在多种关节轴配置参数，故需要为自动生成的目标点配置关节轴参数。

打开“t19-finished（或 t20）”工作站，在“基本”选项卡“路径编程”组里选择“查看机器人目标”选项，单击任意目标点，机器人会移动至该目标点上。右击目标点“Target_10”，在弹出的快捷菜单中选择“配置参数”选项，会弹出“配置参数：Target_10”窗口，如图 3.4.1（a）所示。在图 3.4.1 中可以看出，当机器人处于该目标点时，机器人存在三组关节轴参数。当有多组关节轴参数需要进行手动选择时，一般选择绝对值较小的参数进行配置。当选中一组关节轴参数时，在窗口下方的方框内可查看机器人各关节的“关节值”。其中“之前”表示目标点原先的关节轴参数对应的各关节值，“当前”表示当前勾选的关节轴参数对应的各关节值，如图 3.4.1（b）所示。若需要详细设置机器人达到目标点时各关节轴的关节值，可勾选“包含转数”复选框。选中一组关节轴参数后，单击“应用”按钮，完成配置。

扫码下载

t20

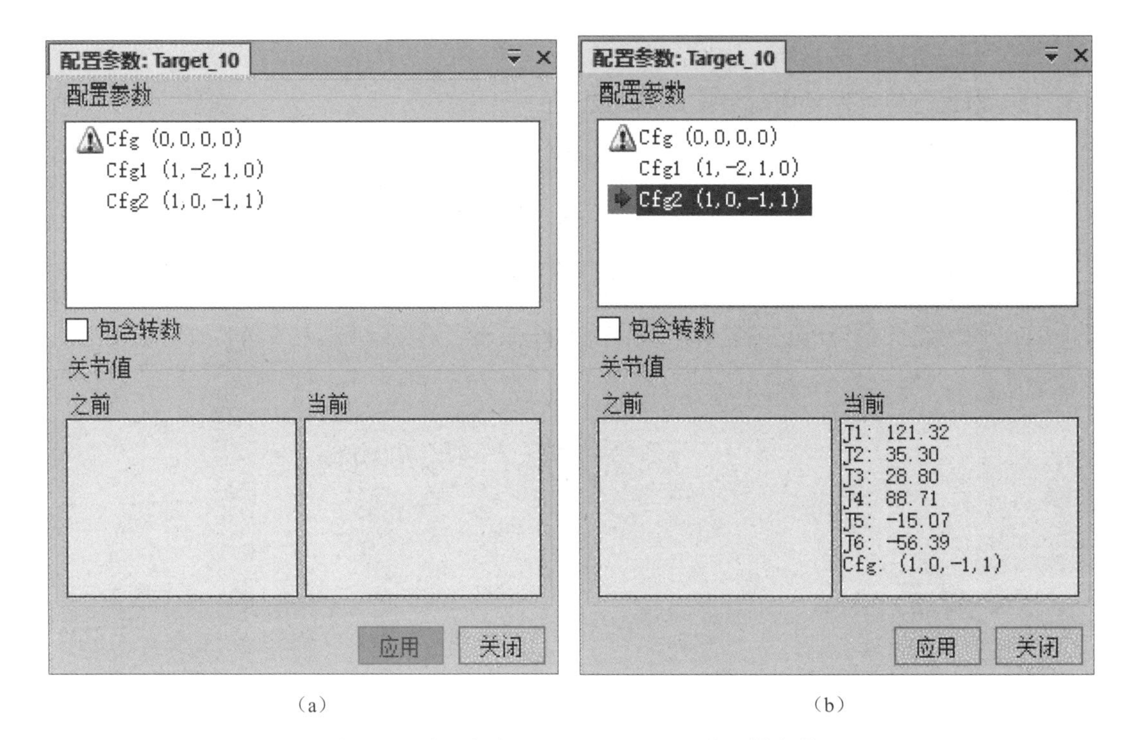

图 3.4.1 为目标点“Target_10”配置关节轴参数

2. 自动配置关节轴参数

当机器人轨迹目标点较多时，单独配置每个目标点的关节轴参数是非常烦琐的、低效的。此时可通过“自动配置”功能为所有目标点自动配置关节轴参数。

右击“Path_10”，在弹出的快捷菜单中选择“自动配置”选项，在该选项下有两个子选项：“线性/圆周移动指令”和“所有移动指令”，如图 3.4.2 所示。选择“线性/圆周移动指令”选项时，系统只计算线性和圆周运动的新配置，维持关节运动的配置不变；选择“所有移动指令”选项时，系统将计算路径中所有移动指令的新配置。此处选择“所有移动指令”选项，机器人将沿轨迹自动运行一次，完成所有目标点关节轴参数的自动配置，配置完成后，所有运动指令前的符号将消失。如果出现红色短横线标识，就代表机器人无法到达此条运动指令的目标点。参数配置正确后，右击“Path_10”，在弹出的快捷菜单中选择“沿着路径运动”选项，机器人将沿离线轨迹路径自动运行。

如果在自动生成轨迹时选择了“圆弧运动”选项，可能会在“沿着轨迹运动”时提示“不确定的圆”错误，说明此时配置的目标点不能确定圆的轨迹。可右击提示错误的运动指令，在弹出的快捷菜单中选择“编辑指令”选项，在弹出的“编辑指令”窗口中将“动作类型”设置为“Linear”，如图 3.4.3 所示，单击“应用”按钮。被编辑的 MoveC 指令将被自动拆解成两个 MoveL 指令，然后让机器人重新“沿着轨迹运动”即可。

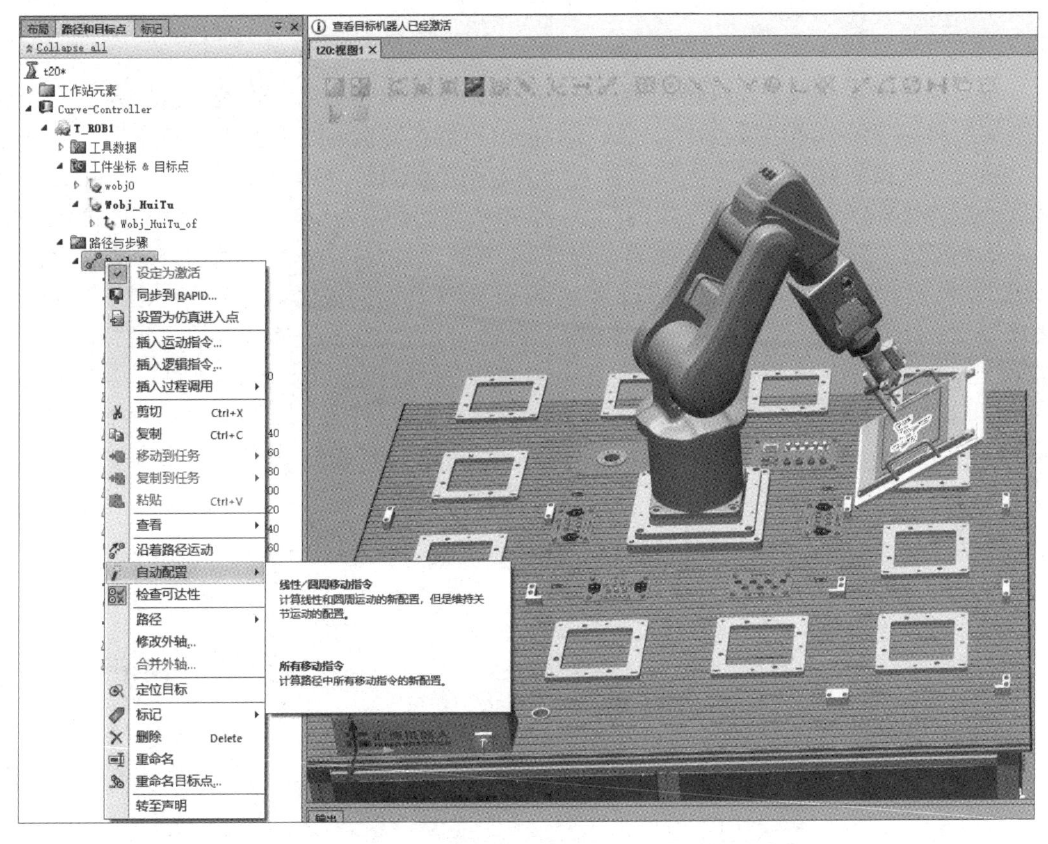

图 3.4.2　在弹出的快捷菜单中选择“自动配置”选项

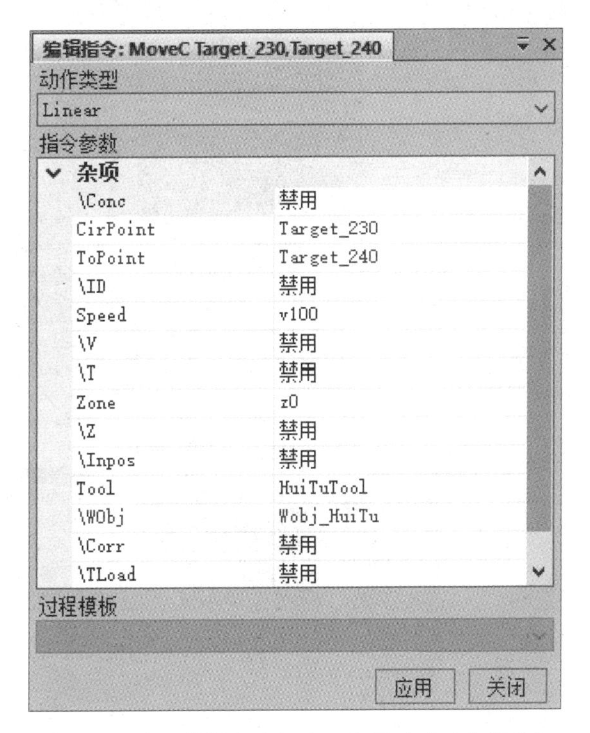

图 3.4.3　在“编辑指令”窗口中更改“动作类型”

3. 添加过渡点

在实际应用中，为了让机器人避开其他设备，完善机器人运行轨迹，需要为机器人轨迹添加工作原点及中间过渡点，如轨迹开始前的接近点和轨迹结束的离开点等。

通过“机械装置手动关节”将机器人的关节轴角度调整为[0，−20，20，0，90，0]，然后示教该目标点作为机器人工作的起始点，并将其重命名为“pHome”。然后将“pHome”点添加到路径“Path_10”中，添加方法有两种。第一种方法，先将运动指令的类型设置为MoveJ，转弯数据设置为“fine”，右击“pHome”，在弹出的快捷菜单中依次选择“添加到路径”→“Path_10”→“<第一>”选项，如图 3.4.4 所示，将“pHome”点添加到路径“Path_10”的第一行。第二种方法，先设置好运动指令的参数，单击“pHome”点，按住鼠标左键直接将此点拖动至路径“Path_10”中的第一行运动指令上，松开鼠标左键，此时会在第二行生成“MoveJ pHome”指令，然后将第一行的“MoveL Target_10”指令拖动至第二行即可。采用此方法是不能直接将“pHome”点拖动至第一行的。

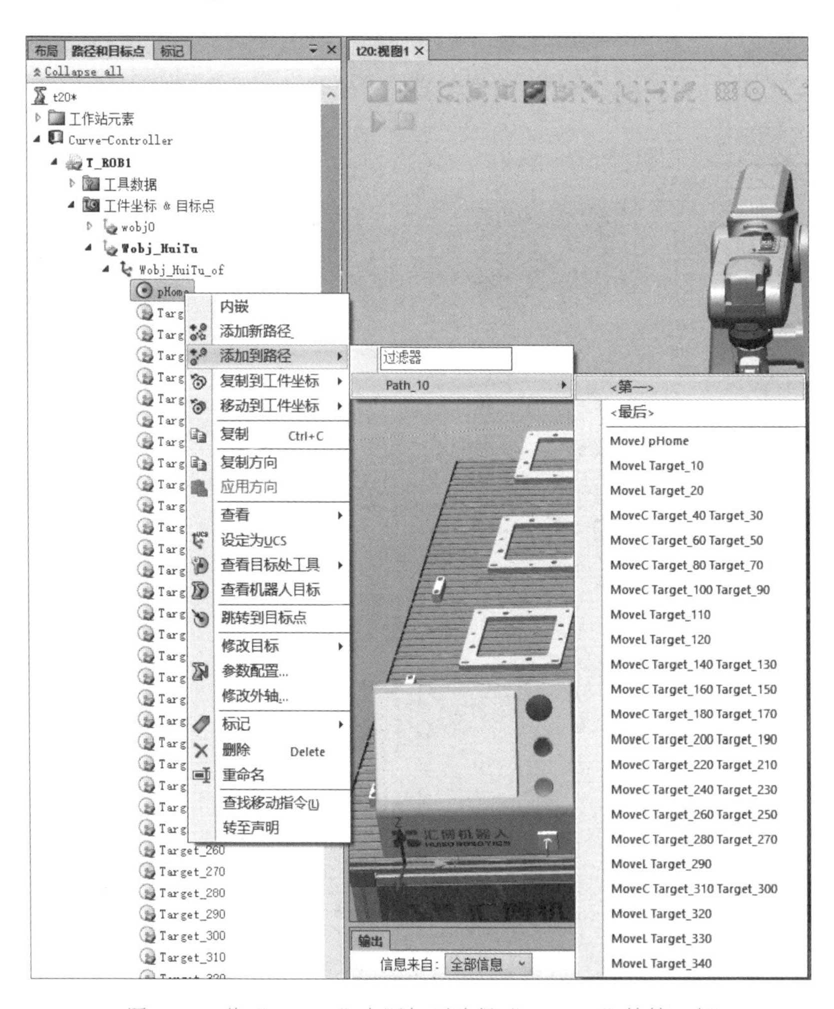

图 3.4.4　将“pHome”点添加至路径“Path_10”的第一行

机器人离线轨迹的起始接近点是相对于轨迹起始点“Target_10”在其本地坐标系 Z 轴负方向偏移一段距离的。如果偏移距离不需要很精确，可以直接用“手动线性”功能使机器人沿着工件坐标 Wobj_HuiTu 向上方移动一段距离后，示教该点，再将它加入到路径中。如果要实现精确的偏移量，如偏移 50mm，可使用如下方法。在“工件坐标&目标点”中复制“Target_10”，然后选中“Wobj_HuiTu”，通过键盘或者鼠标进行粘贴，会生成新的目标点“Target_10_2”，将其重命名为“pApproach”。右击“pApproach”，在弹出的快捷菜单中依次选择“修改目标”→“偏移位置”选项，在弹出的窗口中将“参考”设置为“本地”，将“Translation”修改为[0，0，−50]，单击“应用”按钮，完成对“pApproach”点位置的修改。使用 MoveJ 指令将其加入到“Path_10”的第二行，转弯半径采用“Z20”。

机器人离线轨迹结束的离开点是相对轨迹结束点“Target_340”在其本地坐标系 Z 轴负方向偏移一段距离的。观察发现，“Target_340”和“Target_10”的位置是一样的，并且由于更改过所有点的本地坐标方向，它们的姿态也是一致的。但是在一些复杂的应用中，虽然起始点和结束点的位置是一样的，但是姿态并不一致，因此不能将起始点和结束点等同看待，不能将“pApproach”点直接作为结束点使用。此处采用和建立接近点一样的方法，生成新的目标点并将其重命名为“pDepart”，并将其位置设置在本地坐标系 Z 轴负方向 50mm 处。然后使用 MoveL 指令将它添加到“Path_10”的最后一行。

复制“MoveJ pHome”指令，将之粘贴至“Path_10”的最后一行，此时会弹出如图 3.4.5 所示的对话框，询问是否为新粘贴的运动指令创建新的目标点，如果单击“是”按钮，会创建一个新的目标点，如果单击“否”按钮，则使用已经创建的“pHome”点，这里单击“否”按钮。最后将新粘贴的指令的转弯半径设置为“fine”，否则会提示“转角路径故障”。

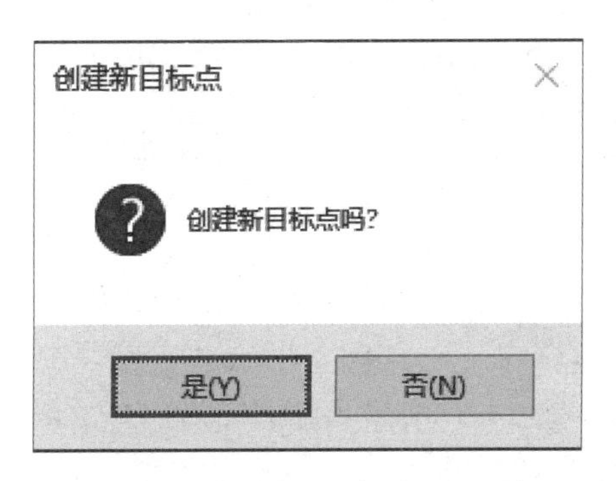

图 3.4.5　“创建新目标点”对话框

再次完成对路径“Path_10”的自动配置，并让机器人自动沿离线轨迹运行一次。

4. 工作站碰撞监控

扫码观看

碰撞监控及 TCP 跟踪

RobotStudio 软件模拟仿真的一个重要任务是验证机器人运行轨迹的可行性，验证机器人在运行过程中是否会与周边设备发生碰撞。而且在焊接、激光切割等实际应用场景中，机器人的工具尖端与工作表面的距离是需要保证在合理范围之内的，既不能过近也不能过远。此项要求可以通过 RobotStudio 软件中的“碰撞监控”功能实现。下面将通过监控机器人工具与绘图模块的碰撞情况对“碰撞监控”功能的使用过程进行讲解。

在“仿真”选项卡的“碰撞监控”组里选择“创建碰撞监控”选项，会在“布局”窗口里生成名为“碰撞检测设定_1”的部件。展开“碰撞检测设定_1”，显示“ObjectsA”和“ObjectsB”两组对象，这两组对象中存放的是需要被监控的对象。只要“ObjectsA”中的对象与“ObjectsB”的对象发生碰撞，碰撞信息都会显示在视图中，并记录在输出窗口中，实现了对碰撞的监控。一个工作站可以设置多个碰撞集，但每一个碰撞集只能包含两组对象。将“绘图笔工具”拖动至“ObjectsA”中，将“绘图模块”拖动至“ObjectsB”中，如图 3.4.6 所示，用于实现对“绘图笔工具”和“绘图模块”的碰撞监控。

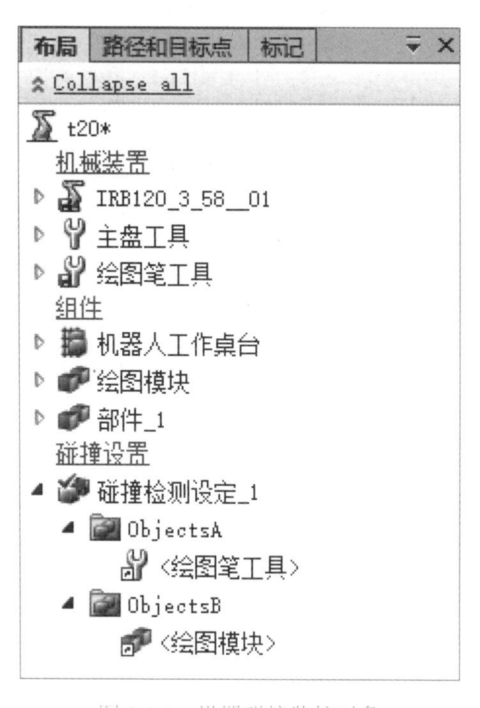

图 3.4.6 设置碰撞监控对象

右击“碰撞检测设定_1”，在弹出的快捷菜单中选择“修改碰撞监控”选项，会弹出“修改碰撞设置：碰撞检测设定_1”窗口，如图 3.4.7 所示，窗口中各参数的使用说明如下。

接近丢失：用于设置的两组监控对象之间的距离，小于该距离时，会提示“接近丢失颜色”中设置的颜色。

突出显示碰撞：用于设置碰撞发生时，突出显示的主体，有部件、主体和表面三个选项。

碰撞颜色：用于设置两组监控对象之间发生碰撞时，提示的颜色。

接近丢失颜色：用于设置两组监控对象之间“接近丢失”时，提示的颜色显示。

检测不可见对象之间的碰撞：勾选该复选框后，即使监控对象被设置为不可见，仍可以检测到它们之间的碰撞情况。

此处无须修改参数，直接在“修改碰撞设置：碰撞检测设定_1”窗口中单击“应用”按钮，让机器人跳转到“Target_10”点，然后在“基本”选项卡的“图形”组里选择“显示/隐藏”选项，将“全部目标点/框架”和“全部路径”设置为隐藏。此时机器人没有发出任何碰撞提示信息。使用“手动线性”向下拖动机器人，使“绘图笔工具”和“绘图模块”发生碰撞，此时“绘图笔工具”和“绘图模块”均会显示为红色，并且在“输出”窗口中显示碰撞信息“碰撞 在 碰撞检测设定_1 在 绘图笔工具 和 绘图模块之间”，如图 3.4.8 所示。

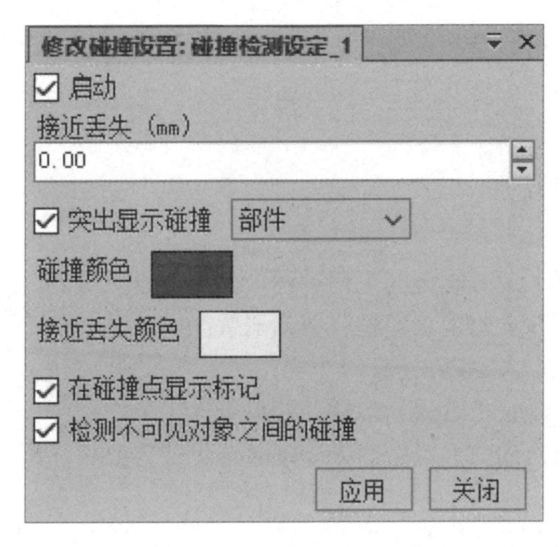

图 3.4.7　“修改碰撞设置：碰撞检测设定_1”窗口

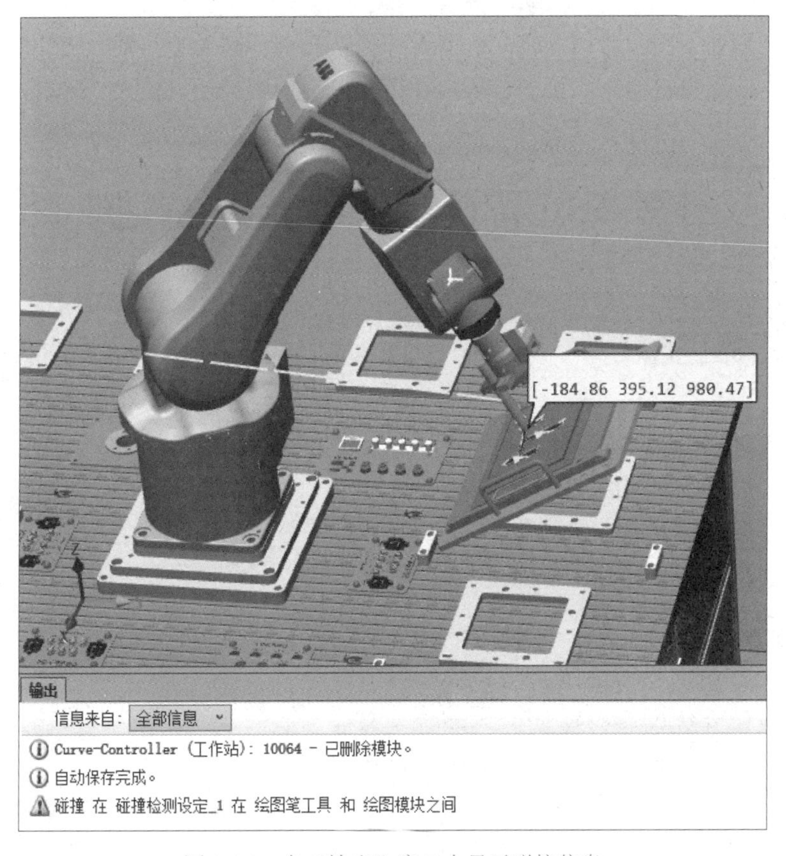

图 3.4.8　在“输出”窗口中显示碰撞信息

先让器人跳转到“pHome”点，重新打开“修改碰撞设置：碰撞检测设定_1”窗口，将“接近丢失”修改为 1mm，单击“应用”按钮。然后再让器人跳转到“Target_10”点，此时“绘图笔工具”和“绘图模块”均会变成黄色，且在信息“输出”窗口显示提示信息“接近丢失 在碰撞检测设定_1 在绘图笔工具 和 绘图模块之间”。当碰撞检测对象间的距离小于设置的“接近丢失”值时，会提示接近丢失信息，当两者之间的距离大于设定值时，则不显示接近丢失信息。保存工作站为“t20-finished”。

三、任务小结

本任务介绍了机器人运行轨迹的优化过程，需注意以下几点。

（1）先实现关节轴参数的手动配置或自动配置；

（2）创建完整的机器人运动轨迹；

（3）通过碰撞监控验证机器人运动轨迹的可行性；

（4）通过添加过渡点的方式对机器人运动轨迹进行修改和优化。

四、思考与练习

（1）当工具处于同一目标点时，机器人为什么会有不同的关节轴参数？

（2）为什么要将机器人轨迹中最后一行指令中的转弯半径设置为“fine”？

任务 3.5　仿真设定和仿真后续处理

一、任务目标

扫码观看

仿真工作站的后续处理

（1）熟悉进行仿真设定的过程；

（2）能实现对机器人的 TCP 跟踪；

（3）能根据需求处理仿真结果。

二、任务实施

机器人运行轨迹创建及优化后，还需要进行必要的仿真设定和仿真后续处理。

1. 工作站仿真设定和运行

扫码下载

t21

当在工作站中创建好机器人运行轨迹后，需要将工作站同步到 RAPID 才能进行仿真调试。打开“t20-finished（或 t21）”工作站，在“基本”选项卡或“RAPID”选项卡均可找到“同步”选项，选择“同步”选项并在下拉菜单中选择“同步到 RAPID”选项，如图 3.5.1 所示。弹出“同步到 RAPID”窗口，勾选“工件坐标”和“工具数据”复选框，将工件坐标和工具数据同步到一个专门用于存储工件坐标和工具数据的模块

“CalibData”中，也可以将工件坐标和工具数据与“Path_10”同步到同一模块中，在“同步到 RAPID”窗口中勾选所有选项，如图 3.5.2 所示。如需将 RAPID 程序的改变体现到工作站中，就需要选择“同步到工作站”选项。

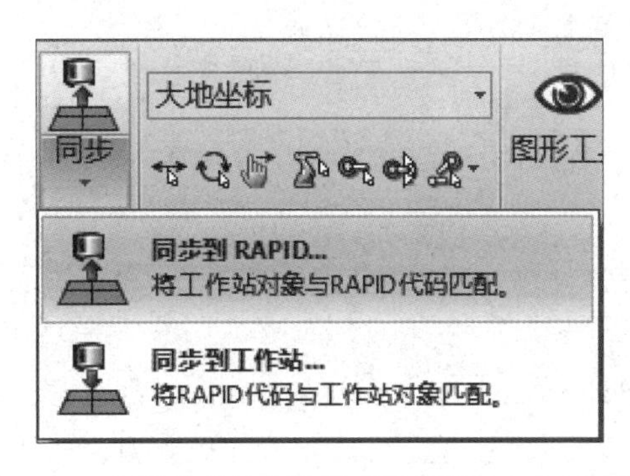

图 3.5.1　在下拉菜单中选择“同步到 RAPID”选项

同步到 RAPID

名称	同步	模块	本地	存储类	内嵌
HuiTuSystem	☑				
T_ROB1	☑				
工作坐标	☑				
Wobj_HuiTu	☑	Module1		TASK PERS	
工具数据	☑				
HuiTuTool	☑	Module1	☐	PERS	
ZhuPanTool	☑	Module1	☐	PERS	
路径 & 目标	☑				
Path_10	☑	Module1	☐		

确定　取消

图 3.5.2　在“同步到 RAPID”窗口勾选所有选项

在“仿真”选项卡的“配置”组里选择“仿真设定”选项，打开“仿真设定”窗口，如图 3.5.3 所示。当勾选“Curve-Controller”复选框时，可以在右侧设置机器人的运行模式。勾选“T_ROB1”复选框，可以在右侧设置机器人程序的进入点，有“Main”和“Path_10”两个选项可选，进入点是指机器人从哪个程序开始运行，如果选择“Path_10”点，表明机器人可直接运行轨迹程序；如果选择“Main”点，就需要把“Path_10”调入“Main”中。这里选择“Path_10”作为进入点。

在“仿真”选项卡里单击“播放”按钮，机器人将带动工具沿离线轨迹运行。

2. TCP 跟踪功能的使用

使用 TCP 跟踪功能，可以在机器人运行过程中对 TCP 的运行轨迹和速度进行监控，以此作为分析和优化机器人运行轨迹的依据。

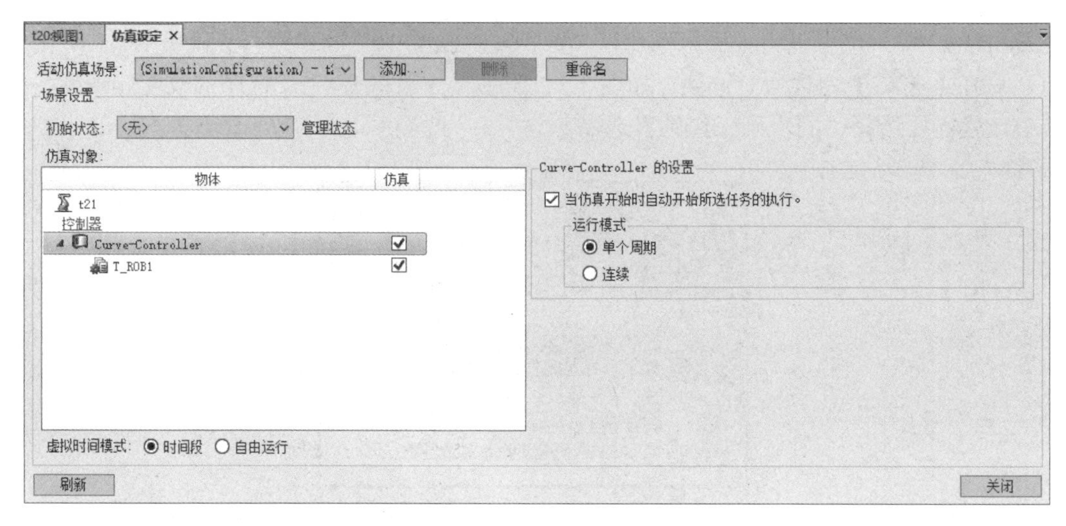

图 3.5.3　“仿真设定”窗口

在“修改碰撞设置”窗口中，取消对“启动”复选框的勾选，关闭“碰撞监控”功能。选择“仿真”选项卡“监控”组中的“TCP 跟踪”选项，会弹出“TCP 跟踪”窗口，如图 3.5.4 所示。勾选“启用 TCP 跟踪”复选框，将“基础色”更改为红色。

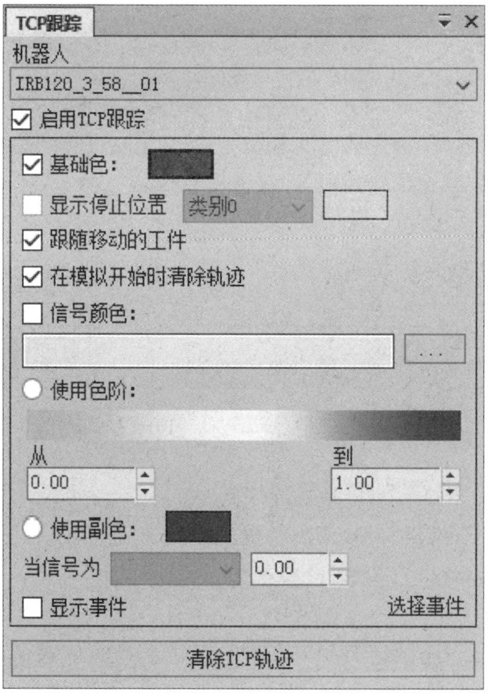

图 3.5.4　“TCP 跟踪”窗口

单击“播放”按钮，机器人将会在重新设置的运行轨迹中，以红色线条的形式记录其工具末端的运行轨迹，如图 3.5.5 所示。若要清除已记录的机器人工具末端轨迹，只需在“TCP 跟踪”窗口中单击“清除 TCP 轨迹”按钮即可。

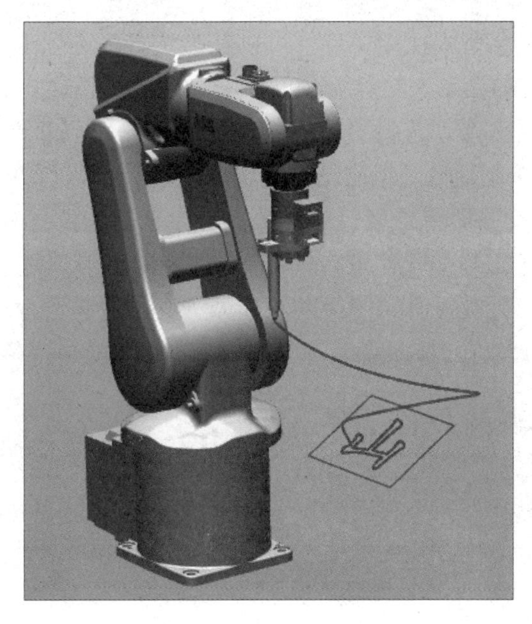

图 3.5.5　工具末端的运行轨迹

3. 工作站仿真的后续处理

要将工作站的离线程序导入真实的机器人中，可以通过使用移动存储设备复制或者网线下载的方式实现，具体的操作方法将在下一任务中进行讲解。

将工作站保存后，如果要在其他的计算机上将其打开，通过直接复制工作站的方式是无法实现的。应该在“文件”选项卡里选择“共享”选项，如图 3.5.6 所示，再选择“打包”选项，将工作站打包成一个“.rspag”格式的文件。把这个文件复制到另外的计算机上时，在“共享数据”选区里选择“解包”选项，按步骤进行解包，完毕后即可正常运行此工作站。

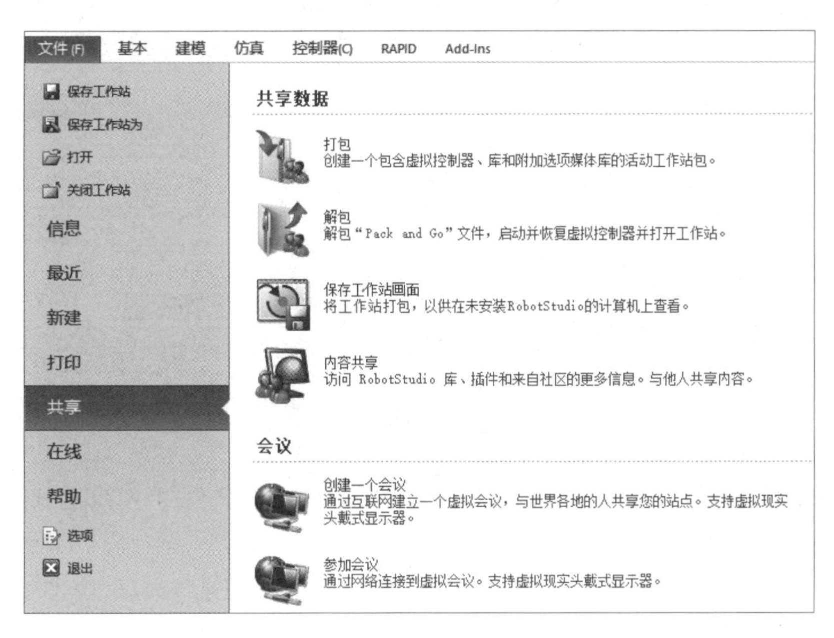

图 3.5.6　在“文件”选项卡里选择“共享”选项

如果要将仿真文件保存成视频文件，可以在“仿真”选项卡的“录制短片”组里选择“仿真录像”选项，如图 3.5.7 所示，再单击“播放”按钮，这时会生成只有机器人工作区部分的仿真视频文件。选择“查看录像”选项，可以查看已经录制的录像内容。单击如图 3.5.7 所示“录制短片”组右下方的箭头符号，可以打开“屏幕录像机”窗口，如图 3.5.8 所示，用于设置屏幕录像机的参数、录像存储的位置等。图 3.5.7 中的“录制应用程序”选项用来录制整个软件窗口的视频，“录制图形”选项则用来录制窗口中活动对象的视频，这两种录制选项的使用方法和“仿真录像”选项相同。用这三种方式生成的录像文件中显示的均是 2D 图像。

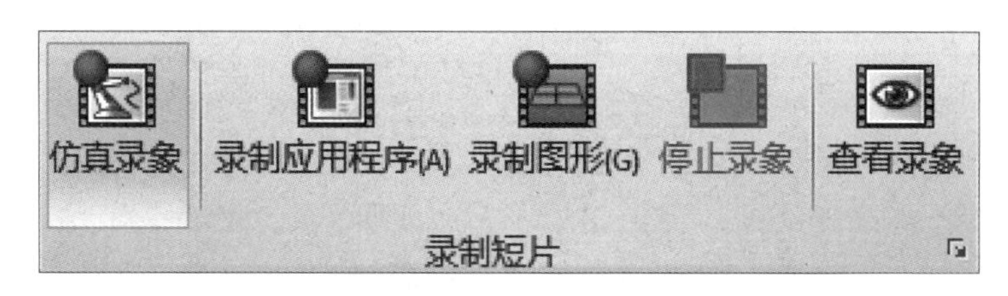

图 3.5.7 “录制短片”组

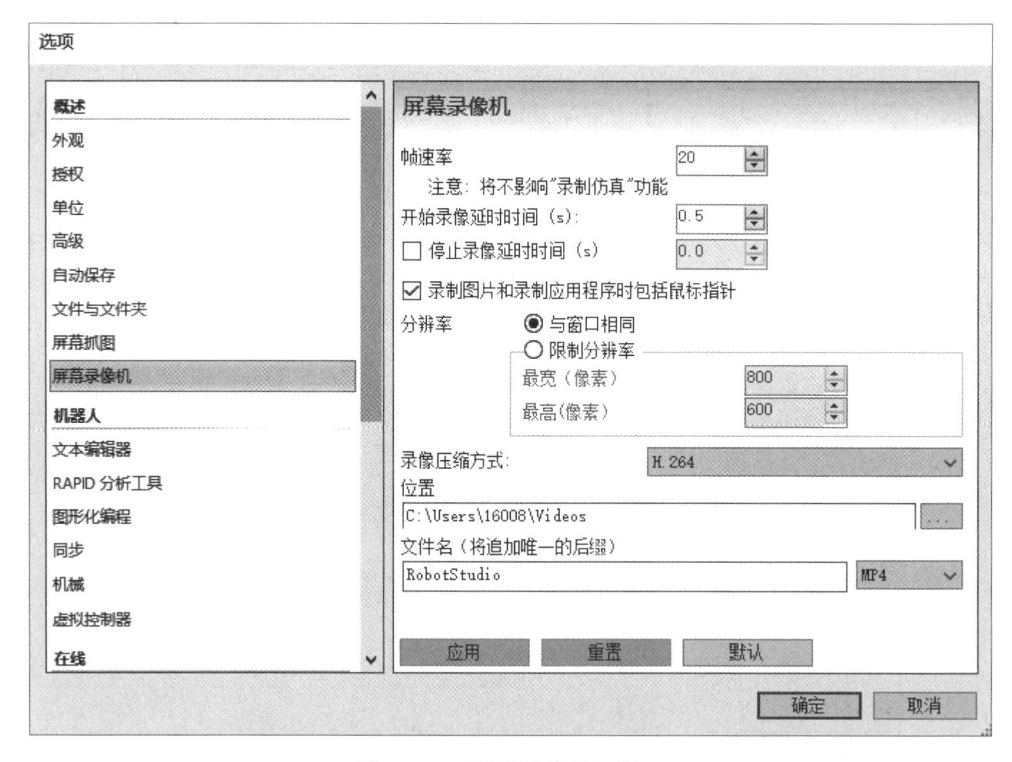

图 3.5.8 “屏幕录像机”窗口

如果想要将仿真文件保存成可以在未安装 RobotStudio 软件的计算机上查看的带有仿真细节的 3D 视频，可以单击“播放”按钮下方的三角，选择“录制视图”选项，如图 3.5.9 所示，则会将视频保存成扩展名为“.exe”的文件。打开此类文件后，可以用“3D 视角”查看录像，如图 3.5.10 所示。保存工作站为“t21-finished”。

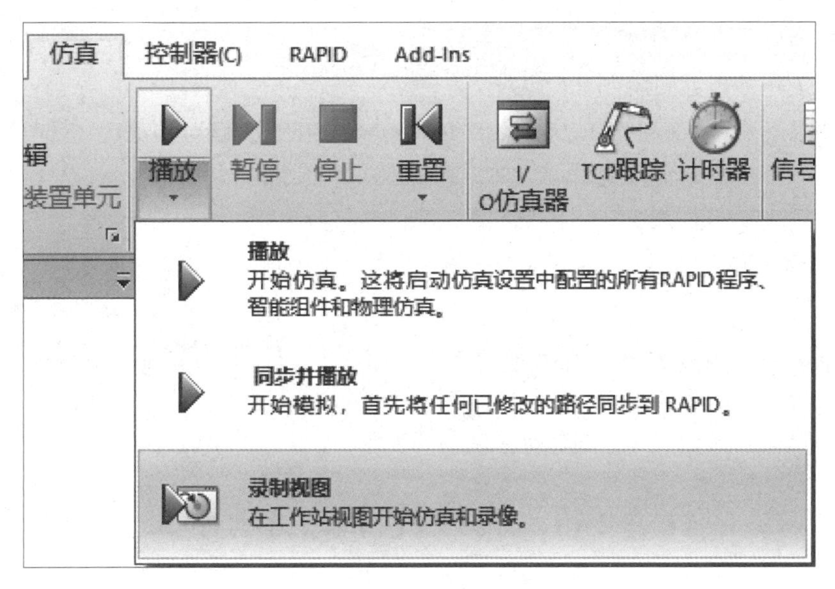

图 3.5.9　选择“录制视图”选项

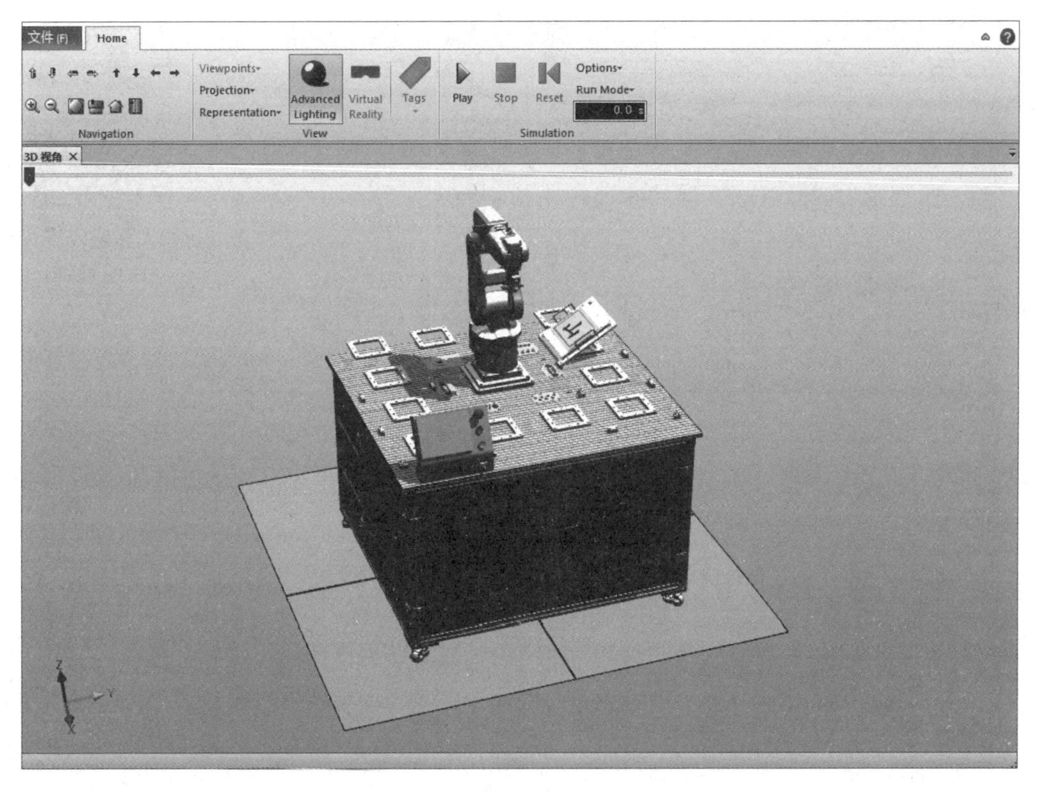

图 3.5.10　用“3D 视角”查看录像

三、任务小结

本任务介绍了对机器人轨迹进行仿真设定和仿真后续处理的过程，主要包含以下具体步骤：

（1）将工作站数据同步到 RAPID；

（2）如果需要观察机器人的实际运行轨迹，可使用 TCP 跟踪功能；

（3）实现对仿真结果的输出，包括仿真录像、录制视图等形式。

四、思考与练习

完成对使用“绘图模块-国旗”的工作站的仿真，录制仿真录像，并制作成扩展名为“.exe”的文件。

任务 3.6　离线程序的真机验证

一、任务目标

扫码观看

机器人多路径离线程序的编制

（1）了解 ABB 机器人网络地址的设置方法；

（2）掌握将离线程序加载至真实机器人控制器的方法；

（3）掌握在真实机器人上进行离线程序调试的方法。

二、任务实施

在 RobotStudio 软件中完成机器人离线程序的编写后，需要将机器人离线程序加载至真实的机器人控制器中进行验证。离线程序的加载可通过两种传送媒介（移动存储设备和网络）实现。本任务中将对使用不同传送媒介实现离线程序加载及在真实机器人上对程序进行调试与验证的过程进行讲解。

1. 离线程序的保存

不论采用何种传送媒介实现离线程序的加载，都需要先将离线程序进行保存。打开“t21-finished（或 t22）”工作站，单击“RAPID”选项卡，在“控制器”组里找到“RAPID”下拉菜单中的“T_ROB1”选项，右击，在弹出的快捷菜单中选择“保存程序为”选项，如图 3.6.1 所示。然后会弹出“另存为”窗口，在窗口中设置保存路径、文件夹名称，单击“保存”按钮，完成离线程序的存储。如果通过移动存储设备实现离线程序的加载，可直接将离线程序保存在存储设备上；如果通过网络实现离线程序的加载，则可将离线程序直接保存在计算机上。需要注意的是，保存时输入的名称是文件夹的名称。打开保存离线程序的文件夹，里面会有一个以程序名命名且扩展名为“.pgf”的文件，这便是离线程序文件。

扫码下载

t22

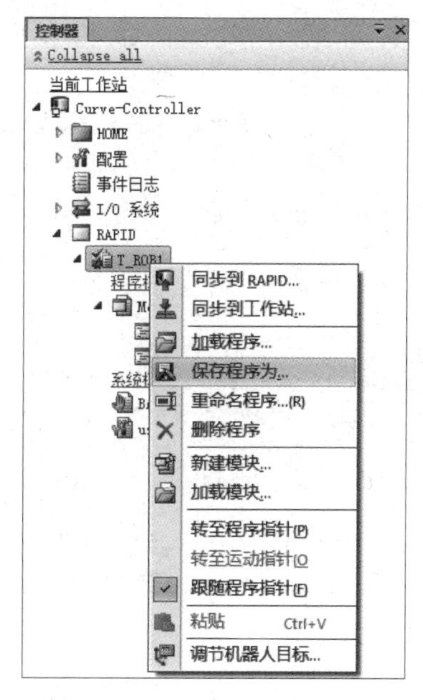

图 3.6.1　在弹出的快捷菜单中选择“保存程序为”选项

2. 通过移动存储设备完成离线程序的加载

扫码观看

通过移动存储设备完成离线程序的加载

将移动存储设备插入机器人示教器的 USB（Universal Serial Bus）端口中。打开示教器触摸屏上的“程序编辑器”界面，单击“任务与程序”按钮，单击左下角的“文件”按钮，在下拉列表中选择“加载程序”选项，如图 3.6.2 所示，会弹出如图 3.6.3 所示的“加载程序”对话框，根据需要选择“保存”或“不保存”选项。如果选择“保存”选项，可参考上面刚讲过的知识点“离线程序的保存”，对程序进行保存；如果选择“不保存”选项，则需在所显示的窗口中通过返回上级按钮找到扩展名为“.pgf”的文件所在的文件夹，如图 3.6.4 所示，选中扩展名为“.pgf”的文件，单击“确定”按钮，完成离线程序的加载。

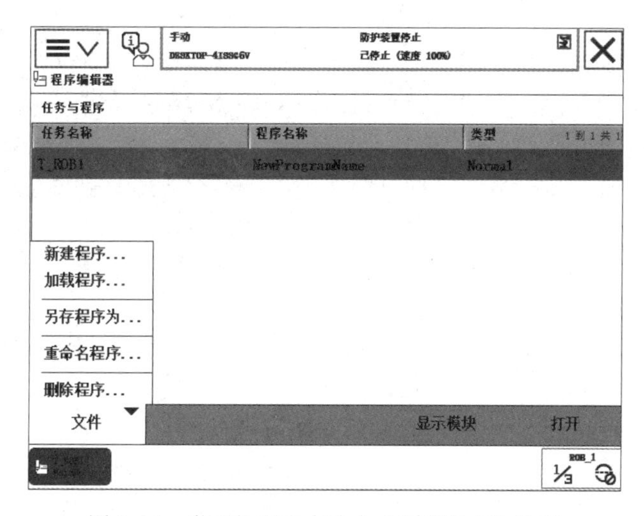

图 3.6.2　在下拉列表中选中“加载程序”选项

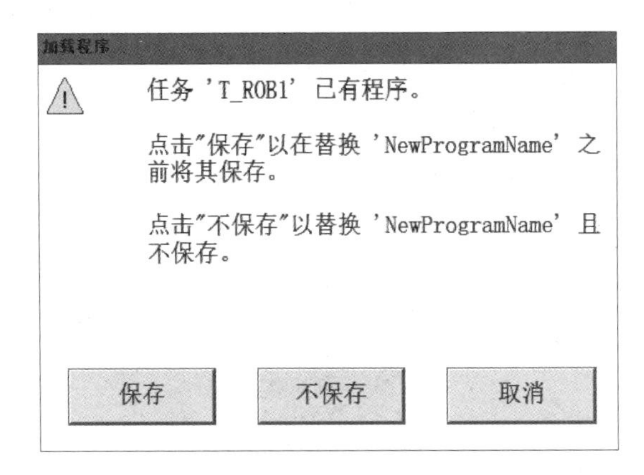

图 3.6.3 “加载程序”对话框

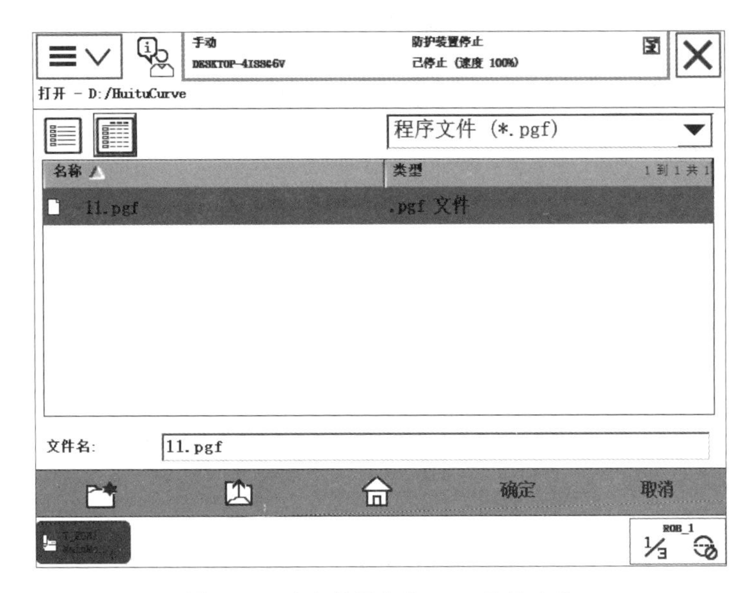

图 3.6.4 选中扩展名为“.pgf”的文件

3. 通过网络完成离线程序的加载

ABB IRB120 机器人的控制柜设有 X2、X3、X4、X5、X6、X7 和 X9 共 7 个网络端口。X2 为服务端口；X3、X4 和 X5 为 LAN（Local Area Network，局域网）端口，X3 端口一般用于连接示教器；X6 为 WAN（Wide Area Network，广域网）端口；X7 端口用于连接安全板，X9 端口用于连接轴计算机。通过网络将离线编程所用计算机与机器人控制柜相连，可实现离线程序的加载。常用于机器人离线程序加载的端口为 X2 和 X6，但是使用这两个端口进行程序下载时的 IP（Internet Protocol）地址和过程是不同的。

（1）机器人控制柜网络连接端口

打开示教器触摸屏上的“系统信息”界面，依次选择“控制器属性”和“网络连接”选项，可见两种网络连接方式：“服务端口”和“WAN”。

选择“服务端口”选项，显示服务端口的网络连接信息，包含服务端口的 IP 地址和子网掩码，其 IP 地址是固定的，为“192.168.125.1”，如图 3.6.5 所示。如果编程所用计算机的 IP 地址和服务端口的 IP 地址处于同一网段，则可直接通过网线将编程所用计算机的网络端口和服务端口相连，使用机器人控制器的 X2 端口实现离线程序的加载。

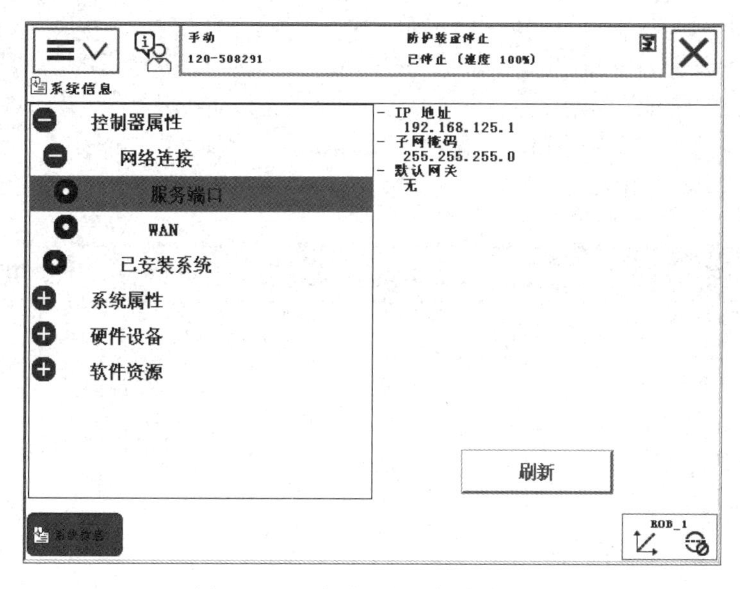

图 3.6.5　服务端口的网络连接信息

选择“WAN”选项，显示 WAN 端口的网络连接信息，包含 WAN 端口的 IP 地址和子网掩码等信息，图 3.6.6 中所示 IP 地址为“192.168.8.31”。如果网络中所有设备的地址不都是“192.168.8.xx”，说明此时编程所用计算机和服务端口不处于同一网段，因此无法直接使用服务端口进行离线程序的加载。此时可将 WAN 端口的 IP 地址更改为与网络中其他设备处于同一网段的地址，并使用 X6 端口进行离线程序的加载。WAN 端口 IP 地址的修改方法将在后文中进行讲解。如果同时需要使用 X2 端口进行离线程序的下载，可以使用两条网线，一条网线连接 X2 端口，用于离线程序的下载，另一条网线用于机器人与其他设备间的通信。

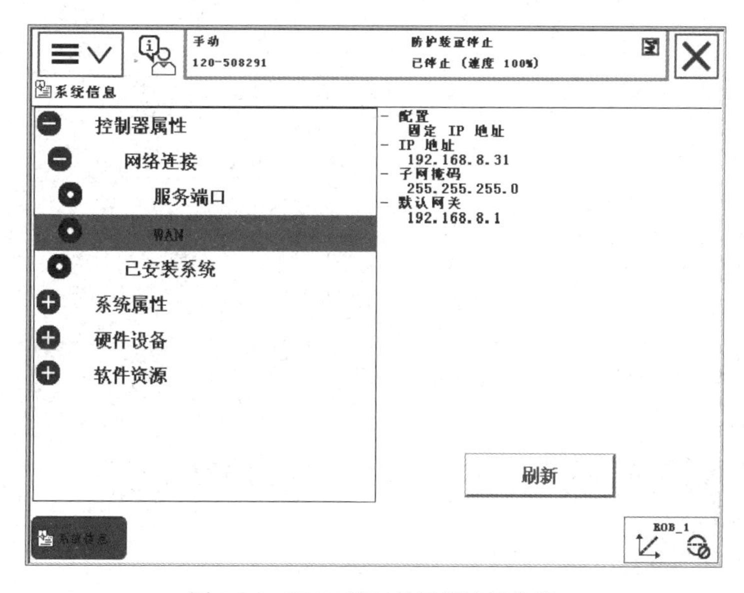

图 3.6.6　WAN 端口的网络连接信息

（2）机器人 IP 地址的配置方法

WAN 端口的 IP 地址可以根据需要进行修改，修改方法如下。

机器人 IP 地址的配置

打开示教器触摸屏上的“重新启动”界面，选择“高级”选项，会弹出“高级重启”界面，如图 3.6.7 所示。选中“启动引导应用程序”单选按钮，单击“下一个”按钮，会显示如图 3.6.8 所示的界面，单击界面中的“启用引导应用程序”按钮，会切换到如图 3.6.9 所示的界面。

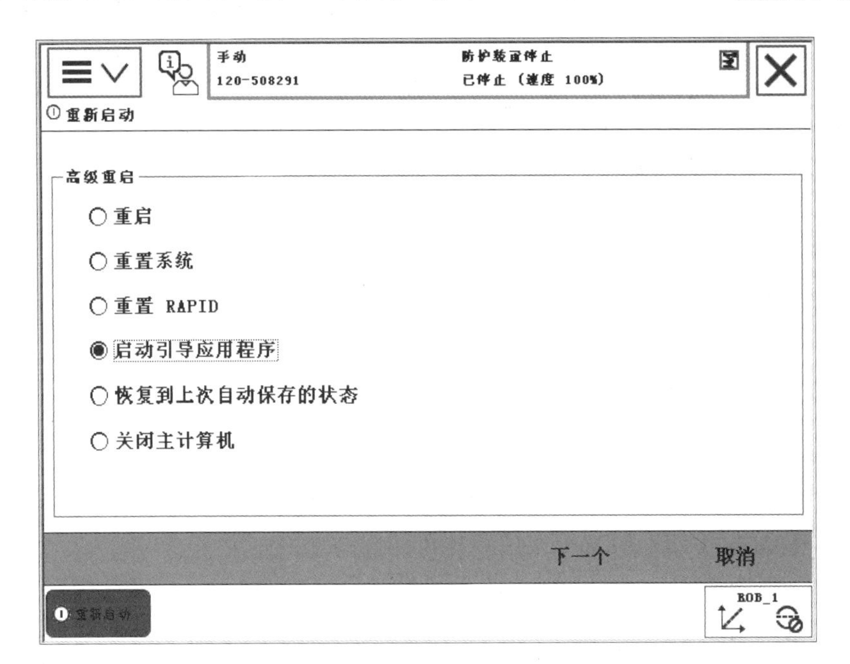

图 3.6.7 “高级重启”界面

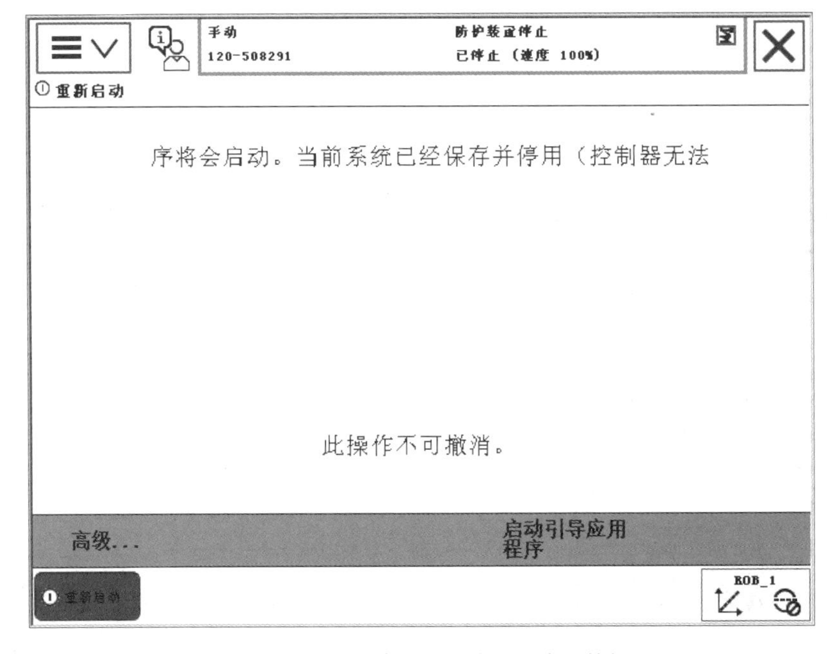

图 3.6.8 单击“启用引导应用程序”按钮

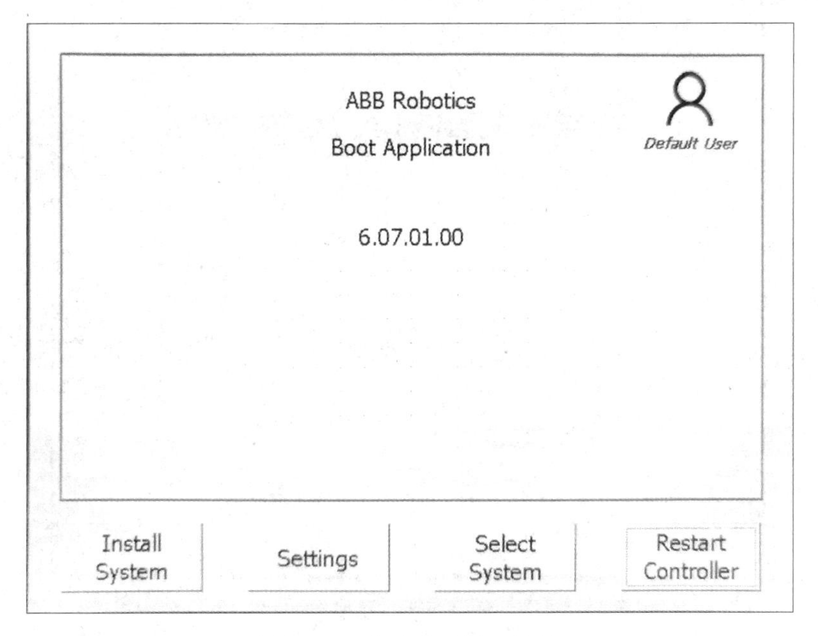

图 3.6.9　“启动应用”界面

在如图 3.6.9 所示的界面中单击“Settings”按钮，在弹出的如图 3.6.10 所示的界面中选中“Use the following IP settings”单选按钮，在下方相应的空格内输入 IP 地址、子网掩码和默认网关，然后单击“OK”按钮。界面会再次切换至如图 3.6.9 所示的界面，单击该界面中的“Select System”按钮，弹出如图 3.6.11 所示的界面。在该界面中选择已安装的系统，如“120-508291”，单击“Select”按钮，再单击“OK”按钮，系统会再一次回到如图 3.6.9 所示的界面。单击“Restart Controller”按钮，重启控制器，即可完成机器人 IP 地址的配置。

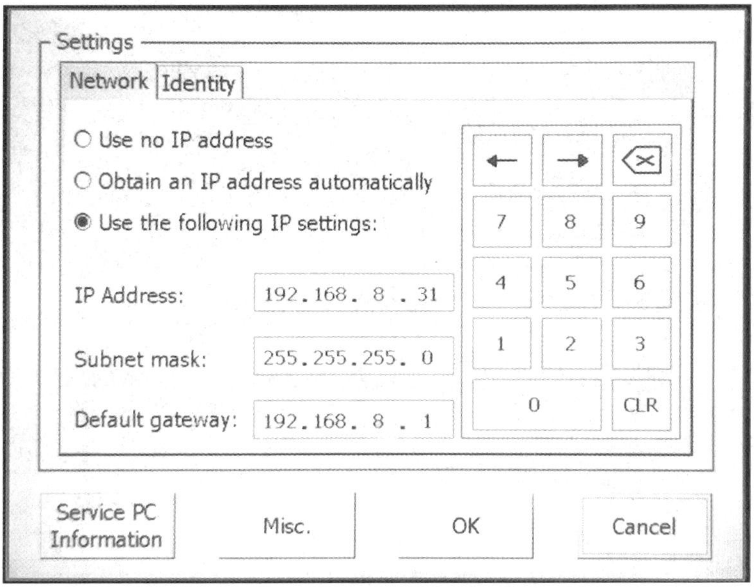

图 3.6.10　IP 地址设置界面

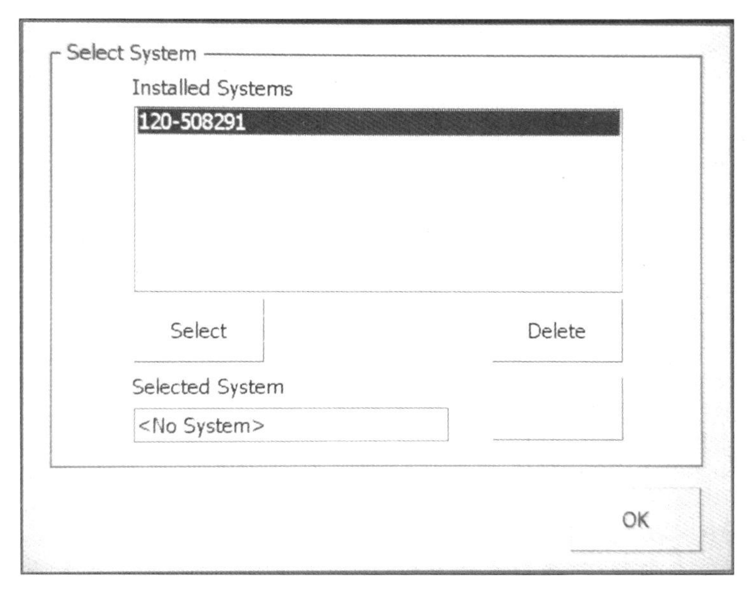

图 3.6.11　选择系统界面

（3）离线程序的加载

完成编程所用计算机和机器人控制器间的网络连接后，在RobotStudio 软件的“控制器”选项卡，单击“添加控制器”按钮，在下拉菜单中选择“添加控制器”选项，如图 3.6.12 所示，会弹出如图 3.6.13 所示的“添加控制器”窗口。窗口中会显示当前网络中已连接的机器人控制器名称及其 IP 地址等信息，如果网络连接的是 X2 端口，那么显示的 IP 地址则为 192.168.125.1。选中窗口中的“120-508291”控制器，再单击“确定”按钮，可将已选择的机器人控制器“120-508291”添加至“控制器”选项卡左侧的“控制器”窗口中，如图 3.6.14 所示。

扫码观看

离线程序的加载与调试

图 3.6.12　选择“添加控制器”选项

添加控制器

网络中的控制器:

系统名称	控制器名称	IP地址	RobotWare版本
120-508291	120-508291	192.168.8.2	6.10.00.00

远程控制器　添加

过滤器

刷新　显示虚拟控制器　本地客户端登录　低带宽　确定(O)　取消(C)

图 3.6.13　“添加控制器”窗口

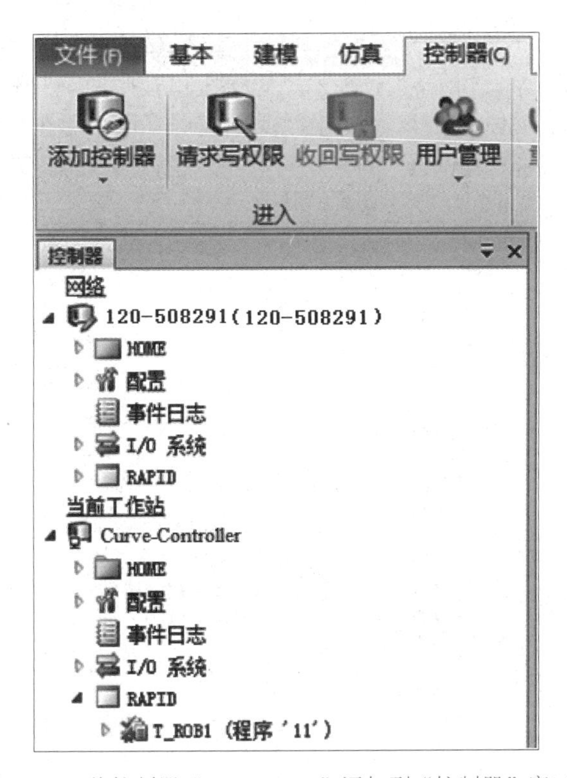

图 3.6.14　将控制器“120-510780”添加到“控制器”窗口中

在如图 3.6.14 所示的窗口中，单击“控制器”选项卡“进入”组中的“请求写权限”按钮，向机器人控制器发出写入权限的申请，此时会在示教器触摸屏上显示如图 3.6.15 所示的界面，单击“同意”按钮，同意 RobotStudio 软件发出的写入权限申请。

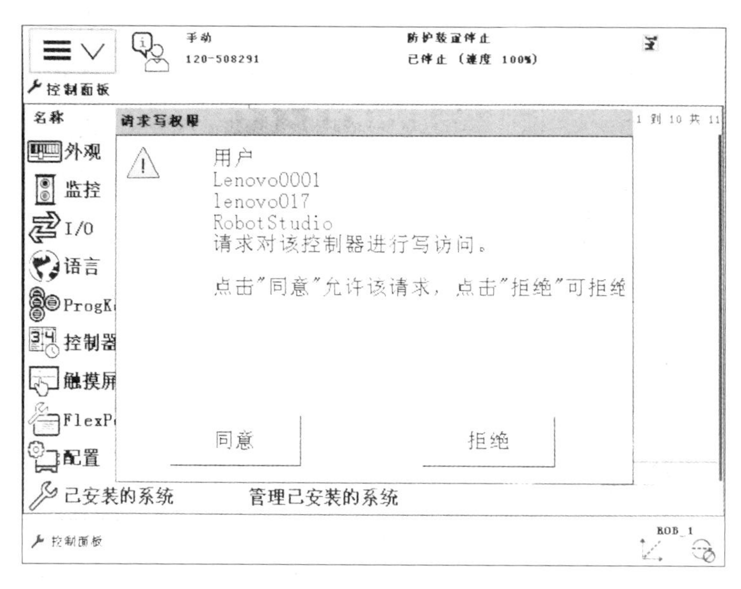

图 3.6.15 “请求写权限”确认窗口

在如图 3.6.16 所示的窗口中，选择“120-508291”控制器中的“RAPID”选项，然后右击“T_ROB1”选项，在弹出的快捷菜单中选择“加载程序”选项，选择在“离线程序的保存”知识点中保存的扩展名为“.pgf”的文件，会弹出如图 3.6.17 所示的对话框，单击“是”按钮，完成程序的加载。在如图 3.6.18 所示的示教器触摸屏界面中单击“撤回”按钮，可撤回 RobotStudio 软件的写入权限。此时，可以在“程序编辑器”中查看已经加载的离线程序。

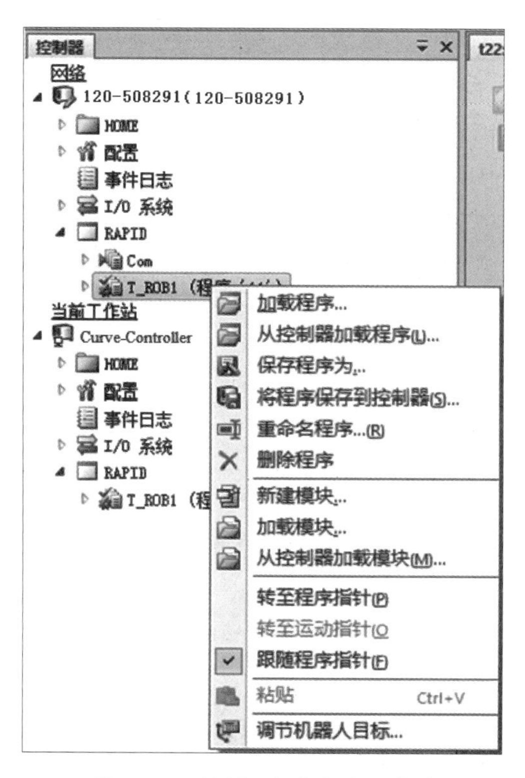

图 3.6.16 选择“加载程序”选项

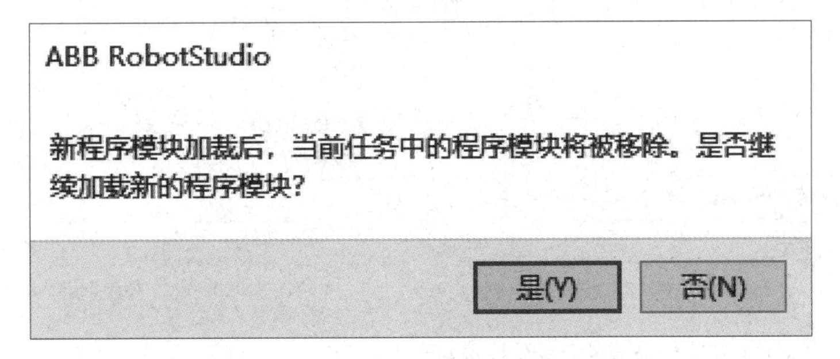

图 3.6.17　加载模块提示信息对话框

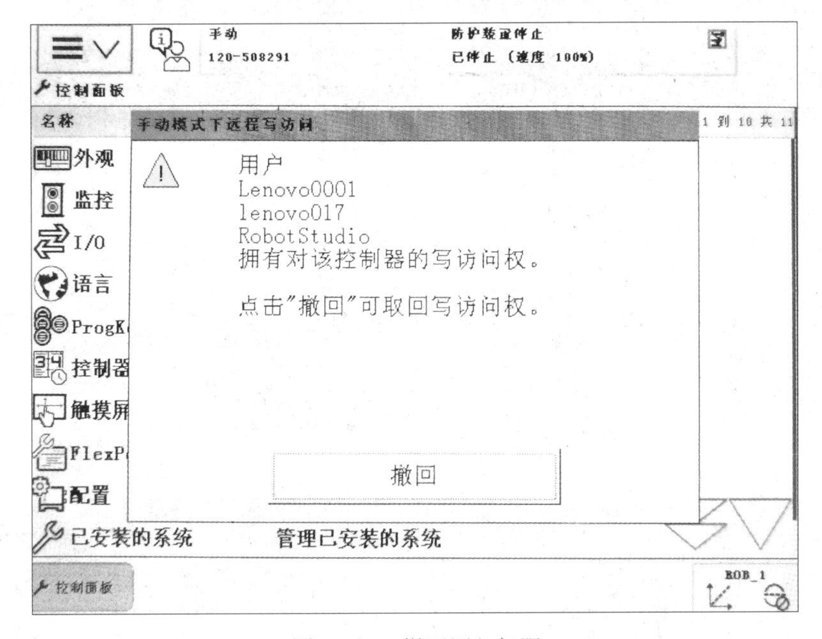

图 3.6.18　撤回写入权限

（4）离线程序的真机调试

在示教器的“程序编辑器”中打开已加载的程序，是可以直接进行运行和调试的。但是在真实的机器人工作站中，汉字书写板的位置不可能与离线工作站中的位置完全相同，为了确保汉字书写位置的准确性，需要对汉字书写时使用的工件坐标进行重新定义。

在如图 3.6.19 所示的示教器界面中，使用 3 点法对工件坐标进行重新定义。使用 3 点法时，要手动操纵机器人对工件坐标中的目标点进行示教，要尽量确保此时示教的目标点和离线工作站中创建工件坐标时的目标点位置一致，手动操纵机器人对工件坐标中的目标点进行示教的场景如图 3.6.20 所示。

使用重新定义的工件坐标进行程序的运行调试。调试过程中会发现机器人在运行时，绘图笔工具会与变位机模块发生碰撞，如图 3.6.21 所示。这是因为在虚拟工作站中并未添加变位机模块，未对路径进行完整规划。此时，只需在机器人运行轨迹中加入新的过渡点即可。

添加完成后，保存工作站为“t22-finished”。

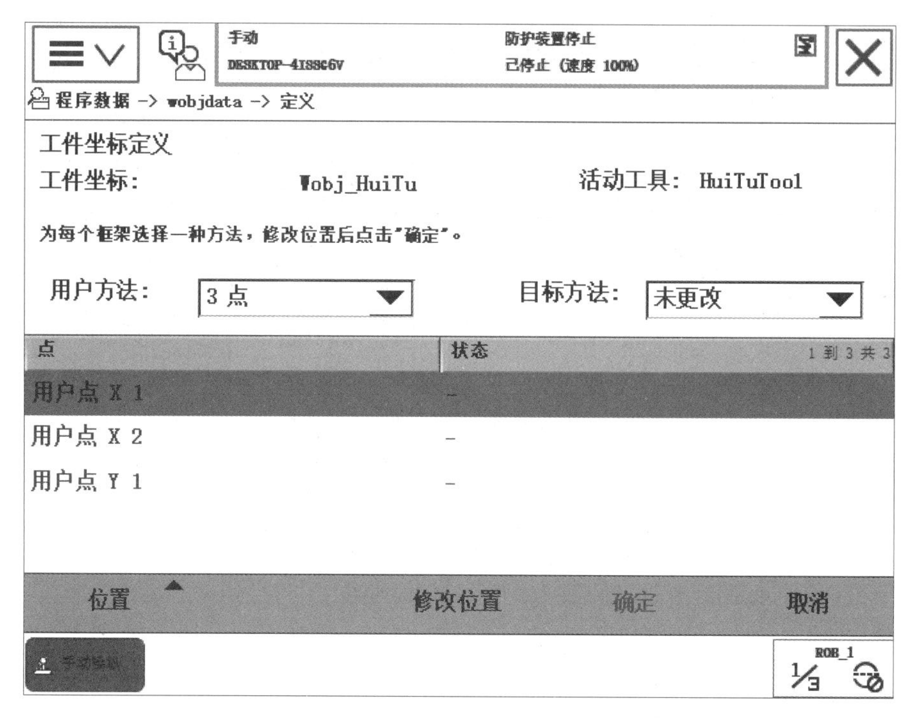

图 3.6.19　使用 3 点法对工件坐标重新定义

图 3.6.20　手动操纵机器人对工件坐标中的目标点进行示教

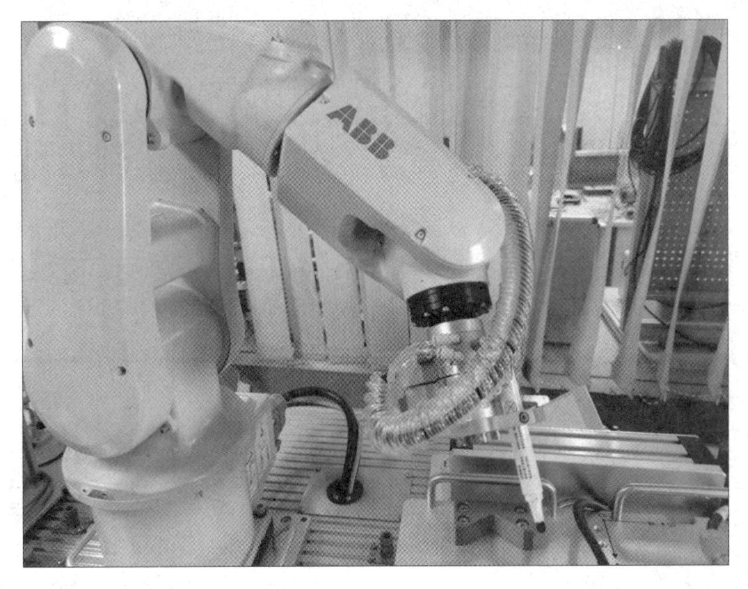

图 3.6.21 绘图笔工具与变位机模块发生碰撞

三、任务小结

本任务中主要讲述离线程序的真机验证过程，包括程序的下载、调试和优化等环节，主要有以下步骤。

（1）机器人离线程序的保存；

（2）通过网线连接编程所用计算机和机器人，并配置两端的 IP 地址；

（3）将离线程序加载到机器人控制器中；

（4）重新定义工件坐标并进行轨迹的试运行，根据试运行结果对离线程序进行优化。

四、思考与练习

（1）使用 X2 端口和 X6 端口均可以实现离线程序的加载，使用这两个端口进行操作时有什么不同？

（2）在真实机器人工作站中进行离线程序验证时，为什么要重新定义工件坐标？

任务 3.7 运动学奇点

扫码观看

运动学奇点

一、任务目标

（1）了解六自由度串联机器人运动学奇异的概念及分类；

（2）能使用 SingArea 指令度过运动学奇点。

二、任务实施

机器人末端所能达到的点的集合被称为机器人的工作空间。工作空间之外的点机器人肯定是无法到达的，那么工作空间内的点机器人在任何工作状态下都能到达吗？在操纵机器人运动的时候，有没有出现过如图 3.7.1 所示的事件消息呢？图中的事件消息显示机器人靠近奇点，那么奇点有什么特点呢？本任务中将对奇点的概念、常见奇点的形式及编程时对奇点的处理方法进行讲解。

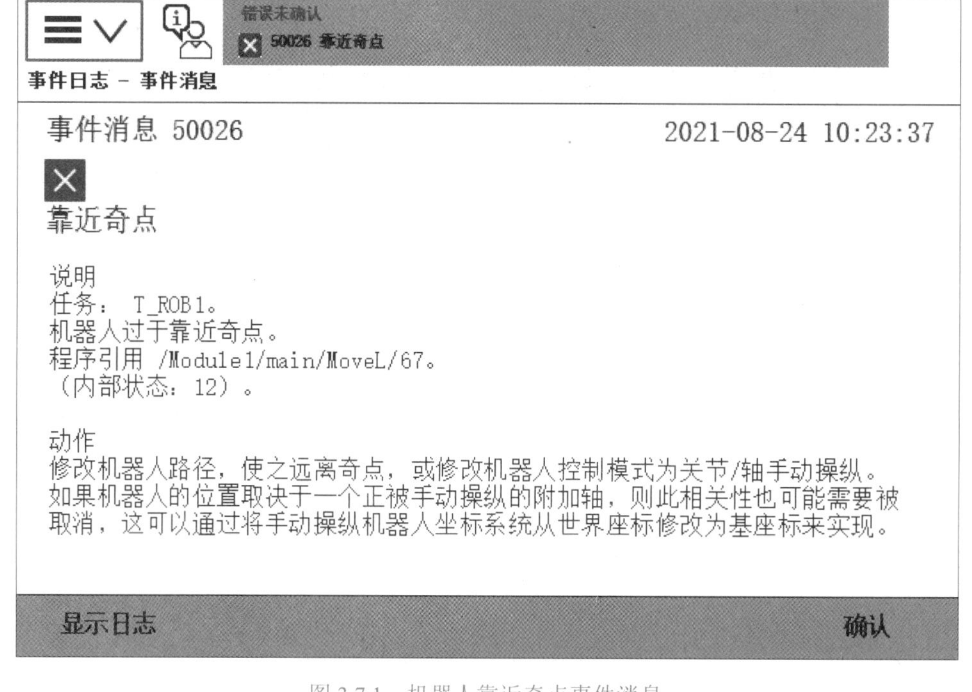

图 3.7.1　机器人靠近奇点事件消息

奇点又叫奇异点，是运动学奇异点的简称，指机器人末端执行器失去瞬间向一个或多个方向移动能力时的姿态。简单来说，奇点就是特殊姿态点，在这些点上，也许机器人的自由度减少到无法实现预期的运动，也许关节角速度趋向于无穷大导致运动失控，总之是不能对机器人进行随意控制了。不管机器人处于手动模式还是自动模式，只要在机器人的运动路径上经过奇点，都会造成机器人停止运动并报错。

1. 六自由度串联机器人的奇点分类

六自由度串联工业机器人（以下简称机器人）的常见奇点有腕部奇点、肩部奇点和肘部奇点三种。

当机器人处于如图 3.7.2 所示的姿态时，5 轴角度为 0 度，4 轴和 6 轴共线，此时机器人末端执行器不管是绕 4 轴旋转还是绕 6 轴旋转，其旋转轴线都是相同的，机器人失去一个自由度。当机器人处于此姿态时，假设让 4 轴旋转任意一个角度，再让 6 轴旋转一个相同的负角度，机器人末端执行器仍旧保持原来的位置不动，但机器人关节轴的角度却发生了变化，意味着机器人的关节配置有无数组解，机器人也不知道该使用哪组解进行运动。由于 4 轴、5 轴和 6 轴的轴线交点为腕关节中心点，故将此时的状态叫作腕部奇异。当 4 轴和 6 轴共线时，可能会造成机器人系统尝试着将 4 轴和 6 轴瞬间旋转 180 度。所以当使用 RobotStudio 软件导入机器人模型时，机器人 5 轴的角度并不是 0 度，这个角度的存在并不是为了让机器人更加美观，而是为了避免腕部奇异的发生。

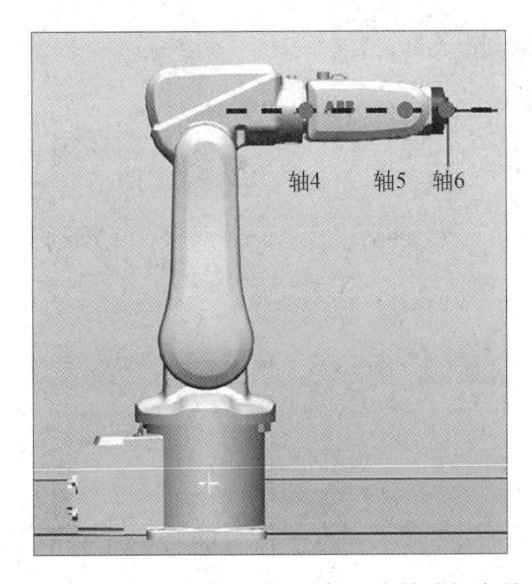

图 3.7.2　六自由度串联工业机器人的腕部奇异

腕关节中心点刚好处于 1 轴的轴线上时的状态称为肩部奇异，此时机器人由于接近奇异位置而产生非常大的关节速度。肩部奇异有一种特殊的情况，如图 3.7.3 所示，腕关节中心点刚好位于 1 轴轴线上，且 1 轴轴线与 6 轴轴线共线。此时假设让 1 轴旋转任意一个角度，再让 6 轴旋转一个相同的负角度，机器人末端执行器都保持原来的位置不动，与腕部奇异类似，此时对于机器人末端执行器的同一个位置存在的机器人的关节解有无数组，会造成机器人系统尝试将 1 轴和 6 轴瞬间旋转 180 度。这种特殊的肩部奇异又被称为对齐奇异。

腕关节中心点处于由 2 轴轴线和 3 轴轴线所构成的平面内时的状态称为肘部奇异，如图 3.7.4 所示。此时，机器人末端执行器在平面内的运动由绕 2 轴和绕 3 轴的 2 个旋转运动组合而成，它们的运动是相互独立的，通过调整两个旋转运动的速度即可合成得到在平面内任意方向的速度，实现机器人沿平面内任意方向的运动。但当腕关节中心点刚好处于 2 轴和 3 轴转轴上的点构成的直线上时，不管是 2 轴旋转还是 3 轴旋转，机器人末端执行器的运动都只能沿着垂直于 2 轴和 3 轴连线的方向，从而失去了在平面内沿其他方向运动的能力。

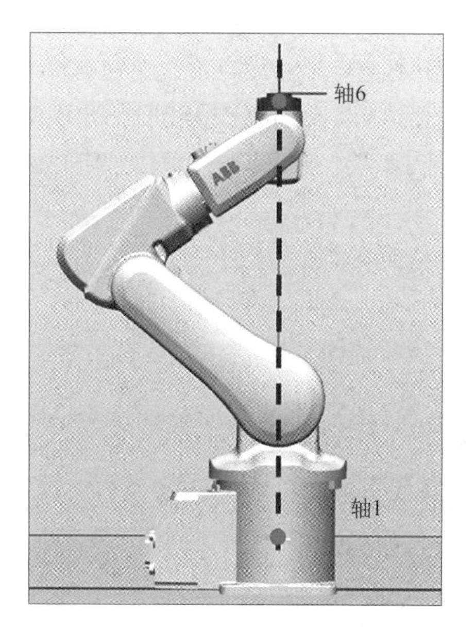

图 3.7.3　六自由度串联工业机器人的对称奇异

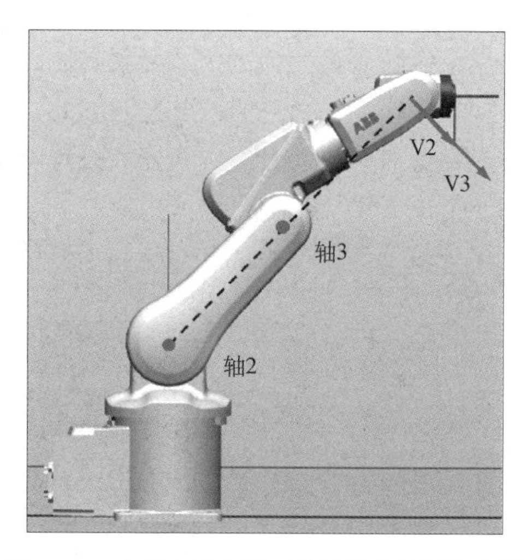

图 3.7.4　六自由度串联工业机器人的肘部奇异

机器人一旦经过奇点，将陷入失控状态。奇点的存在和机器人品牌无关，是由机器人的结构类型决定的，是一种先天性缺陷。

2. 避免机器人奇异的措施

在进行工作站布局时就要考虑机器人和各个设备之间的摆放位置，尽量使机器人在工作过程中避免经过奇点，同时也要考虑机器人工具在工作时对机器人姿态的影响。

在进行机器人编程时，如果机器人的运行路径上有奇点，也可以通过增加过渡点的方式避开奇点。肩部奇异和肘部奇异的存在是比较明显的，在进行机器人运行轨迹规划时是比较容易预测到的。对于腕部奇异，可以使用编程指令 SingArea 帮助机器人避开奇点。

SingArea 指令可以用于定义机器人如何在奇点附近移动，让机器人自动规划沿当前轨迹经过奇点时的插补方式。SingArea 指令中的可选变量有 Off、Wrist 和 LockAxis4 三种。变量 Off 不允许工具方位出现偏离，如果 SingArea 指令中未指定任何变量，系统默认为变量 Off。变量 Wrist 表示允许工具方位稍微偏移以避开奇点。变量 LockAxis4 表示通过将 4 轴锁定在 0 度或正负 180 度方向上，让机器人到达编程中的目标位置。在使用 SingArea 指令时，将它放置在运动指令上方一行即可，例如：

```
SingArea\Wrist;
MoveL pHome, V100, fine, tool0\Wobj:=wobj0。
```

三、任务小结

本任务中介绍了机器人奇点的含义、六自由度串联机器人的奇异分类及避免机器人奇异的措施。在学习过程中要注意以下几个要点。

（1）奇点是由机器人构型决定的，是客观存在的；

（2）六自由度串联机器人的常见奇异有腕部奇异、肘部奇异和肩部奇异三种；

（3）编写机器人程序时，应使机器人在其运行路径中避开奇点；

（4）可使用 SingArea 指令使机器人自动避开奇点。

四、思考与练习

尝试使用 SingArea 指令使机器人避免发生肩部奇异，并验证机器人在其运动路径中是否成功避开奇点。

项目 4

机器人装配工作站仿真及 VR 验证

在前面的几个项目中，已经创建了工作站中所有模块的动态效果。本项目中将讲述编写机器人程序完成关节成品自动装配的过程，使用 VR 系统进行 RobotStudio 工作站仿真的过程，使用 RobotStudio 和西门子博途软件进行联合仿真的过程。

任务 4.1　关节成品装配程序的编写

一、任务目标

扫码观看

关节成品装配程序规划及操作技巧

（1）了解关节成品的装配过程；

（2）掌握使用 RobotStudio 软件编写 RAPID 程序的方法。

二、任务实施

在很多实际应用场景中，工业机器人可以到不同的仓储区域拾取不同类型的工件，完成装配工作。在本任务涉及的工作站中，机器人要能够到仓储模块中拾取关节基座，到旋转供料模块中拾取电机成品，在输送带末端拾取输出法兰，然后在变位机上完成整个关节成品的装配，最后将关节成品放置到仓储模块中。关节基座在仓储模块中的存放位置、电机成品在旋转供料模块中的位置可随机指定。每次仿真能完成 1 至 6 套关节成品的装配即可。本任务中将以完成 2 套关节成品装配的过程为例进行讲解。

1. 规划机器人路径

要完成关节成品的装配，首先需要规划机器人运动路径。关节成品装配流程图如图 4.1.1 所示，由图 4.1.1 可知，整个装配过程分为四个环节：关节基座装配、电机成品装配、输出法兰装配和关节成品装配。由于每个环节使用的工具都不同，所以完成每个环节的过程中都需要更换工具。

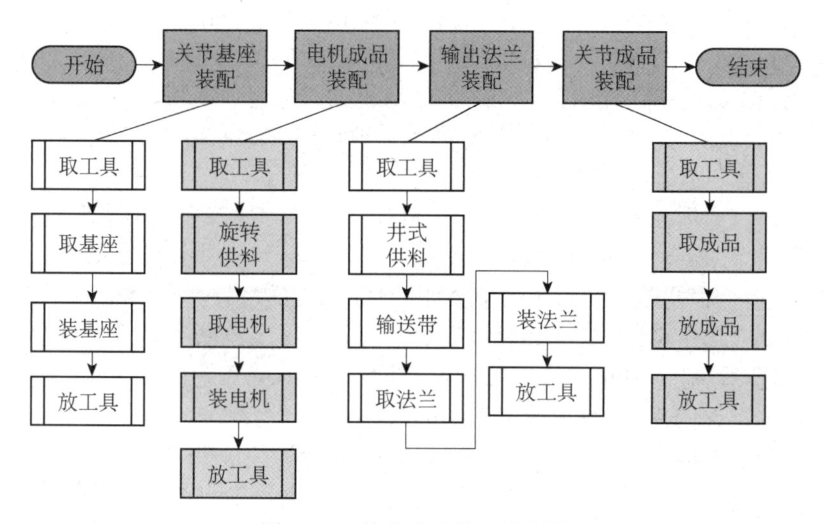

图 4.1.1　关节成品装配流程图

机器人的运动离不开目标点的支撑，根据机器人的运动路径，可以得到整个运动过程中需要示教并记录的目标点。具体目标点有：工作路径起始点，弧口工具、平口工具、吸盘工具的拾取点和放置点，关节基座的拾取点，关节基座的放置点，电机成品的拾取点，电机成品的装配点，输出法兰的拾取点，输出法兰的装配点，六个中间过渡点。

在前面创建 Smart 组件时，已经在工作站中完成了对机器人运动路径中目标点的示教，且所有的目标点均已示教为 RobTarget 类型的数据。如果已经确认某些点在编程时只使用 MoveAbsJ 指令，如 Home、ToolReady、Guodu1、Guodu2、Guodu3 和 Guodu4 六个点，可以直接示教为 JointTarget 类型的数据。比如示教 Home 点，可先让机器人跳转到 Home 点，然后在"基本"选项卡的右下角将指令模板修改为 MoveAbsJ，再选择"示教目标点"选项，此时生成的目标点即为JointTarget类型的数据。但是在进行RAPID编程时，无法直接使用这些目标点，需要先将这些目标点同步到 RAPID 中。在"路径与步骤"选项下新建一个路径，将所有目标点拖动至该路径中，然后同步到 RAPID 中，就可以在进行 RAPID 编程时使用这些目标点。

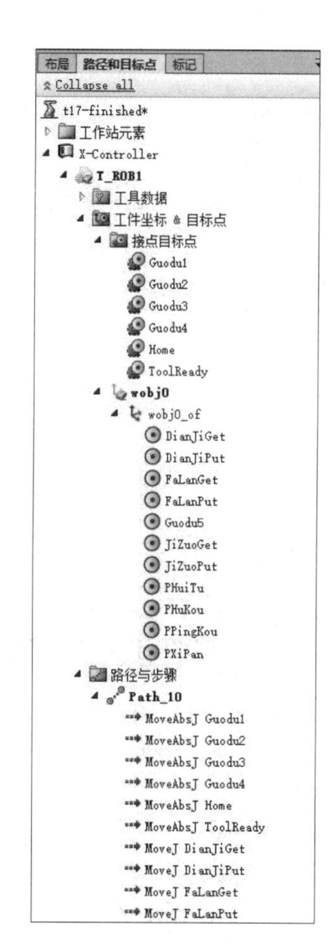

图 4.1.2　将 RobTarget 类型的目标点添加到"Path_10"中

扫码下载

t23

打开"t17-finished"工作站。新建一个空的路径"Path_10"，并将已经建立的需要在编写 PAPID 程序时使用的 RobTarget 类型的目标点均拖动至"Path_10"中，如图 4.1.2 所示。然后将"X-Controller"中的所有数据同步到 RAPID 程序中。单击“RAPID”选项卡，在“控制器”组里依次选择“RAPID”→“T_ROB1”→“Module1”选项，然后双击路径“Path_10”，在弹出窗口中可以看到“Path_10”中使用的所有点的数据已经被同步到 RAPID 程序中。继续在窗口中选中“PROC Path_10”中的所有内容并将其删除。然后选择“RAPID”选项卡“控制器”组里的“应用”选项，以保存对 RAPID 程序的修改。同时回到工作站中的“路径与目标点”窗口中，删除路径“Path_10”。

选择“控制器”选项卡“控制器工具”组中的“示教器”选项，在弹出的下拉菜单中选择“虚拟示教器”选项，打开“IRC5 FlexPendant”窗口，在该窗口中将示教器模式设置为“手动”。打开“手动操纵”界面，确保当前使用的工具坐标和工件坐标分别为“ZhuPanTool”和“wobj0”。接下来将仓储模块六个关节基座的存储位置放置在一个数组中。在工作站中，让机器人跳转到“JizuoGet”点。然后打开示教器的“程序数据”界面，双击“robtarget”，选择“新建”选项，建立一个名为“Store”、维数为 1×6 的数组，如图 4.1.3 所示。此时数组中的六个数据存储的都是“JizuoGet”点的数据，由于仓储模块中基座放置槽上下两层，Z 轴上的距离为 180mm，X 轴上的距离为 93mm，因此可以在示教器中直接修改其他存储点的位置，如图 4.1.4 所示。用同样的方式建立一个名为“ToolPos”、维数为 1×4 的数组，用于存储平口工具、弧口工具、吸盘工具和绘图笔工具在快换工具模块上的放置位置。

数据类型: robtarget　　当前任务: T_ROB1

名称:	Store ...
范围:	全局
存储类型:	常量
任务:	T_ROB1
模块:	Module1
例行程序:	<无>
维数	1　{6} ...

图 4.1.3　新建名为“Store”的数组

维数名称:　Store{6}

点击需要编辑的组件。

组件	值　1 到 6 共 6
{1}	[[57.55,-393.82,392.75],[0.707107,0.707107,4.707..
{2}	[[150.55,-393.82,392.75],[0.707107,0.707107,4.70..
{3}	[[243.55,-393.82,392.75],[0.707107,0.707107,4.70..
{4}	[[57.55,-393.82,212.75],[0.707107,0.707107,4.707..
{5}	[[150.55,-393.82,212.75],[0.707107,0.707107,4.70..
{6}	[[243.55,-393.82,212.75],[0.707107,0.707107,4.70..

修改位置　　关闭

图 4.1.4　修改数组“Store”中存储的数据

另外，还需要建立两个 robtarget 类型的变量 ToolTemp 和 StoreTemp，两个 num 类型的变量 i 和 j。其他需要用到的点可以在完成 PAPID 程序编写完成后再进行示教。

2. RAPID 程序编写

扫码观看

RAPID 程序编写

按照机器人的运动路径规划，根据已经示教好的目标点和 I/O 信号，完成机器人 RAPID 程序编写。在编写机器人 RAPID 程序前，首先要对程序进行整体规划，然后再进行各个子程序的具体编写。本任务中使用的 PAPID 子程序如表 4.1.1 所示。

表 4.1.1　RAPID 子程序规划表

程序名称	程序功能
main	主程序
rInitiAll	初始化程序
ToolPick	在快换工具模块中拾取工具
ToolPut	在快换工具模块中放置工具
ToolOpen	夹爪工具打开
ToolClose	夹爪工具关闭
LiaoKuQuPos	仓储模块出库位置计算
LiaoKuFangPos	仓储模块入库位置计算
JiZuoChuku	关节基座出库
ZhPeikai	装配模块气缸缩回
ZhPeiguan	装配模块气缸推出
ZhuanTaiInf	旋转供料模块旋转上料
DianJiZhuPei	电机成品装配
FaLanZhuPei	输出法兰装配
JiZuoRuku	关节成品入库

在规划完机器人运动路径的基础上，可以进行每个子程序的编写。在“RAPID”选项卡“控制器”组里依次选择“RAPID”→“T_ROB1”→“Module1”选项，然后双击“main”程序，打开“T_ROB1/Module1”的编程窗口。在该窗口中进行程序编写时，既可以直接通过键盘输入，也可以通过“插入”栏里的“Snippet”按钮和“指令”按钮进行插入，分别如图 4.1.5 和图 4.1.6 所示。“Snippet”按钮用于在特定的位置插入一段特定的程序，如焊接程序、带参数程序、目标点声明、工具数据声明等，也可以把已编写的程序保存为“Snippet”中的指令段，方便调用。“指令”按钮用来插入 RAPID 的编程指令，找到需要插入的指令所在的组，单击该指令，即可插入。需要插入的具体程序可参照书中的机器人实例参考程序。程序编写完成后，选择“RAPID”选项卡“控制器”组的“应用”选项，使新编写的程序有效。同样在“控制器”组中可以通过“运行模式”按钮设置机器人是“单周循环”还是“连续”运行。

在“仿真”选项卡通过“仿真设定”选项确认机器人仿真的进入点是“main”程序，然后单击“播放”按钮，即可对工作站进行仿真。保存工作站为“t23-finished”。

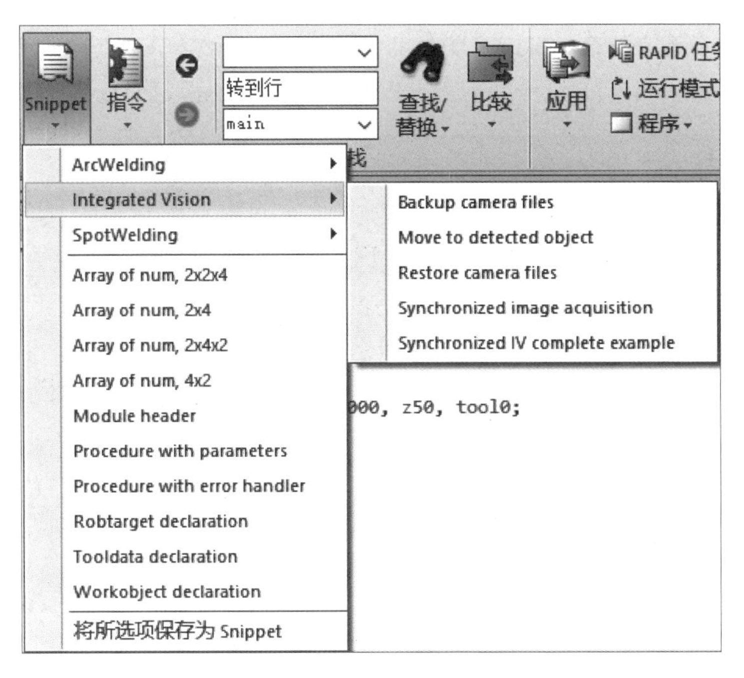

图 4.1.5　通过“Snippet”按钮插入代码段

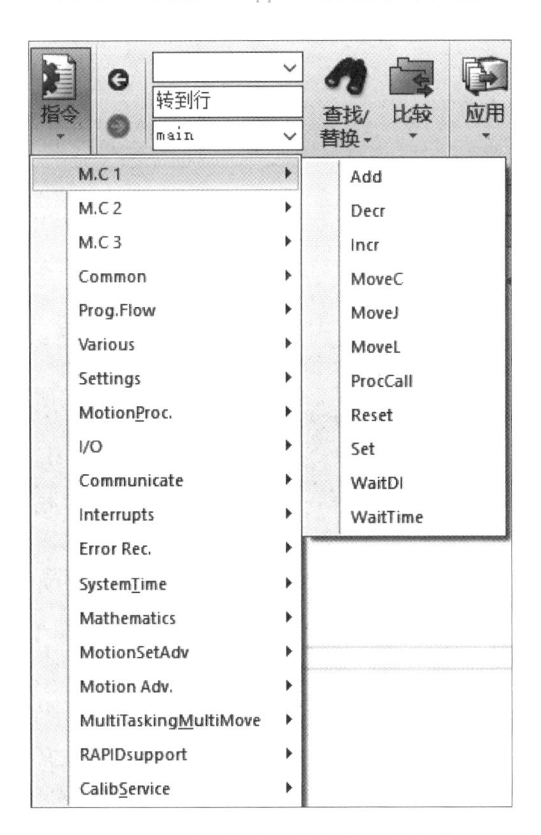

图 4.1.6　通过“指令”按钮插入编程指令

机器人实例参考程序如下所示。

```
PROC main()
```

```
        rInitiAll;              !初始化
        WHILE i<j DO            !关节装配数量小于应装配数量时进行机器人装配
        MoveAbsJ Home\NoEOffs, v1000, z50, tool0;          !回初始点
        ToolTemp := ToolPos{2};         !设置当前工具为弧口工具
        ToolPick;            !拾取工具
        JiZuoChuku;             !关节基座出库
        ToolPut;           !放置工具
        ToolTemp := ToolPos{1};         !设置当前工具为平口工具
        ToolPick;            !拾取工具
        ZhuanTaiInf;            !转台旋转供料
        DianJiZhuPei;             !电机成品装配
        ToolPut;           !放置工具
        ToolTemp := ToolPos{3};         !设置当前工具为吸盘工具
        ToolPick;            !拾取工具
        FaLanZhuPei;            !输出法兰装配
        ToolPut;           !放置工具
        ToolTemp := ToolPos{2};         !设置当前工具为弧口工具
        ToolPick;            !拾取工具
        JiZuoRuku;             !关节成品入库
        ToolPut;           !放置工具
        Incr i;          !关节装配数量计数
        ENDWHILE
    ENDPROC

    PROC rInitiAll()            !初始化
      set YV1;            !置位主盘工具松开信号
      reset YV2;            !复位主盘工具锁紧信号
      reset YV5;            !复位吸盘工具信号
      set YV3;            !复位夹爪工具夹紧信号
      reset YV4;            !置位夹爪工具松开信号
      reset YV1;            !复位主盘工具松开信号
      reset DO6;            !复位井式上料模块气缸推出信号
      reset DO7;            !复位装配模块气缸推出信号
      set DO8;            !置位装配模块气缸缩回信号
      reset DO8;            !复位装配模块气缸缩回信号
      reset DO9;            !复位转台旋转信号
      reset DO10;            !复位变位机正向旋转信号
      reset DO11;            !复位变位机回原点信号
      reset DO16;            !复位皮带输送带启动信号
      i:=0;          !关节装配数量置零
      j:=2;          !设置关节装配数量
    ENDPROC

    PROC ToolPick()            !拾取工具
     MoveAbsJ Home\NoEOffs, v1000, z50, ZhuPanTool;          !回初始点
        MoveAbsJ ToolReady\NoEOffs, v1000, fine, ZhuPanTool;          !至
准备取放工具点
        Set YV1;            !置位主盘工具松开信号
        Reset YV2;            !复位主盘工具锁紧信号
        WaitTime 1;            !等待 1 秒
        MoveJ Offs(ToolTemp,0,0,120), v1000,z20, ZhuPanTool;          !至
取放工具点上方
        MoveL Offs(ToolTemp,0,0,0), v200, fine, ZhuPanTool;         !至取
```

```
放工具点
        Set YV2;            !置位主盘工具锁紧信号
        Reset YV1;            !复位主盘工具松开信号
        WaitTime 1;            !等待 1 秒
        MoveL Offs(ToolTemp,0,0,120), v200, z10, ZhuPanTool;          !至
取放工具点上方
        MoveAbsJ ToolReady\NoEOffs, v1000, z50, ZhuPanTool;          !至准
备取放工具点
        MoveAbsJ Home\NoEOffs, v1000, fine, ZhuPanTool;          !回初始点
    ENDPROC

    PROC ToolPut()            !放置工具
        MoveAbsJ Home\NoEOffs, v1000, z50,ZhuPanTool;          !回初始点
        MoveAbsJ ToolReady\NoEOffs, v1000, z50, ZhuPanTool;          !至准
备取放工具点
        MoveJ Offs(ToolTemp,0,0,120), v1000, z20, ZhuPanTool;          !至
取放工具点上方
        MoveL Offs(ToolTemp,0,0,0), v200, fine, ZhuPanTool;          !至取
放工具点
        Set YV1;            !置位主盘工具松开信号
        Reset YV2;            !复位主盘工具锁紧信号
        WaitTime 1;            !等待 1 秒
        MoveL Offs(ToolTemp,0,0,120), v200, z10, ZhuPanTool;          !至
取放工具点上方
        MoveAbsJ ToolReady\NoEOffs, v1000, z50, ZhuPanTool;          !至准
备取放工具点
        MoveAbsJ Home\NoEOffs, v1000, fine, tool0;          !回初始点
    ENDPROC

    PROC ToolOpen()            !夹爪工具松开
        Reset YV4;            !复位夹爪工具夹紧信号
      Set YV3;            !置位夹爪工具松开信号
        WaitTime 1;            !等待 1 秒
    ENDPROC

    PROC ToolClose()            !夹爪工具夹紧
        Reset YV3;            !复位夹爪工具松开信号
      Set YV4;            !置位夹爪工具夹紧信号
        WaitTime 1;            !等待 1 秒
    ENDPROC

    PROC LiaoKuQuPos()            !计算仓储模块出库位置
       IF DI6=1 and i<1 THEN            !如果料位 1 有料且关节成品数量小于 1，取第 1
料位物料
           StoreTemp:=Store{1};
       ELSEIF DI7=1 and i<2 THEN            !如果料位 2 有料且关节成品数量小于 2，
取第 2 料位物料
           StoreTemp:=Store{2};
       ELSEIF DI8=1 and i<3 THEN            !如果料位 3 有料且关节成品数量小于 3，
取第 3 料位物料
           StoreTemp:=Store{3};
       ELSEIF DI9=1 and i<4 THEN            !如果料位 4 有料且关节成品数量小于 4，
取第 4 料位物料
```

```
            StoreTemp:=Store{4};
        ELSEIF DI10=1 and i<5 THEN          !如果料位 5 有料且关节成品数量小于 5，取第 5 料位物料
            StoreTemp:=Store{5};
        ELSEIF DI11=1 and i<6 THEN          !如果料位 6 有料且关节成品数量小于 6，取第 6 料位物料
            StoreTemp:=Store{6};
        ENDIF
ENDPROC

    PROC LiaoKuFangPos()            !计算仓储模块入库位置
        IF DI6=0 THEN           !如果料位 1 无料，将关节成品放置在料位 1
            StoreTemp:=Store{1};
        ELSEIF DI7=0 THEN           !如果料位 2 无料，将关节成品放置在料位 2
            StoreTemp:=Store{2};
        ELSEIF DI8=0THEN           !如果料位 3 无料，将关节成品放置在料位 3
            StoreTemp:=Store{3};
        ELSEIF DI9=0 THEN           !如果料位 4 无料，将关节成品放置在料位 4
            StoreTemp:=Store{4};
        ELSEIF DI10=0 THEN           !如果料位 5 无料，将关节成品放置在料位 5
            StoreTemp:=Store{5};
        ELSEIF DI11=0 THEN           !如果料位 6 无料，将关节成品放置在料位 6
            StoreTemp:=Store{6};
        ENDIF
    ENDPROC

    PROC JiZuoChuku()           !关节基座出库
         MoveAbsJ home\NoEOffs, v1000, fine,ZhuPanTool;          !回初始点
         ToolOpen;          !夹爪工具松开
       LiaoKuQuPos;          !计算仓储模块出库位置
         MoveAbsJ
Guodu2\NoEOffs,v1000,z10,ZhuPanTool\WObj:=wobj0;          !至过渡点 2
         MoveJ Offs(StoreTemp,0,120,50), v500, z10, ZhuPanTool;          !至基座拾取点外侧
         MoveL Offs(StoreTemp,0,0,50), v200, z0,ZhuPanTool;          !至基座拾取点上方
         MoveL Offs(StoreTemp,0,0,0), v200, fine, ZhuPanTool;          !至基座拾取点
         ToolClose;          !夹爪工具夹紧
         MoveL Offs(StoreTemp,0,0,50), v200,z0, ZhuPanTool;          !至基座拾取点上方
         MoveL Offs(StoreTemp,0,120,50), v200, z10, ZhuPanTool;          !至基座拾取点外侧
         MoveAbsJ Guodu2\NoEOffs, v1000, z50,ZhuPanTool;          !至过渡点 2
         MoveAbsJ Guodu4\NoEOffs, v1000, fine, ZhuPanTool;          !至过渡点 4
         ZhPeikai;          !装配模块气缸缩回
         MoveJ Offs(JiZuoPut,0,0,80), v1000, z10,ZhuPanTool;          !至装配模块基座装配点上方
         MoveL Offs(JiZuoPut,0,0,0), v200, fine, ZhuPanTool;          !至装配模块基座装配点
         ToolOpen;          !夹爪工具松开
         MoveL Offs(JiZuoPut,0,0,80), v200, fine, ZhuPanTool;          !至
```

```
装配模块基座装配点上方
        ZhPeiguan;              !装配模块气缸推出
        MoveAbsJ Guodu4\NoEOffs, v1000, z50, ZhuPanTool;        !至过渡点
4
        MoveAbsJ home\NoEOffs, v1000, fine,ZhuPanTool;        !回初始点
    ENDPROC

    PROC ZhPeikai()             !装配模块气缸缩回
        reset DO7;              !复位装配模块气缸推出信号
        set DO8;              !置位装配模块气缸缩回信号
        WaitTime 1;             !等待 1 秒
    ENDPROC

    PROC ZhPeiguan()            !装配模块气缸推出
        reSet DO8;              !复位装配模块气缸缩回信号
        set DO7;              !置位装配模块气缸推出信号
        WaitTime 1;             !等待 1 秒
    ENDPROC

    PROC ZhuanTaiInf()          !转台旋转供料
        WHILE DI1 = 0 DO            !如果电机成品拾取点无料
            set do9;            !置位转台旋转信号
            WaitTime 0.5;           !等待 0.5 秒
          reset do9;            !复位转台旋转信号
          waittime 2;            !等待 2 秒
    ENDWHILE
    ENDPROC

    PROC DianJiZhuPei()             !电机成品装配
        MoveAbsJ home\NoEOffs, v1000, fine, ZhuPanTool;        !回初始点
        toolopen;           !夹爪工具松开
        MoveJ Offs(DianJiGet,0,0,30), v1000, z5, ZhuPanTool;         !至
电机成品拾取点上方
        MoveL Offs(DianJiGet,0,0,0), v200, fine, ZhuPanTool;         !至
电机成品拾取点
        toolclose;           !夹爪工具夹紧
        MoveL Offs(DianJiGet,0,0,30), v200, z5, ZhuPanTool;         !至电
机成品拾取点上方
        MoveAbsJ home\NoEOffs, v1000, z50,ZhuPanTool;         !回初始点
        MoveJ Offs(DianJiPut,0,0,60), v1000, z10, ZhuPanTool;         !至
电机成品装配点上方
        MoveL Offs(DianJiPut,0,0,0), v200, fine, ZhuPanTool;         !至
电机成品装配点
        toolopen;           !夹爪工具松开
        MoveL Offs(DianJiPut,0,0,60), v200, z10,ZhuPanTool;         !至电
机成品装配点上方
        MoveAbsJ home\NoEOffs, v1000, fine, ZhuPanTool;        !回初始点
    ENDPROC

    PROC FaLanZhuPei()          !输出法兰装配
        MoveAbsJ home\NoEOffs, v1000, fine, ZhuPanTool;        !回初始点
        set DO6;              !置位井式上料气缸推出信号
      waittime 0.5;           !等待 0.5 秒
```

```
    set DO16;           !置位皮带输送带启动信号
    reset DO6;           !复位井式上料气缸推出信号
    WaitDI DI5,1;           !等待皮带输送带末端物料到位信号
    MoveJ Offs(FaLanGet,0,0,30), v1000, z10, ZhuPanTool;        !至输
出法兰拾取点上方
     MoveL FaLanGet, v200, fine, ZhuPanTool;        !至输出法兰拾取点
     waittime 0.5;          !等待 0.5 秒
    set YV5;          !置位吸盘工具真空信号
    WaitTime 0.5;          !等待 0.5 秒
     MoveL Offs(FaLanGet,0,0,30), v200, z10, ZhuPanTool;        !至输
出法兰拾取点上方
     MoveAbsJ home\NoEOffs, v1000, fine,ZhuPanTool;        !回初始点
    set DO10;          !置位变位机正向旋转信号
    waittime 0.5;          !等待 0.5 秒
    reset DO10;          !复位变位机正向旋转信号
    waittime 2;          !等待 2 秒
     MoveAbsJ Guodu3, v1000, z50, ZhuPanTool;        !至过渡点 3
    MoveJ Guodu5, v1000, z50, ZhuPanTool;        !至过渡点 5
     MoveL FaLanPut, v200, fine, ZhuPanTool;        !至输出法兰装配点
     waittime 0.5;          !等待 0.5 秒
    MoveJ RelTool(FaLanPut,0,0,0\Rz:=90), v100, fine,
ZhuPanTool;          !绕当前工具旋转 90 度
     Reset YV5;          !复位吸盘工具真空信号
     WaitTime 1;          !等待 1 秒
     MoveJ RelTool(Guodu5,0,0,0\Rz:=90), v100, z10,
ZhuPanTool;          !以当前姿态移动至过渡点 5
     MoveAbsJ home\NoEOffs, v1000, fine,  ZhuPanTool;        !回初始点

  ENDPROC

  PROC JiZuoRuku()          !基座成品入库
     MoveAbsJ home\NoEOffs, v1000,fine, ZhuPanTool;        !回初始点
    set DO11;          !置位变位机回原点信号
    MoveAbsJ Guodu4, v1000, fine, ZhuPanTool;        !至过渡点 4
    waittime 2;          !等待 2 秒
    reset DO11;          !复位置位变位机回原点信号
     ZhPeikai;          !装配模块气缸缩回
     MoveJ Offs(JiZuoPut,0,0,80), v1000, z10, ZhuPanTool;        !至
装配模块基座装配点上方
     MoveL JiZuoPut, v200, fine, ZhuPanTool;        !至装配模块关节装配
点
     toolclose;          !夹爪工具夹紧
     MoveL Offs(JiZuoPut,0,0,80), v200, z10, ZhuPanTool;        !至装
配模块基座装配点上方
     MoveAbsJ Guodu4, v1000, z50, ZhuPanTool;        !至过渡点 4
     MoveAbsJ home\NoEOffs, v1000, fine, ZhuPanTool;        !回初始点
     MoveAbsJ Guodu2, v1000, fine, ZhuPanTool;        !至过渡点 2
     LiaoKuFangPos;          !计算仓储模块入库位置
     MoveJ Offs(storetemp,0,120,50), v1000, z50, ZhuPanTool;        !
至关节成品放置料位外侧
     MoveL Offs(storetemp,0,0,50), v1000, z10, ZhuPanTool;        !至
关节成品放置料位上方
     MoveL Offs(storetemp,0,0,0), v200, fine, ZhuPanTool;        !至
```

```
关节成品放置料位
        toolopen;          !夹爪工具松开
        MoveL Offs(storetemp,0,0,50), v200, z10, ZhuPanTool;         !至
关节成品放置料位上方
        MoveL Offs(storetemp,0,120,50), v1000, z50, ZhuPanTool;         !
至关节成品放置料位外侧
        MoveAbsJ Guodu2, v1000, z50, ZhuPanTool;         !至过渡点 2
        MoveAbsJ home\NoEOffs, v1000, fine,ZhuPanTool;         !回初始点
    ENDPROC
```

三、任务小结

本任务中介绍了实现关节成品装配的机器人 RAPID 程序的编写过程。编写机器人 RAPID 程序时可参考以下操作技巧。

（1）分任务模块编写各个 RAPID 子程序，一个 RAPID 子程序实现一个功能，方便调用；

（2）遵循“相同动作的程序标准化、同类任务的程序通用化”的原则；

（3）将 RAPID 编程和虚拟示教器编程配合使用。

四、思考与练习

为了便于编写机器人 RAPID 程序，在参考程序的大部分 RAPID 子程序中都有回初始点的指令。同时，为了看清楚每个模块的运动，在编写 RAPID 子程序时，让每个模块都占用单独的时间运行，而其他模块则处于等待状态。这些设置无疑浪费了机器人的运行时间，降低了工作站运行效率。请以提升工作站运行效率为目标，优化书中给出的机器人实例参考程序。

任务 4.2　基于 VR 的工作站仿真验证

一、任务目标

扫码观看

装配工作站的 VR 优化

（1）了解 VR 的概念；

（2）熟悉使用 VR 系统进行 RobotStudio 工作站仿真的步骤。

二、任务实施

1. VR 技术及设备

VR（Virtual Reality，虚拟现实）技术是近年来发展迅速的一种人机交互技术，它的发展和进步极大地推动了人机交互技术的发展。VR 技术是借助于计算机及硬件设备，建立高

度真实感的虚拟环境，使人们通过视觉、听觉、触觉、味觉、嗅觉等感官，产生身临其境感觉的一种技术。VR 技术有三个鲜明特征：真实感、沉浸感和交互性。自然和谐的交互方式是 VR 技术的一个重要研究内容，其目的是使人能以声音、动作、表情等自然方式与虚拟世界中的对象进行交互。人们除了致力于研究开发虚拟友好的用户界面外，还发明了大量的三维交互设备，如立体眼镜、头盔式显示器、服装、手套、位置跟踪器、触觉和力反馈装置、三维扫描设备等。

随着高新技术的发展及 5G 时代的到来，VR 技术也掀起了新的浪潮。现在的 VR 设备可基本分为三类：移动端 VR 设备、一体式 VR 设备和外接式 VR 设备。移动端 VR 设备利用手机与头盔进行连接，所有的运算均在手机中进行，设备本身只起到显示的作用，这种设备效果较差，但价格相对便宜。一体式 VR 设备拥有独立的处理器，不需要额外准备外接设备，在 VR 头盔内整合了显示画面和追踪所需的硬件设备。这类设备自由度相对高，但是体验效果并不是很好。在外接式 VR 设备中，VR 头盔本身只是显示器，画面由计算机负责提供，需要将计算机与 VR 头盔内的各类传感器配合使用。

当前市面上有许多 VR 产品的品牌，如 Oculus Rifts、HTC VIVE、小米、三星、华为等。在本任务中使用的 VR 设备为 VIVE P-210 智能眼镜套装，它由一个头戴式显示器和两个操控手柄组成，分别如图 4.2.1 和图 4.2.2 所示。头戴式显示器使用六个摄像头，可获得较好的视觉效果，同时集成了陀螺仪、麦克风、立体声耳机等设备。操控手柄集成了陀螺仪、霍尔传感器、触摸传感器等设备，可实现在虚拟环境中的操作。将 VIVE P-210 智能眼镜套装连接到计算机上，并在计算机上安装相应的软件，即可使用。

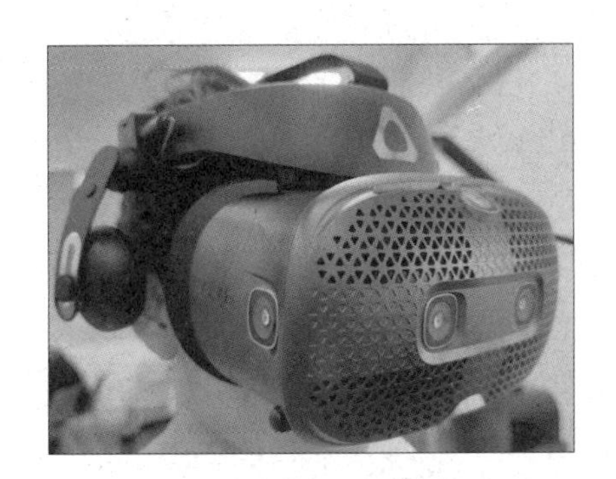

图 4.2.1　头戴式显示器

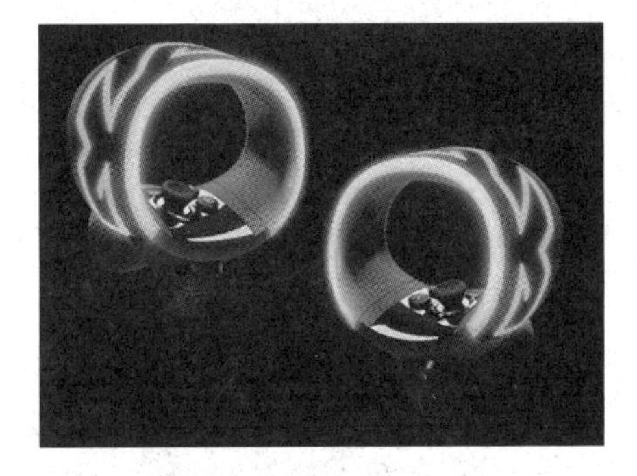

图 4.2.2　操控手柄

2. RobotStudio 软件的虚拟现实功能

在使用 RobotStudio 软件实现虚拟现实功能时，完全不需要做任何二次开发，只要正确连接 VR 设备，便可实现即插即用的效果。正确连接 VR 设备后，在 RobotStudio 软件的“基本”选项卡里的“图形”组里会出现“虚拟现实”的图标，如图 4.2.3 所示。完成工作站的构建及编程后，即可通过单击“虚拟现实”图标的方式直接进入虚拟环境。打开“t23-finished”工作站，单击“虚拟现实”图标，启动 VR 设备，软件界面会显示虚拟场景，如图 4.2.4 所示。戴好头戴式显示器，双手握住操控手柄，可以感觉到自己已经进入到工作站的真实场景中。同时，双手所持的操控手柄也会出现在画面中，左手所持的操控手柄上显示了控制菜单，右手所持的操控手柄可对控制菜单中的选项进行选择。

图 4.2.3 “虚拟现实”图标

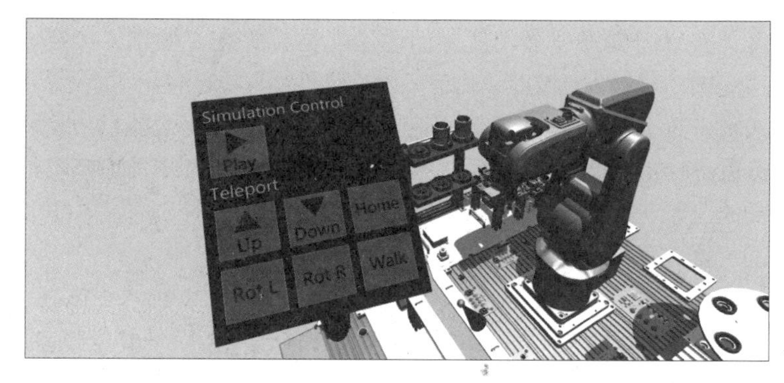

图 4.2.4 虚拟场景

通过 RobotStudio 软件的虚拟现实功能可进行工作站的设计、仿真、调试、维护等工作，可进行虚拟体验、远程会议、快速示教，可与虚拟场景中的对象进行互动。

（1）虚拟体验

当对机器人工作站进行设计时，即使没有任何的工作站硬件，只要完成了虚拟仿真工作站的制作，即可进入虚拟场景中对工作站设计方案进行评估，发现设计缺陷并进行改进。

（2）远程会议

远程会议是工作场景发展的必然趋势。当身处世界各地的工作人员对设备方案进行讨论时，可以共同进入一个虚拟的工作场景中，同时实现对话、互动、修改设计等功能。

（3）快速示教

在虚拟环境中可以通过操控手柄拖动机器人完成快速示教。在如图 4.2.5 所示虚拟场景中，可先用右手手柄选择左手手柄操控菜单中的“Jog”选项，然后用右手手柄选择机器人的关节或者末端，即可带动机器人完成关节运动或者线性运动，当机器人运动到正确的位置后，用右手手柄选择左手手柄操控菜单中的“Teach”选项，即可完成机器人示教。

图 4.2.5 在虚拟场景中进行机器人示教

（4）与虚拟场景中的对象互动

在虚拟场景中，如需手动将关节成品放置到仓储模块中，那么只需要用右手手柄选中相应的零部件并拖动该零部件，即可完成手动搬运，实现了与虚拟场景中对象的互动。

如要进行整个工作站的仿真，可通过右手手柄选择左手手柄操控菜单中的“Play”“暂停”“停止”选项，实现对工作站的控制。

三、任务小结

本任务中通过 VR 系统对机器人工作站进行了仿真验证，在使用 VR 系统时需要注意以下要点。

（1）硬件连接要正确，通信要顺畅；

（2）软件安装要全面，可正常启动 VR 设备；

（3）如需与虚拟场景中除机器人外的对象进行互动，需要对互动对象进行提前处理。

四、思考与练习

使用 VR 设备对已创建的装配工作站进行仿真验证。

任务 4.3　基于 OPC UA 的西门子博途软件与 RobotStudio 软件联合仿真

一、任务目标

（1）熟悉 RobotStudio 软件中 OPC UA 客户端的创建及配置方法；

（2）熟悉使用博途软件创建 OPC UA 服务器的方法；

（3）了解使用 RobotStudio 软件和西门子博途软件进行联合仿真的步骤；

（4）了解 ABB 机器人中断程序的使用方法。

二、任务实施

OPC UA 是一个开放的跨平台架构，由全世界 30 多家知名制造企业联合开发，具有较高的安全性和可靠性，能为自动化生产系统提供新的信息模型和抽象体系结构，能将复杂的数据类型嵌入到服务器地址空间中，支持大量的通用服务，已成为工业 4.0 阶段的通信标准。

本任务将在任务 4.1 的基础上，使用 OPC UA 通信协议实现 RobotStudio 软件和西门子博途软件的联合仿真，通过 RobotStudio 软件实现对机器人运动暂停和运动重启的控制，Robot Studio 软件和西门子博途软件联合仿真项目总览如图 4.3.1 所示。在 RobotStudio 软件中单击“仿真”选项卡里的“播放”按钮时，机器人开始运动，触摸屏上的机器人运行状态指示灯变为绿色。当单击触摸屏上的“停止运动”按钮时，RobotStudio 软件中的机器人停止运动，且触摸屏上的机器人运行状态指示灯变为红色。再次单击触摸屏上的“停止运动”按钮时，机器人再次开始运动，触摸屏上的机器人运行状态指示灯再次变为绿色。

本任务中将学习基于 OPC UA 通信协议的西门子博途软件与 RobotStudio 软件联合仿真的基本步骤，本任务中使用的软件有 TIA Portal V16、RobotStudio 2021 和 S7-PLCSIM

Advanced V3.0。仿真时使用的所有设备的 IP 地址应该处于同一网段内。

1. S7-PLCSIM Advanced V3.0 软件的设置

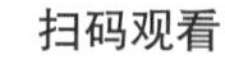
扫码观看

S7–PLCSIM Advanced V3.0 软件的设置

在计算机上安装 S7-PLCSIM Advanced V3.0 软件时，计算机中会安装一个名为“PLCSIM Virtual Eth. Adapter”的虚拟以太网网卡，将其网络属性设置为“自动获得 IP 地址”和“自动获得 DNS 服务器地址”。

在计算机控制面板中找到“设置 PG/PC 接口 (32 位)”图标，双击，在弹出的“设置 PG/PC 接口”窗口中的“为使用的接口分配参数”下拉列表中选择“S7ONLINE（STEP7）-->Realtek PCIe Gbe Family Controller.TCPIP.Auto.1”，如图 4.3.2 所示，单击“确定”按钮。然后弹出警告对话框，再次单击“确定”按钮，确认更改。

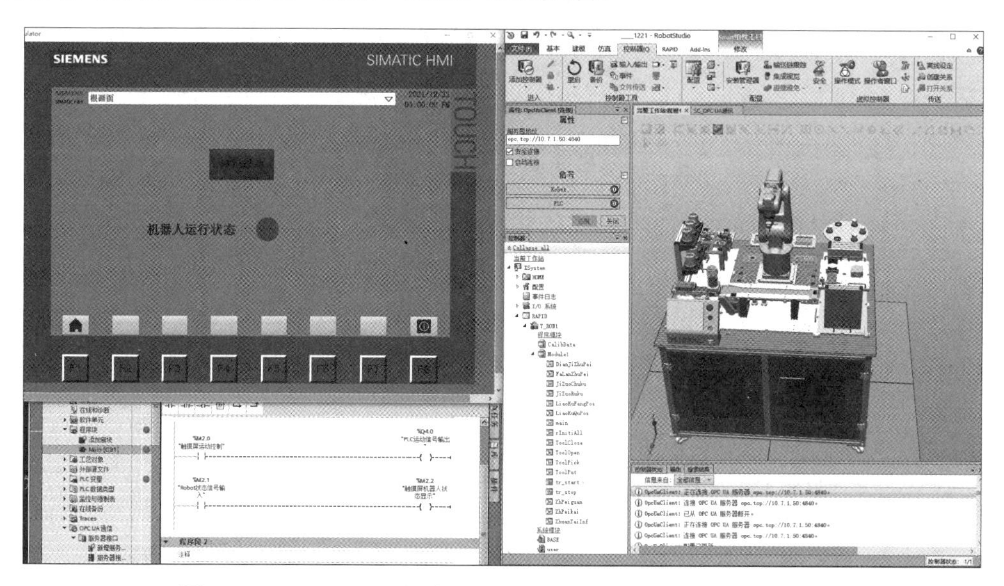

图 4.3.1　RobotStudio 软件和西门子博途软件联合仿真项目总览

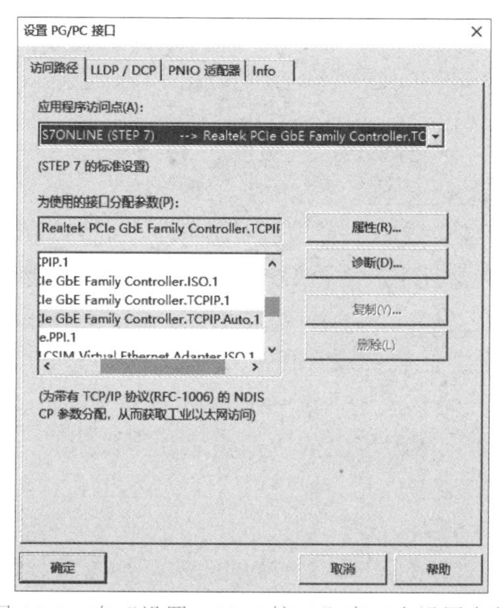

图 4.3.2　在“设置 PG/PC 接口”窗口中设置参数

打开 S7-PLCSIM Advanced V3.0 软件，在“Online Access”栏中选择“PLCSIM Virtual Eth. Adapter”选项，在“TCP/IP communication with”下拉列表中选择“以太网”选项，将“Instance name”设置为“OPCUALT”，将“IP address［X1］”设置为“10.7.1.45”，将“Subnet mark”设置为“255.255.255.0”，并在“PLC type”下拉列表中选择“Unspecified CPU 1500”选项，如图 4.3.3 所示。然后单击“Start”按钮，启动仿真器。此时 S7-PLCSIM Advanced V3.0 中 CPU 的启动状态如图 4.3.4 所示。至此完成了对 S7-PLCSIM Advanced V3.0 软件的参数设置。

图 4.3.3　在 S7-PLCSIM Advanced V3.0 界面中设置参数

图 4.3.4　S7-PLCSIM Advanced V3.0 中 CPU 的启动状态

扫码观看

西门子博途软件的组态与设置

2. 西门子博途软件的组态与设置

打开 TIA Portal V16 软件，首先组态一个 PLC，PLC 型号并未特殊要求，可根据实际需求进行组态，但所组态的 PLC 必须支持 OPC UA 通信协议，此处选择“CPU 1511C-1 PN”，订货号为“6ES7-511-1

CK01-0AB0”，如图 4.3.5 所示。

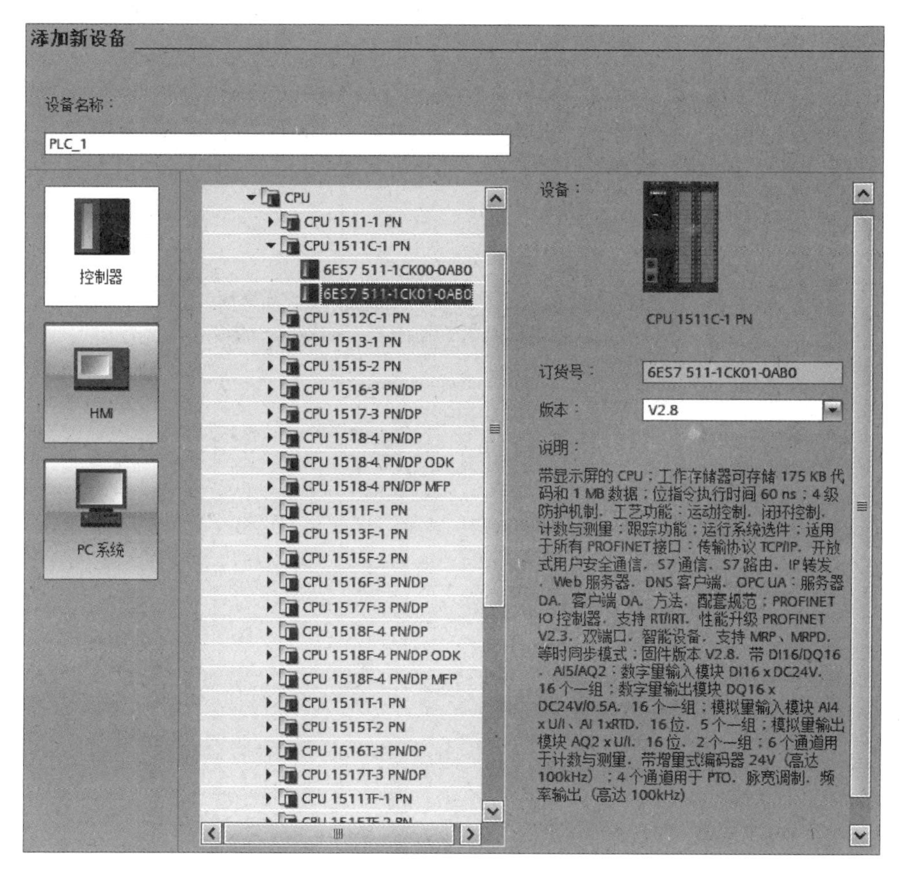

图 4.3.5 组态 PLC

打开 PLC 的属性窗口，在“常规”选项卡依次选择“PROFINET 接口[X1]”→“以太网地址”选项，然后设置 IP 地址，如图 4.3.6 所示。IP 地址无须和图 4.3.6 中完全一致，但要保证所有设备的 IP 地址处于同一网段内。

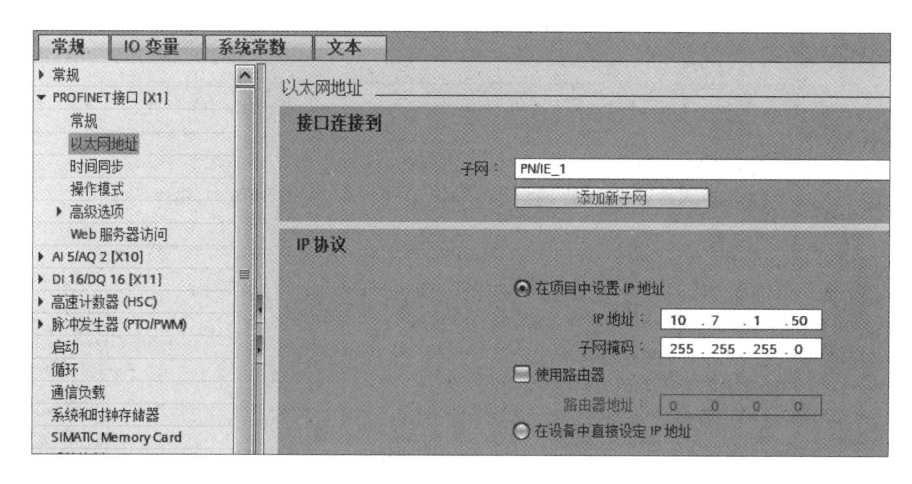

图 4.3.6 设置 PLC 的 IP 地址

继续在“常规”选项卡依次选择“OPC UA”→“服务器”→“常规”选项，勾选右侧的“激活 OPC UA 服务器”复选框，如图 4.3.7 所示，并记录服务器地址。

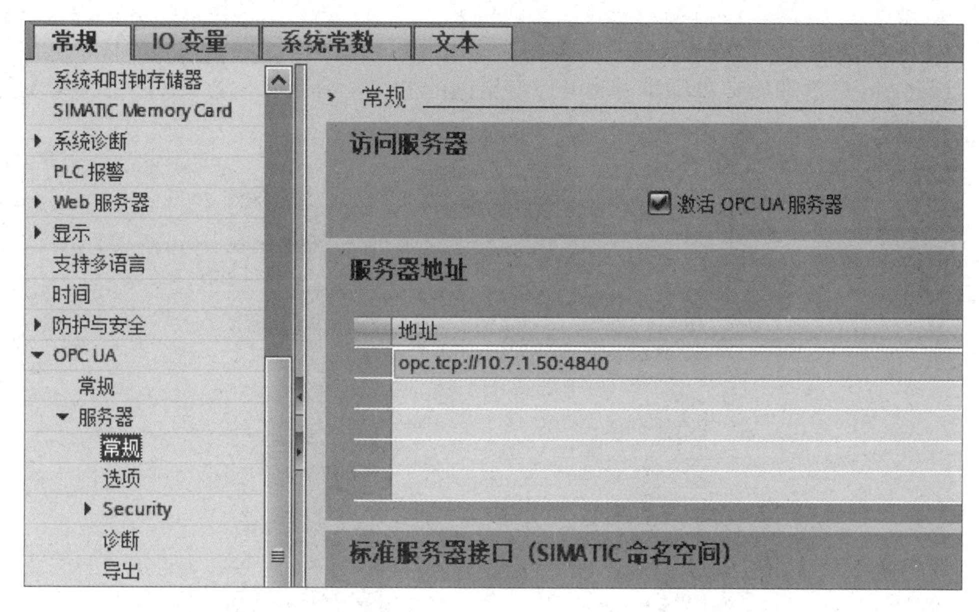

图 4.3.7　勾选“激活 OPC UA 服务器”复选框

继续在“常规”选项卡选择“运行系统许可证”选项，将右侧“运行系统许可证”窗口中“购买的许可证类型中”的参数设置为与“所需的许可证类型”相同，此处都设置为“SIMATIC OPC UA S7-1500 small”，如图 4.3.8 所示。至此，完成了 PLC 端 OPC UA 服务器的参数设置。

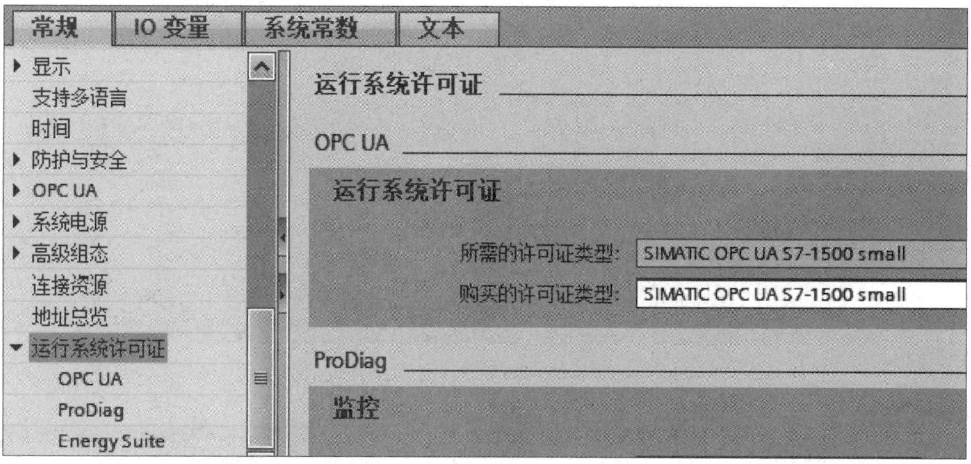

图 4.3.8　在“运行系统许可证”窗口中设置参数

在 TIA Portal 软件的项目树中找到当前的项目“OPCUA 联合仿真”，右击，在弹出的快捷菜单中选择“属性”选项，如图 4.3.9 所示。在弹出的“属性”窗口中选择“保护”选项卡，勾选“块编译时支持仿真。”复选框，如图 4.3.10 所示，单击“确定”按钮。

在 PLC 的默认变量表里建立如图 4.3.11 所示的 4 个变量，“触摸屏运动控制”和“触摸屏机器人状态显示”两个变量用于关联机器人触摸屏上的按钮和状态等，“Robot 状态信号输入”变量用于关联 RobotStudio 软件中的机器人状态，这三个变量的地址使用中间寄存器地址即可。“PLC 运动信号输出”变量用于 PLC 输出信号控制机器人的动作，其地址要和已组态的 PLC 的输出地址保持一致，应在组态的 PLC 的 Main 函数中创建如图 4.3.12 所示的程序段。

图 4.3.9 打开“OPCUA 联合仿真”项目的“属性”窗口

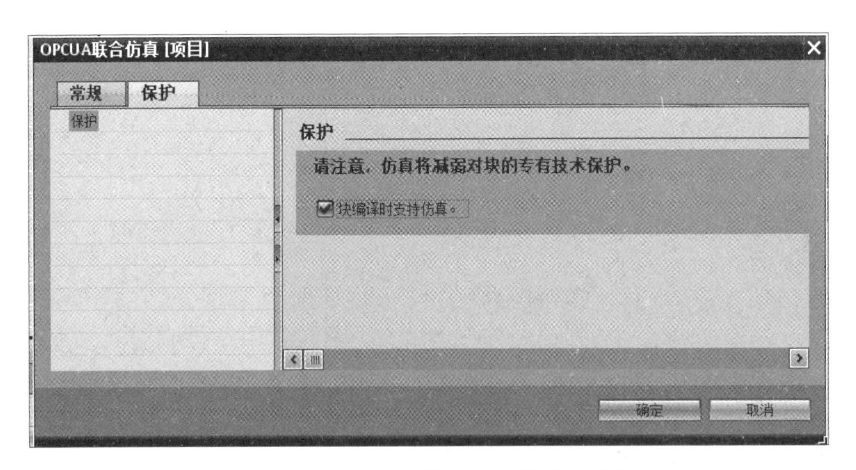

图 4.3.10 勾选“块编译时支持仿真”复选框

默认变量表

	名称	数据类型	地址	保持	从 H...	从 H...	在 H...
1	触摸屏运动控制	Bool	%M2.0	☐	☑	☑	☑
2	PLC运动信号输出	Bool	%Q4.0	☐	☑	☑	☑
3	Robot状态信号输入	Bool	%M2.1	☐	☑	☑	☑
4	触摸屏机器人状态显示	Bool	%M2.2	☐	☑	☑	☑
5	<新增>			☐	☑	☑	☑

图 4.3.11 在 PLC 中建立的 4 个变量

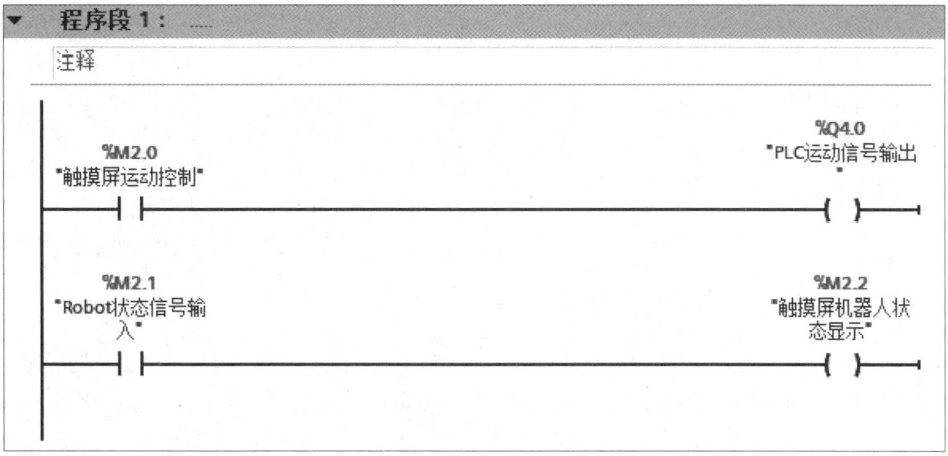

程序段 1：......

注释

%M2.0
"触摸屏运动控制"

%Q4.0
"PLC运动信号输出"

%M2.1
"Robot状态信号输入"

%M2.2
"触摸屏机器人状态显示"

图 4.3.12　在已组态的 PLC 的 Main 函数中创建程序段

为了方便在 RobotStudio 软件中进行通信数据的管理和调用，可以在 PLC 端将需要通信的数据统一存放在 OPC UA 的服务器接口中。应在 PLC 的项目树中依次选择“OPC UA 通信”→“服务器接口”→“新增服务器接口”选项，会弹出“新增服务器接口”窗口，单击“服务器接口”图标，如图 4.3.13 所示，单击“确定”按钮。

图 4.3.13　单击“服务器接口”图标

将右侧“OPC UA 元素”窗口中的“PLC 运动信号输出”和“Robot 状态信号输入”两个变量拖至左侧“OPC UA 服务器接口”窗口中的“服务器接口_1”选项中，如图 4.3.14 所示。

OPC UA 服务器接口

	Browse name	节点类型	本地数据
1	▼ 服务器接口_1	接口	
2	PLC运动信号输出	BOOL	"PLC运动信号输出"
3	Robot状态信号输入	BOOL	"Robot状态信号输入"
4	<新增>		

OPC UA 元素

	项目数据	数据类型
1	软件单元	
2	▶ 程序块	
3	工艺对象	
4	▼ PLC 变量	
5	▼ 默认变量表	
6	▼ 变量	
7	PLC运动信号输出	Bool
8	Robot状态信号输入	Bool
9	触摸屏机器人状态显示	Bool
10	触摸屏运动控制	Bool

图 4.3.14　添加 OPC UA 服务器接口变量

通过“Siemens PLCSIM Virtual Ethernet Adapter”接口将 PLC 程序下载到“S7-PLCSIM Advanced V3.0”软件中，如图 4.3.15 所示。下载完成后，可在 S7-PLCSIM Advanced V3.0 软件中发现一个已激活的名为“OPCUALT”的 PLC，其状态如图 4.3.16 所示，最左侧的方形指示灯为绿色时代表此 PLC 当前正处于运行状态。

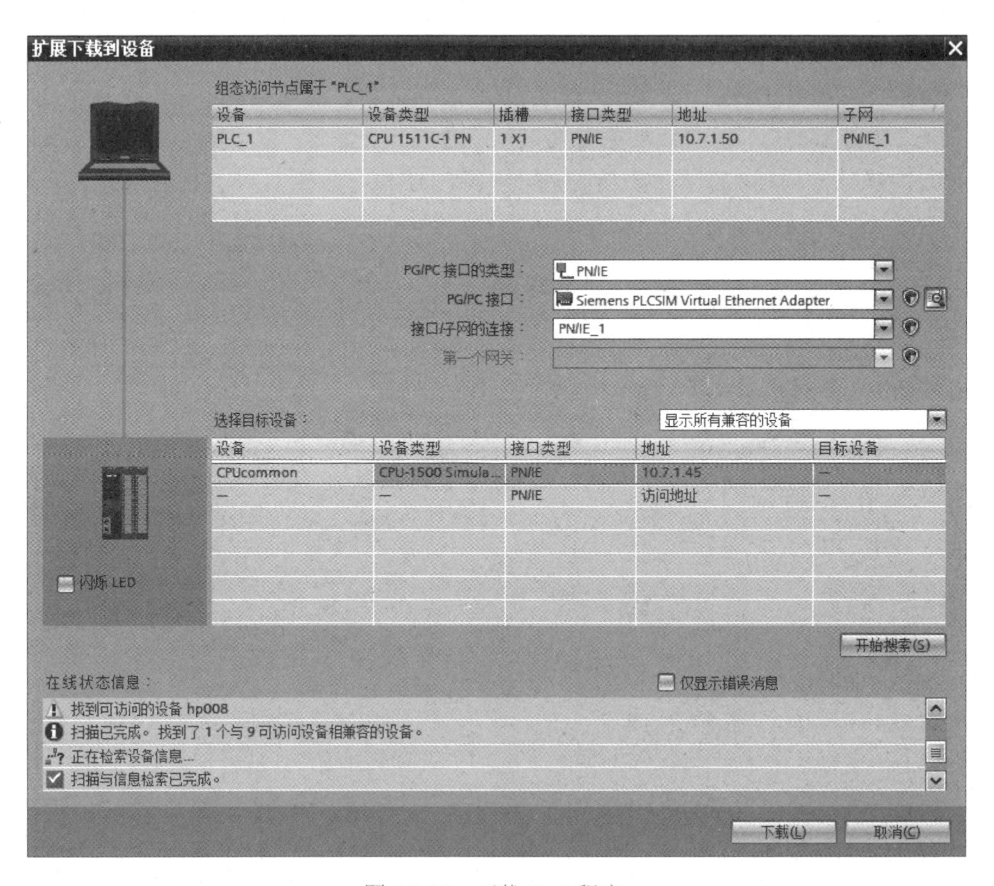

图 4.3.15　下载 PLC 程序

图 4.3.16　S7-PLCSIM Advanced V3.0 软件中 PLC 的运行状态

3. 触摸屏组态与设置

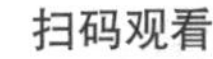

触摸屏组态与设置

在 TIA Portal V16 软件中通过添加新设备的方式组态一个触摸屏，触摸屏的型号没有特殊要求，可根据实际需求选择，此处选择 SIMATIC 精简系列面板中的“KTP900 Basic”显示屏，订货号为“6AV2 123-2JB03-0AX0”，如图 4.3.17 所示。组态完成后，在“常规”选项卡依次选择“PROFINET 接口”→“以太网地址”选项，在右侧区域中将“子网”设置为“PN/IE_1”，并将其 IP 地址设置为“10.7.1.51”，如图 4.3.18 所示。

图 4.3.17　组态触摸屏

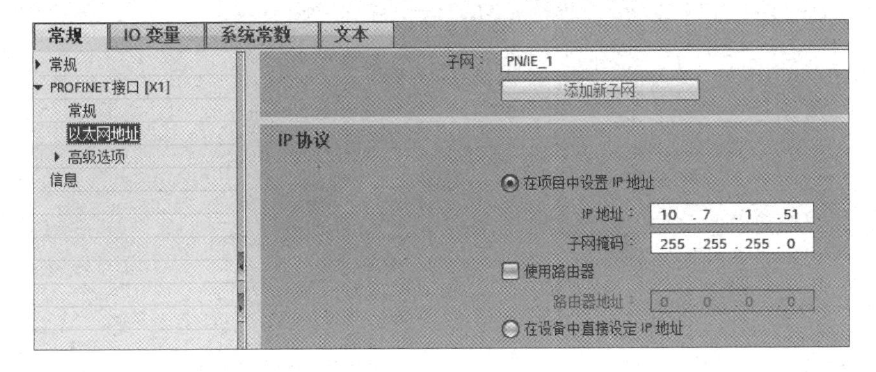

图 4.3.18　设置触摸屏 IP 地址

在触摸屏画面中添加一个按钮、一个文本和一个圆形图标（圆饼灯），如图 4.3.19 所示。按钮关联 PLC 变量中的“触摸屏运动控制”变量，以达到通过触摸屏控制机器人运动启停的目的。圆形图标（圆饼灯）关联 PLC 变量中的“Robot 状态信号输入”变量，用于显示机器人的运行状态。触摸屏画面制作完成后，单击“启动仿真”按钮，打开仿真界面。

扫码观看

中断程序

图 4.3.19　触摸屏画面制作

4. 机器人中断程序的应用

在机器人运行过程中，如果发生需要紧急处理的情况，机器人需要中断当前的执行，程序指针马上跳转到专门的程序中对紧急情况进行相应的处理。处理结束后，程序指针返回到被中断的地方，继续执行程序。专门用来处理紧急情况的程序就叫作中断程序。

以“1+X”考核平台中的案例为例，若通过触摸屏发出机器人停止运动信号，机器人接收触发信号后立即停止运动，并将机器人运动状态反馈到触摸屏上。打开“t23-finished”工作站，并在 RAPID 程序中添加以下内容。

在程序声明中添加的内容如下。

```
VAR intnum instart; /定义两个中断变量
VAR intnum instop;
```

在初始化函数中添加的内容如下。

```
IDelete instart;   /删除变量 instart 数据
CONNECT instart WITH tr_start;  /将变量 instart 与程序 tr_start 间建立关联
ISignalDI DI16, 0, instart;  /当输入信号 DI16 由 1 变为 0 时触发中断变量 instart
IDelete instop;  /删除变量 instop 数据
CONNECT instop WITH tr_stop;  /将变量 instop 与程序 tr_stop 间建立关联
ISignalDI DI16, 1, instop;  /当输入信号 DI16 由 0 变为 1 时触发中断变量 instop
```

在 Main 函数中任意位置添加的内容如下。

```
TRAP tr_stop
  StopMove;  /停止运动
  StorePath;  /存储路径
  Reset DO12;  /复位 DO12，通过 DO12 输出机器人状态
ENDTRAP
TRAP tr_start
  RestoPath;  /程序指针回到路径中
  StartMove;  /开始运动
  Set DO12;  /置位 DO12
```

```
ENDTRAP
```

操作完成后，会在 RAPID 程序中建立两个中断程序 tr_stop 和 tr_start，tr_stop 程序用来实现当输入信号 DI16 由 0 变为 1 时机器人停止运动功能，tr_start 程序用来实现当 DI16 信号由 0 变为 1 时机器人再次启动运动功能。DI16 信号用于关联触摸屏上的运动控制按钮。每执行完一次中断程序，都使用 DO12 信号输出机器人的当前状态。

扫码观看

RobotStudio 中 OPC UA 客户端的组态与调试

5. RobotStudio 软件的设置与调试

新建一个 Smart 组件，并将其重命名为“SC_OPC UA 通信”。打开“SC_OPC UA 通信”窗口，在“组成”选项卡选择“PLC”组中的“OpcUaClient”选项，在弹出的“OpcUaClient［断开连接］”窗口中将“服务器地址”更改为“opc.tcp://10.7.1.50:4840”，单击“应用”按钮，如图 4.3.20 所示，此处的 IP 地址要和 TIA Portal 软件中 PLC 的组态地址一致。

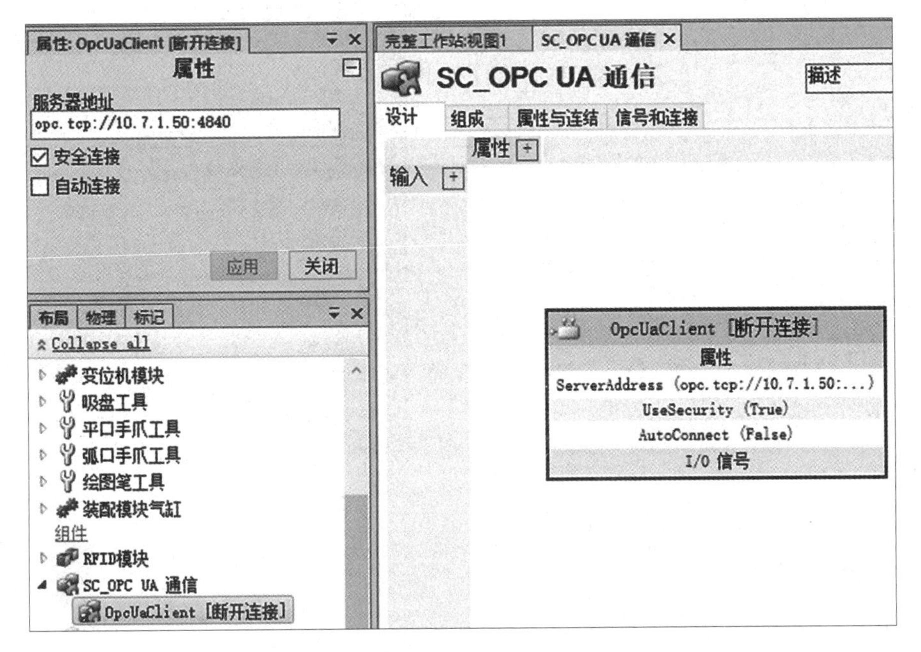

图 4.3.20　设置子组件“OpcUaClient”的 IP 地址

在“SC_OPC UA 通信”窗口中选择“设计”选项卡，显示“OpcUaClient［断开连接］”，表明此时并未实现 RobotStudio 软件与 PLC 的连接。右击“OpcUaClient”子组件，在弹出的快捷菜单中选择“连接”选项，如图 4.3.21 所示。此时会弹出如图 4.3.22 所示的“验证证书”窗口，在窗口中选择“始终信任该证书”单选按钮，单击“确定”按钮。如果组件名由“OpcUaClient［断开连接］”变为“OpcUaClient［连接］”，表明实现了 RobotStudio 软件与 PLC 的连接。

在完成了 RobotStudio 软件与 PLC 连接的基础上，右击“OpcUaClient”子组件并在弹出的快捷菜单中选择“配置”选项，会弹出“OPC UA 客户端配置”窗口。在左侧“OPC UA 服务器接点”区域中依次选择“Root”→“Objects”→“ServerInterfaces”→

“服务端口_1”选项，可找到 PLC 中用于与 RbotStudio 软件进行通信的两个变量“PLC 运动信号输出”和“Robot 状态信号输入”。将“PLC 运动信号输出”变量拖动至右侧的“输出信号←OPC UA 节点”区域中，表明此信号相对于 OPC UA 客户端是一个输出信号；将“Robot 状态信号输入”变量拖动至右侧的“输入信号→OPC UA 节点”区域中，表明此信号相对于 OPC UA 客户端是一个输入信号，如图 4.3.23 所示，单击“确定”按钮。

图 4.3.21 选择“连接”选项

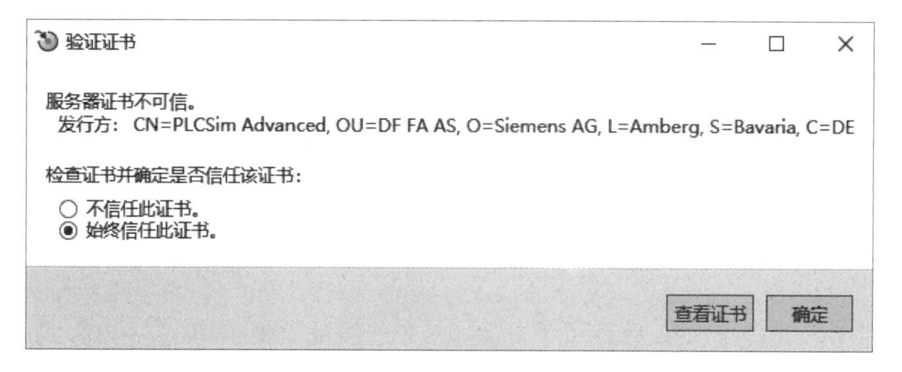

图 4.3.22 在“验证证书”窗口中进行设置

在“设计”选项卡创建一个名为“di_RoStatus”的数字量输入信号和一个名为“do_MoveCtr”的数字量输出信号，并将它们分别与 OPC UA 客户端的“Robot”信号和“PLC”“信号连接”，如图 4.3.24 所示。

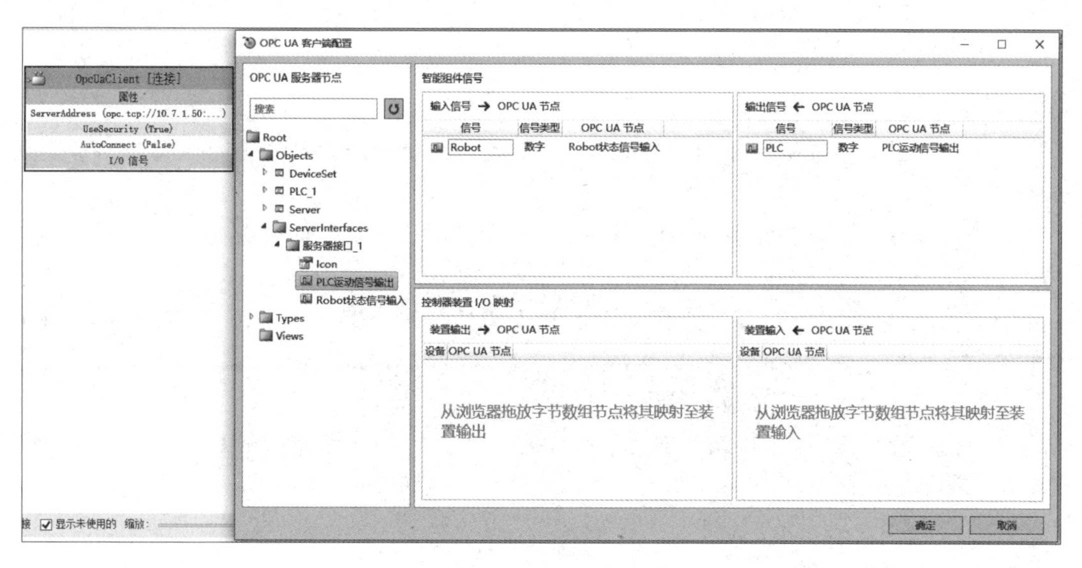

图 4.3.23　在“OPC UA 客户端配置”窗口中配置变量

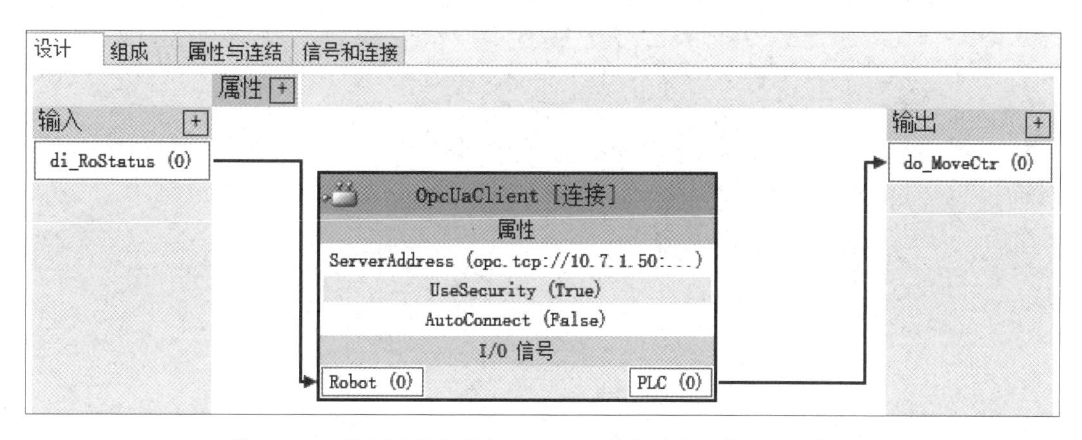

图 4.3.24　将创建的信号与 OPC UA 客户端的“信号和连接”

OPC UA 客户端的输入、输出信号还需要与机器人的输入、输出信号进行关联。在“仿真”选项卡打开“工作站逻辑”窗口，并在“工作站逻辑”窗口的“信号和连接”选项卡添加如图 4.3.25 所示的输入、输出“信号和连接”。

SC_OPC UA通信	do_MoveCtr	XSystem	DI16
XSystem	DO12	SC_OPC UA通信	di_RoStatus

添加I/O Connection　编辑　删除　上移　下移

图 4.3.25　在“信号和连接”选项卡添加的输入、输出“信号和连接”

至此，完成了基于 OPC UA 通信协议实现 RobotStudio 软件与西门子博途软件联合仿真的所有设置。单击“仿真”选项卡的“播放”按钮，使机器人工作站处于运行状态，此时即可使用触摸屏按钮控制机器人的运动状态，同时机器人的运动状态也会通过圆形图标（圆饼灯）显示在触摸屏上。

三、任务小结

本任务中讲解了基于 OPC UA 通信协议实现西门子博途软件和 RoboStudio 软件联合仿真的步骤，具体步骤如下。

（1）在计算机上安装必备的软件；

（2）完成 RobotStudio 工作站的创建及机器人编程；

（3）完成 PLC 程序的编写并将其下载到虚拟仿真器，必须在 PLC 中激活“OPC UA 服务器”；

（4）完成触摸屏程序的编写并开始仿真；

（5）在 RobotStudio 工作站中创建 Smart 组件，与 PLC 间建立基于 OPC UA 通信协议的数据传输通道，运行仿真。

四、思考与练习

（1）在已创建的联合仿真项目的基础上，对程序进行修改，将快换工具模块上的四个工具有无的信号通过 PLC 传输到机器人工作站中。

（2）若将 S7-PLCSIM Advanced V3.0 软件中创建的 PLC 的 IP 地址与 TIA Portal 软件中配置的 PLC 的 IP 地址设置为同一地址，是否可行？

项目 5

机器人打磨工作站仿真

扫码观看

机器人手持工件打磨

打磨任务也属于轨迹类编程任务。打磨工具通常质量较大，机器人无法夹持打磨工具进行运动，因此只能将打磨工具安装在固定位置上，由机器人夹持工件沿某一路径运动，以完成打磨任务。本工作站将通过模拟对马桶盖内外两侧边缘进行打磨的任务，对固定式工具坐标和移动式工件坐标的创建、机器人手持工件的编程方法进行讲解。

任务 5.1　机器人打磨工作站的创建与调试

一、任务目标

扫码下载

打磨工作站素材

扫码观看

机器人打磨工作站的创建

（1）了解固定式工具坐标的创建方法；

（2）了解移动式工件坐标的创建方法。

二、任务实施

1. 机器人打磨工作站的创建

新建一个空工作站，导入 ABB 机器人 IRB 2400，其版本为“IRB 2400/10”。导入库文件“吸盘工具”，将它安装到机器人末端，并断开与库的连接。再分别导入几何体“打磨工具”“工具安装支架”“马桶盖”，并将“马桶盖”安装到机器人末端。创建完成的打磨工作站如图 5.1.1 所示，新建一个名为“Damo-Controller”的虚拟控制器，并将所建工作站保存为“t25”。

2. 工具数据结构及固定式工具坐标的创建方法

在打磨工作站中，由于打磨工具太过沉重，机器人无法夹持打磨工具运动，因此需要将打磨工具固定在工具安装支架上。选择“基本”选项卡“其他”组里的“创建工具数据”

选项，会弹出“创建工具数据”窗口，在窗口中将“名称”修改为“DamoTool”，将“机器人握住工具”的值设置为“False”。使用圆心捕捉工具将工具坐标框架中的“位置 X、Y、Z”设置为打磨工具的上表面圆心位置，其他参数可不做修改，如图 5.1.2 所示。单击“创建”按钮，即会在打磨工具的上表面圆心位置创建一个工具坐标。

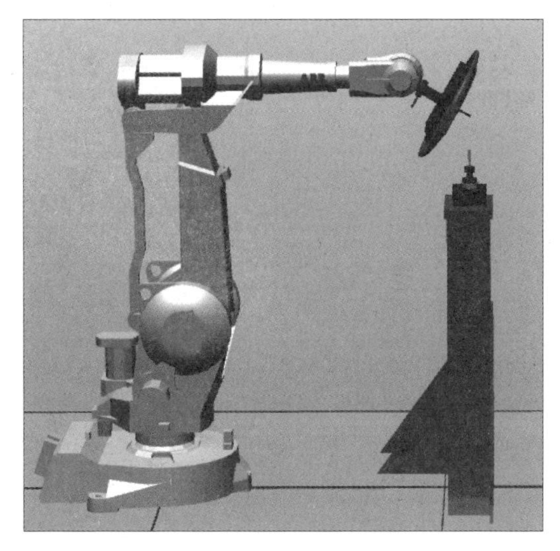

图 5.1.1　创建完成的打磨工作站

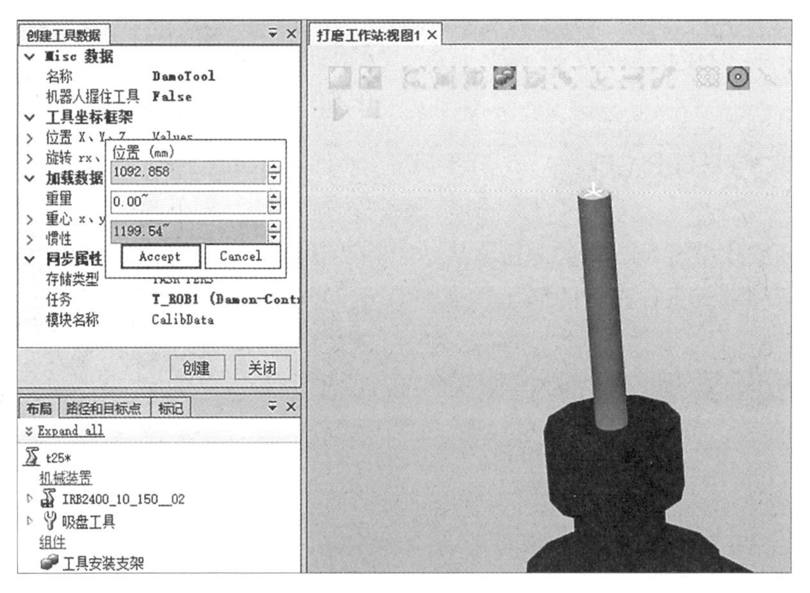

图 5.1.2　创建打磨工具“DamoTool”数据

将创建的工具数据同步到 RAPID，并在“RAPID”选项卡左侧的“控制器”窗口中选择“CalibData”选项，可以看到如图 5.1.3 所示的打磨工具“DamoTool”的声明，声明中包含了“robhold”“tframe”“tload”三个部分，它们的意义如下。

robhold：定义工业机器人是否夹持工具，为 Bool 型数据，数据为“True”时表示机器人夹持工具；数据为“False”时表示机器人未夹持工具，工具固定在一个位置上。

tframe：机器人夹持工具时，表示工具坐标相对于腕坐标系的位置和方向；机器人未夹持工具时，表示工具坐标相对于大地坐标系的位置和方向。

tload：用来显示工具的负载、重心偏移、惯性矩等参数。

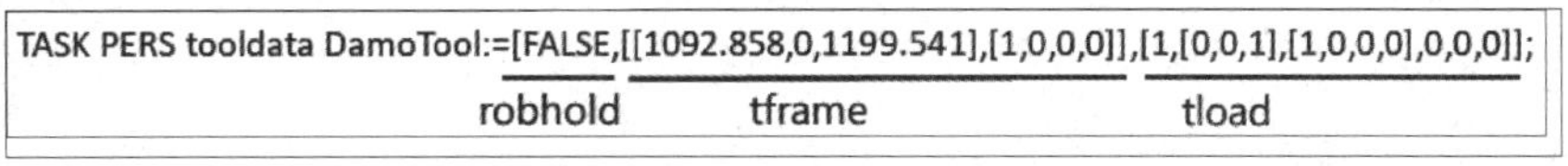

```
TASK PERS tooldata DamoTool:=[FALSE,[[1092.858,0,1199.541],[1,0,0,0]],[1,[0,0,1],[1,0,0,0],0,0,0]];
                              robhold        tframe                        tload
```

图 5.1.3　打磨工具“DamoTool”的声明

如果要在真实的机器人上创建一个固定式工具坐标，需要通过四点法进行两次标定，首先在机器人末端工具上找参考点，建立一个工具坐标“Tool1”，然后用工具坐标“Tool1”标定固定工具末端参考点，建立固定式工具坐标。

3. 工件坐标的数据结构及移动式工件坐标的创建方法

选择“基本”选项卡“其他”组中的“创建工件坐标”选项，会弹出“创建工件坐标”窗口，在窗口中将“名称”设置为“WobjDamo”，将“机器人握住工件”设置为“True”，将“用户坐标框架”中的“位置 X、Y、Z”的“Values”设置为[0，0，120]，如图 5.1.4 所示，单击“创建”按钮，就在吸盘工具末端位置创建了一个工件坐标。

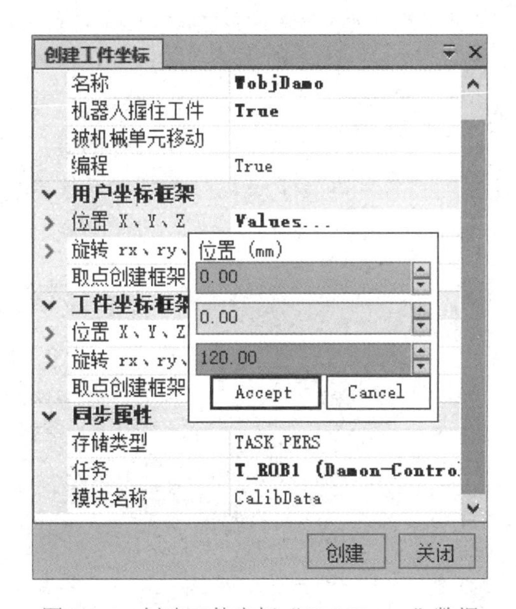

图 5.1.4　创建工件坐标“WobjDamo”数据

将创建的工件坐标数据同步到 RAPID，并在“RAPID”选项卡左侧的“控制器”组里选择“CalibData”选项，可以看到新建的工件坐标“WobjDamo”的声明，如图 5.1.5 所示，声明里共包含了五个部分，分别为“robhold”“ufprog”“ufmec”“uframe”“oframe”，它们的意义如下。

robhold：定义机器人是否夹持工件，数据为“True”时表示机器人夹持工件，数据为“False”时表示机器人未夹持工具。

ufprog：定义用户坐标系是否是固定的，数据一般为“True”，表示是用户坐标系是固定的，数据为“False”时表示用户坐标系是可以移动的，即表示使用协调外轴。

ufmec：表示与工业机器人协调的机械单元，只有当“ufprog”的数据为“False”时才需要进行选择。

uframe 和 oframe：这两个都属于工件坐标，uframe 表示用户坐标系，一般编程时建立的工件坐标都是指用户坐标系，它是相对于腕坐标系的。如果有必要，也可以建立一个目标坐标系，目标坐标系的参数是相对于用户坐标系的。

当要创建一个移动式工件坐标时，要将“robhold”的数据设置为“True”，表示机器人夹持工件。这里并未使用协调外轴，所以“ufprog”和“ufmec”无须设置。“uframe”可直接设置在 Tool0 的原点上，此处应设置在相对于腕坐标系[0, 0, 120]位置处，“oframe”无须设置。

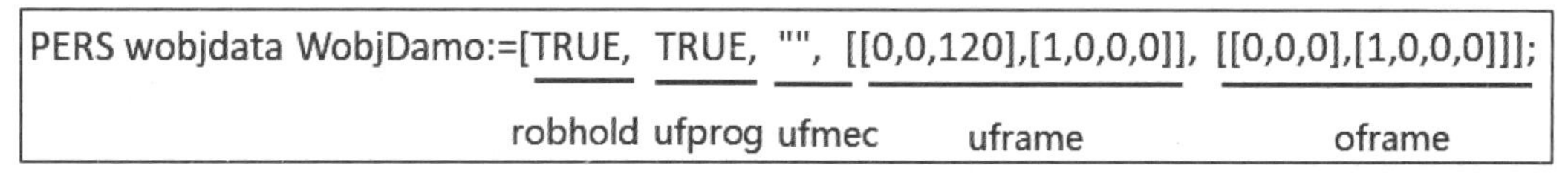

图 5.1.5 工件坐标“WobjDamo”的声明

4. 打磨路径的创建及优化

扫码观看

打磨路径的创建和优化

下面以马桶盖零件内圈曲线打磨路径的创建为例，讲解打磨路径的创建和优化过程。打磨路径的生成步骤可参照“任务 3.3 机器人运行轨迹的自动生成”中的内容。生成打磨路径时，“自动路径”窗口中的参数设置如图 5.1.6 所示，将其中的“参照面”设置为打磨吸盘工具的下平面。使生成路径目标点的 Z 轴垂直于吸盘平面朝上，使用新建的工具坐标“DamoTool”和工件坐标“WobjDamo”，其他参数可根据实际需求进行设置。

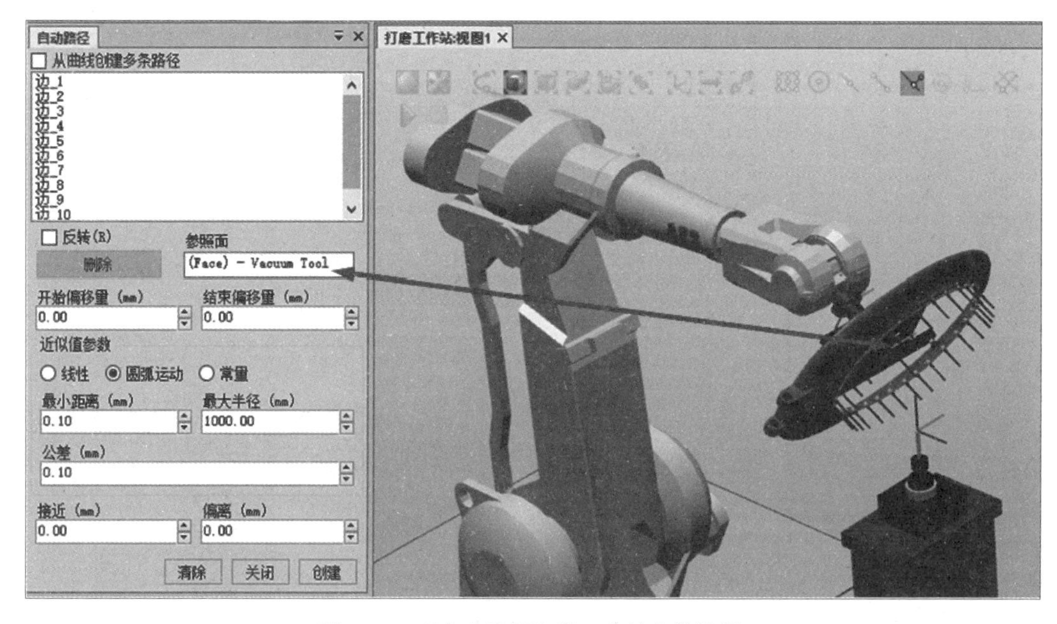

图 5.1.6 “自动路径”窗口中的参数设置

路径创建完成后，在“路径与步骤”中生成一个名为“Path_10”的路径，同时在当前使用的工件坐标下生成当前路径使用的目标点。右击目标点“Target_10”，在弹出的快捷菜单中选择“跳转到目标点”选项，工作区中会出现如图 5.1.7（a）所示的情况，此时打磨头末端圆心点刚好处于打磨曲线上，这与实际打磨时的情况是不同的，工具位置优化后的情况如图 5.1.7（b）所示。这里需要两个步骤对两者间的位置关系进行调整。首先，调整打磨路径的位置，使打磨头与马桶盖的内边缘相切。右击路径“Path_10”，在弹出的快捷菜单中依次选择“路径”→“工具补偿”选项，在弹出的窗口中将“距离”设置为“4mm”（打磨工具的直径为 8mm），“方向”设置为“左”，单击“应用”按钮，完成设置。重新跳转到目标点“Target_10”，即可观察到马桶盖和打磨工具之间的位置变化。然后，调整马桶盖的位置，使打磨工具在马桶盖的上方露出一部分。选中工件坐标“WobjDamo”下的所有目标点，右击，在弹出的快捷菜单中依次选择“修改目标”→“偏移位置”选项，在弹出的窗口中将“Translation”的值设置为[0，0，10]，单击“应用”按钮，即可完成设置。

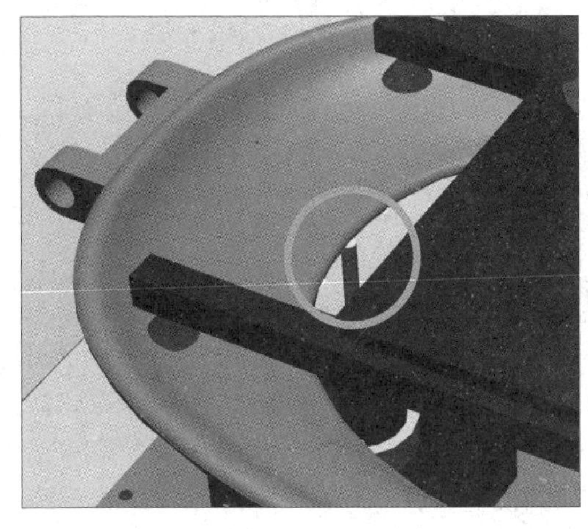

（a）工具位置优化前的情况

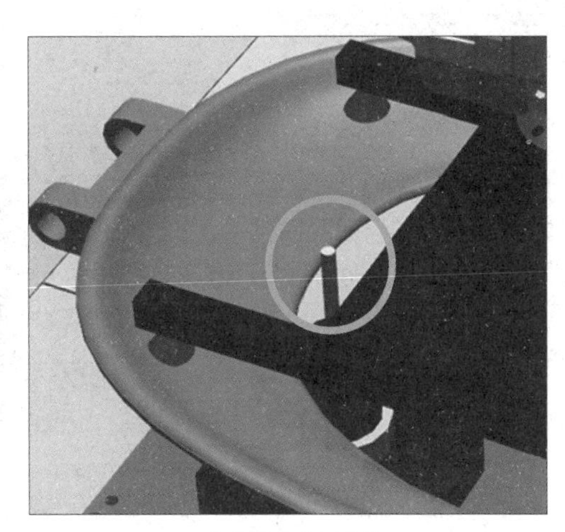

（b）工具位置优化后的情况

图 5.1.7　工具位置优化前后情况对比图

根据任务需求在路径中插入工作起始点、路径进入点和退出点等运动指令，重新配置路径，即可完成打磨路径的创建和优化过程。右击路径“Path_10”，在弹出的快捷菜单中选择“沿着路径运动”选项，可以观察机器人工作时的完整工作状态。将机器人系统同步到 RAPID，在“仿真设定”窗口中将“进入点”设置为“main”，并在 RAPID 的 main 程序中调用“Path_10”，然后单击“仿真控制”选项卡的“播放”按钮，开始仿真。

仿真完成后，保存工作站为“t25-finished”。

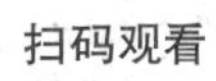

扫码观看

打磨工作站双路径程序的创建

三、思考与练习

（1）在已创建的机器人程序中添加马桶盖外圈的打磨路径，实现对马桶盖外圈双侧边缘的打磨。

（2）图 5.1.5 中 uframe 的值是相对于谁的？oframe 的值是相对于谁的？

任务 5.2　欧拉角与四元数

一、任务目标

扫码观看

欧拉角与四元数

（1）了解欧拉角的概念；
（2）了解四元数与欧拉角的关系；
（3）熟悉欧拉角在 ABB 机器人中的应用。

二、任务实施

在上一任务中，不论是工具坐标结构中的 tframe 值，还是工具坐标数据结构中的 uframe 值，均是由两组数据构成的，前面一组数据由三个数字组成，表示坐标系的位置，而后面一组数据由四个数字组成，表示坐标系的姿态。表示坐标系姿态的四个数字叫作四元数，实际上表示了两个坐标系间的角度关系。

打开“t2-finished”工作站，可以看到机器人末端有两个工具坐标：Tool0 和 Binzel，如图 5.2.1 所示。将工具坐标数据同步到 RAPID，并在 RAPID 中找到 Binzel 的声明：PERS tooldata Binzel: =[True, [[123.560223674, 0, 296.652044776], [0.833885822, 0, 0.551936985, 0]], [1, [0, 0, 100], [1, 0, 0, 0], 0, 0, 0]]。在声明数据中同样可以找到一组表示工具坐标 Binzel 和 Tool0 之间的角度关系的四元数：[0.833885822, 0, 0.551936985, 0]。如果要理解四元数是如何表示两个坐标系之间的角度关系的，需要学习一下欧拉角。

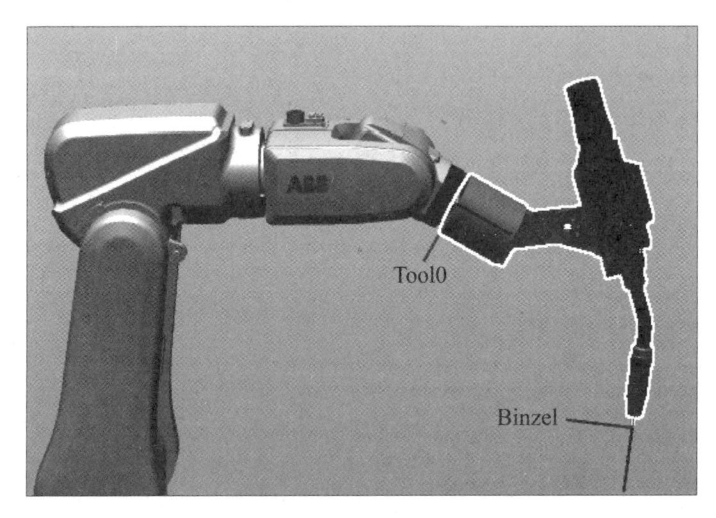

图 5.2.1　焊接工作站中机器人末端的工具坐标

1. 欧拉角

欧拉角表示构件在三维空间中有限转动的三个相对转角（进动角、章动角、自旋角）。欧拉角是一种人为规定的旋转顺序和旋转角度，用来表示两个坐标系之间的角度关系。

从坐标系 XYZ 旋转得到坐标系 $X''Y''C''$ 最多需要绕坐标轴进行三次旋转。假如第一次旋转时，让坐标系 XYZ 绕其自身的坐标轴 Z 旋转 α 角，得到坐标系 $X'Y'Z$；第二次旋转时，让坐标系 $X'Y'Z$ 绕其自身的坐标轴 Y' 旋转 β 角，得到坐标系 $X''Y'Z'$；第三次旋转时，让坐标系 $X''Y'Z'$ 绕其自身的坐标轴 X'' 旋转 γ 角，得到坐标系 $X''Y''Z''$，如图 5.2.2 所示。ZYX 欧拉角是指通过先绕 Z 轴旋转，再绕 Y 轴旋转，最后绕 X 轴旋转的方式表示两个坐标系之间的角度。在 ABB 机器人中使用的 ZYX 欧拉角，其对应旋转角度为（α，β，γ）。

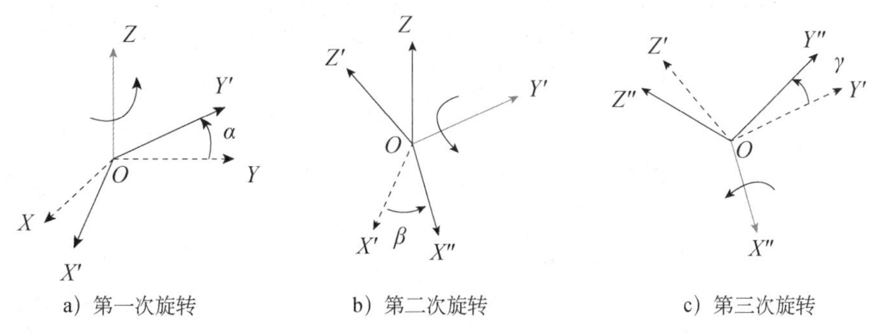

图 5.2.2　ZYX 欧拉角示意图

虽然使用欧拉角可以形象直观地表达两个坐标系间的关系，而且只需要 3 个旋转角度参数，但同时也可能会带来万向节死锁、旋转顺序不同造成不同的结果、计算量大等问题，因此 ABB 机器人采用四元数来表达角度的关系。

2. 四元数

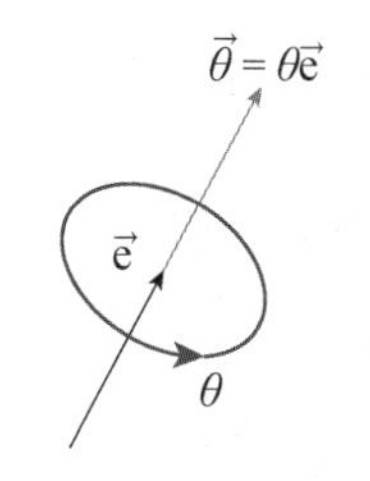

图 5.2.3　旋转变量示意图

如果坐标系 $X''Y''Z''$ 是由坐标系 XYZ 旋转而来的，那么在空间中总是能找到一根转轴，使得坐标系 XYZ 绕这根转轴旋转一个角度即可达到坐标系 $X''Y''Z''$ 位置，且这个转轴在空间中是唯一的。假设转轴可以通过单位向量 $\vec{e}$（x,y,z）表示，旋转角度用 θ 表示，那么可以将此次旋转用旋转向量表示为 $\vec{\theta}=\theta\vec{e}$，如图 5.2.3 所示。

四元数本质上是一种高阶复数，由实部和虚部组成，且虚部包含了三个虚数单位，$\vec{i}$、$\vec{j}$ 和 $\vec{k}$。一个四元数可以表示为 $q=w+x\vec{i}+y\vec{j}+z\vec{k}$。为了方便，可以将一个四元数表示为 $q=(w,\ (x,y,z))=(w,\ \vec{v})$，其中 w 为实数，$\vec{v}$ 是单位向量。

在旋转中引入四元数即是为了更方便地计算旋转向量的方向变换。如果把空间中的一个点绕着单位向量 $\vec{v}$ 旋转轴旋转 θ 角度，那么此次旋转可以用四元数（$\cos\frac{\theta}{2}, x\cdot\sin\frac{\theta}{2}, y\cdot\sin\frac{\theta}{2}, z\cdot\sin\frac{\theta}{2}$）表示，证明过程此处不再详述。用四元数即可表示任意旋转的方向变换。

使用四元数表示方向的变化不仅可以避免使用欧拉角时的万向节死锁现象，同时更加方便快捷，计算效率更高。当然，四元数的概念相对复杂，不直观，每个分量都没有明显的意义。

3. 欧拉角与四元数的转换

ABB 机器人使用的是 *ZYX* 欧拉角，假设绕三个转轴旋转的角度分别为 α、β、 γ，如果用四元数 q 表示此次旋转，那么 q 和三个旋转角度间存在如下关系式：

$$q=\begin{bmatrix}\cos\frac{\alpha}{2}\cos\frac{\beta}{2}\cos\frac{\gamma}{2}+\sin\frac{\alpha}{2}\sin\frac{\beta}{2}\sin\frac{\gamma}{2}\\ \sin\frac{\alpha}{2}\cos\frac{\beta}{2}\cos\frac{\gamma}{2}-\cos\frac{\alpha}{2}\sin\frac{\beta}{2}\sin\frac{\gamma}{2}\\ \cos\frac{\alpha}{2}\sin\frac{\beta}{2}\cos\frac{\gamma}{2}+\sin\frac{\alpha}{2}\cos\frac{\beta}{2}\cos\frac{\gamma}{2}\\ \cos\frac{\alpha}{2}\cos\frac{\beta}{2}\sin\frac{\gamma}{2}-\sin\frac{\alpha}{2}\sin\frac{\beta}{2}\cos\frac{\gamma}{2}\end{bmatrix} \tag{5.2.1}$$

可以根据公式（5.2.1）求出逆解，即由四元数 $q=(w,\ (x,y,z))$ 求出欧拉角的转换：

$$\begin{bmatrix}\alpha\\ \beta\\ \gamma\end{bmatrix}=\begin{bmatrix}\text{arttan}2\left(2\left(wx+yz\right),1-2\left(x^2+y^2\right)\right)\\ \arcsin\left(2\left(wy-xz\right)\right)\\ \text{arttan}2\left(2\left(wz+xy\right),1-2\left(y^2+z^2\right)\right)\end{bmatrix} \tag{5.2.2}$$

如前文所述，表示 Binzel 坐标系与 Tool0 坐标系的四元数为[0.833885822，0,0.551936985，0]，将此结果代入公式（5.2.2）中，可得 $\begin{bmatrix}\alpha\\ \beta\\ \gamma\end{bmatrix}=\begin{bmatrix}0\\ 67^\circ\\ 0\end{bmatrix}$，意味着 Binzel 坐标系是由 Tool0 坐标系绕其自身的 Y 轴旋转 67 度得到的。同理，若将这三个角度值代入公式（5.2.1）中，也能得出相应的四元数。

在 ABB 机器人的 RAPID 语言中也提供了欧拉角与四元数转化的相关函数。

欧拉角向四元数转换的函数为

```
object.rot:=OrientZYX(angleZ, angleY, angleX)
```

三个角度分别为绕 Z 轴、Y 轴和 X 轴的旋转角度。四元数向欧拉角的转换函数为

```
angleY：=EulerZYX(\Y, object.rot)
```

此函数用于计算坐标系绕 Y 轴、X 轴和 Z 轴的旋转角度。

扫码观看

欧拉角和四元数的转换

三、思考与练习

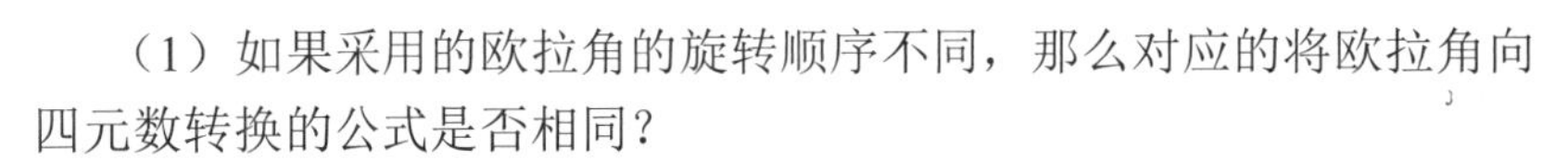

（1）如果采用的欧拉角的旋转顺序不同，那么对应的将欧拉角向四元数转换的公式是否相同？

（2）如果想让机器人末端工具绘出如图 5.2.4 所示轨迹图形，该如何编写机器人程序？

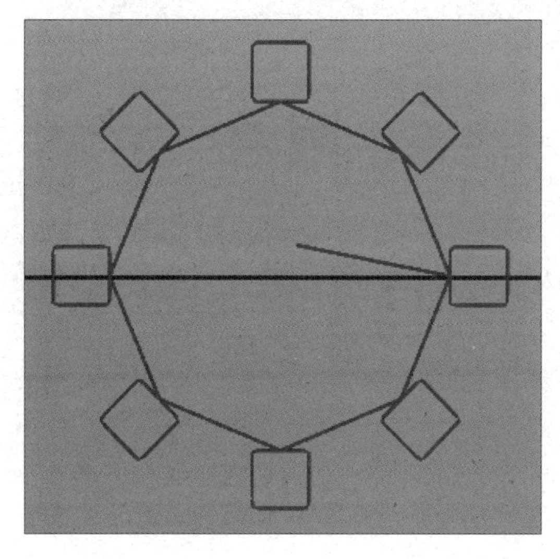

图 5.2.4　轨迹图形

扫码观看

欧拉角在机器人编程中的应用

附录

Smart 组件属性说明

1. 信号和属性子组件

（1）LogicGate

LogicGate 用于数字信号的逻辑运算，即将信号 InputA 和 InputB 进行逻辑运算后，输出结果 Output。Logic Gate 可以设置输出信号的延迟时间，其具体属性和信号说明见附表 1。

附表 1 LogicGate 属性和信号说明

属性	说明
Operator	共有 AND、OR、XOR、NOT、NOP 五种逻辑运算可以选择
Delay	用于设置输出信号延迟的时间
信号	说明
InputA	第一个输入信号
InputB	第二个输入信号
Output	逻辑运算后的输出结果

（2） LogicExpression

LogicExpression 用于评估逻辑表达式，其属性和信号说明见附表 2。

附表 2 LogicExpression 属性和信号说明

属性	说明
Expression	要评估的逻辑表达式，支持逻辑运算符 And、Or、Not、Xor。对于其他标识符，输入信号会自动添加
信号	说明
Result	逻辑表达式的求值结果

（3）LogicMux

LogicMux 用于选择输入信号。依照公式 Output＝（Input A*NOT Selector）＋（InputB*Selector）设置输出结果 Output，LogicMux 的信号说明见附表 3。

附表 3 LogicMux 信号说明

信号	说明
Selector	当 Selector 的值为 0 时，选择第一个输入信号；当 Selector 的值为 1 时，选择第二个输入信号
InputA	指定第一个输入信号
InputB	指定第二个输入信号
Output	逻辑运算后的输出结果

（4）LogicSplit

LogicSplit 的作用是根据输入信号的状态，设置脉冲输出信号。LogicSplit 获得 Input，并将 OutputHigh 设置为与 Input 相同，将 OutputLow 设置为与 Input 相反。Input 设为 High 时，PulseHigh 发出脉冲；Input 设为 Low 时，PulseLow 发出脉冲。LogicSplit 的信号说明见附表 4 所示。

附表 4 LogicSplit 信号说明

信号	说明
Input	指定输入信号
OutputHigh	Input 的值为 1 时，OutputHigh 的值为 1
OutputLow	Input 的值为 0 时，OutputLow 的值为 1
PulseHigh	Input 的值为 High 时，PulseHigh 发出脉冲
PulseLow	Input 的值为 Low 时，PulseLow 发出脉冲

（5）LogicSRLatch

LogicSRLatch 用于置位/复位信号，并带有锁定功能，其信号说明见附表 5。

附表 5 LogicSRLatch 信号说明

信号	说明
Set	置位输出信号
Reset	复位输出信号
Output	输出信号
InvOutput	输出置反信号

（6）Converter

Converter 用于属性值和信号值之间的转换，其属性和信号说明见附表 6。

附表 6 Converter 属性和信号说明

属性	说明
AnalogProperty	将信号从 AnalogInput 转换为 AnalogOutput
DigitalProperty	将信号从 DigitalInput 转换为 DigitalOutput
BooleanProperty	将信号从 DigitalInput 转换成 DigitalOutput
GroupProperty	将信号从 GroupInput 转换为 GroupOutput
信号	说明
DigitalInput	转换为 DigitalProperty
DigitalOutput	根据 DigitalProperty 进行转换

续表

信号	说明
AnalogInput	转换为 AnalogProperty
AnalogOutput	根据 AnalogProperty 进行转换
GroupInput	转换为 GroupProperty
GroupOutput	根据 GroupProperty 进行转换

（7）VectorConverter

VectorConverter 用于 Vector 向量值和 X、Y、Z 值之间转换，其属性说明见附表 7。

附表 7　VecterComverter 属性说明

属性	说明
X	指定 Vector 的 X 值
Y	指定 Vector 的 Y 值
Z	指定 Vector 的 Z 值
Vector	指定向量值

（8）Expression

Expression 用于验证数学表达式。表达式中包括数字字符，圆括号，数学运算符 s、+、–、*、/、^（幂）和数学函数 sin、cos、asin、atan、atan2、sqrt、abs。任何其他字符串被视为变量，作为需要添加的附加信息，计算结果将显示在 Result 框中，Expression 的属性说明见附表 8。

附表 8　Expression 属性说明

属性	说明
Expression	指定要计算的表达式
Result	显示计算结果

（9）Comparer

Comparer 的作用是设定一个数字信号，使用运算符对第一个值和第二个值进行比较，当满足条件时，Output 显示为 1。Comparer 的属性和信号说明见附表 9。

附表 9　Comparer 属性和信号说明

属性	说
ValueA	指定第一个值
Operator	指定比较运算符。 以下列出了各种运算符： == ! = > >= < <=
ValueB	指定第二个值
信号	说明
Output	如果比较的结果为真，变成 High（1）

（10）Counter

Counter 的作用是增加或减少属性的值。设置输入信号 Increase 为 High（1）时，Count 增加；设置输入信号 Decrease 为 High（1）时，Count 减少；设置输入信号 Reset 为 High（1）时，Count 被重置。Counter 属性和信号说明见附表 10。

附表 10　Counter 属性和信号说明

属性	说明
Count	计数，默认初始值为 0
信号	说明
Increase	设置为 High（1）时，将在 Count 中进行加 1 操作
Decrease	设置为 High（1）时，将在 Count 中进行减 1 操作
Reset	设置为 High（1）时，将 Count 复位为 0

（11）Repeater

Repeater 用于统计脉冲输出信号的次数，其属性和信号说明见附表 11。

附表 11　Repeater 属性和信号说明

属性	说明
Count	脉冲输出的次数
信号	说明
Execute	设置为 High（1）时，用来计算脉冲输出信号的次数
Output	输出信号

（12）Timer

Timer 用于仿真时在指定的时间间隔输出一个数据信号。如果未勾选“Repeat”复选框，在 Interval 中指定的时间间隔后将触发一个脉冲，若勾选“Repeat”复选框，在 Interval 指定的时间间隔后重复触发脉冲。Timer 的属性和信号说明见附表 12。

附表 12　Timer 属性和信号说明

属性	说明
StartTime	指定触发第一个脉冲前的时间
Interval	脉冲宽度
Repeat	指定信号脉冲是重复还是单次
CurrentTime	输出当前时间
信号	说明
Active	信号设置为 True 时，启用 Timer；信号设置为 False 时，停用 Timer
Reset	设置为 High（1）时，去复位当前计时
Output	在指定时间间隔发出脉冲，变成 High（1），否则变成 Low（0）

（13）MultiTimer

MultiTimer 用于在仿真期间的特定时间发出脉冲数字信号，其属性和信号说明见附表 13。

附表 13　MultiTimer 属性和信号说明

属性	说明
Count	信号数
CurrentTime	输出当前时间
Timel	时间
信号	说明
Active	信号设置为 True 时，启用 Timer；设置为 False 时，停用 Timer
Reset	设置为 High（1）时，去复位当前计时
Output1	在发出脉冲数字信号的特定时间变成 High（1），其余时间变成 Low（0）

（14）StopWatch

StopWatch 用于为仿真过程计时，其属性和信号说明见附表 14。

附表 14　StopWatch 属性和信号说明

属性	说明
TotalTime	输出总累计时间
LapTime	当前单圈循环的时间
AutoReset	在仿真开始时，复位计时器
信号	说明
Active	信号设置为 True，启用计时；信号设置为 False 时，停止计时
Reset	设置为 High（1）时，复位当前计时
Lap	触发 Lap 输入信号将开始新的循环

2. 参数建模子组件

（1）ParametricBox

ParametricBox 用于创建一个指定长度、宽度和高度的长方体，其属性和信号说明见附表 15。

附表 15　ParametricBox 属性和信号说明

属性	说明
SizeX	指定长方体长度
SizeY	指定长方体宽度
SizeZ	指定长方体高度
GeneratedPart	已生成的部件
KeepGeometry	设置为 False 时，放弃已生成的部件
信号	说明
Update	设置为 High（1）时，更新已生成的部件

（2）ParametricCylinder

ParametricCylinder 用于根据给定的半径和高度生成一个圆柱体，其属性和信号说明见附表 16。

附表 16　ParametricCylinder 属性和信号说明

属性	说明
Radius	指定圆柱的底面半径
Height	指定圆柱的高
GeneratedPart	已生成的部件
KeepGeometry	设置为 False 时，放弃已生成的部件
信号	说明
Update	设置为 High（1）时，更新已生成的部件

（3）ParametricLine

ParametricLine 用于根据给定端点和长度生成线段。如果端点或长度发生变化，生成的线段将随之更新，ParametricLine 的属性和信号说明见附表 17。

附表 17　ParametricLine 属性和信号说明

属性	说明
EndPoint	指定线段的结束点
Length	指定长度
GeneratedPart	已生成的部件
GeneratedWire	生成的线框
KeepGeometry	设置为 False 时，放弃已生成的部件
信号	说明
Update	设置为 High（1）时，更新已生成的部件

（4）ParametricCircle

ParametricCircle 用于根据给定的半径生成一个圆，其属性和信号说明见附表 18。

附表 18　ParametricCircle 属性和信号说明

属性	说明
Radius	指定圆的半径
GeneratedPart	已生成的部件
GeneratedWire	生成的线框
KeepGeometry	设置为 False 时，放弃已生成的部件
信号	说明
Update	设置为 High（1）时，更新已生成的部

（5）LinearExtrusion

LinearExtrusion 用于沿着指定的方向拉伸面或线，其属性和信号说明见附表 19。

附表 19　LinearExtrusion 属性和信号说明

属性	说明
SourceFace	对表面进行拉伸
SourceWire	对线段进行拉伸
Projection	沿着向量方向进行拉伸

续表

属性	说明
GeneratedPart	已生成的部件
KeepGeometry	设置为 False 时放弃已生成的部件
信号	说明
Update	设定为 High（1）时更新已生成的部件

（6）LinearRepeater

LinearRepeater 用于根据 Offset 给定的间隔和方向创建一定数量的图形的拷贝，其属性说明见附表 20。

附表 20　LinearRepeater 属性说明

属性	说明
Source	指定要拷贝的对象
Offset	在两个拷贝之间进行空间的偏移
Distance	指定拷贝间的距离
Count	指定要拷贝对象的数量

（7）MatrixRepeater

MatrixRepeater 用于在三维环境中按照指定的间隔创建指定数量的图形的拷贝，其属性说明见附表 21。

附表 21　MatrixRepeater 属性说明

属性	说明
Source	指定要拷贝的对象
CountX	在 *X* 轴方向上创建拷贝的数量
CountY	在 *Y* 轴方向上创建拷贝的数量
CountZ	在 *Z* 轴方向上创建拷贝的数量
OffsetX	在 *X* 轴方向上拷贝间的偏移
OffsetY	在 *Y* 轴方向上拷贝间的偏移
OffsetZ	在 *Z* 轴方向上拷贝间的偏移

（8）CircularRepeater

CircularRepeater 用于根据指定的角度，创建按指定半径圆周排列的一定数量的拷贝，其属性说明见附表 22。

附表 22　CircularRepeater 属性说明

属性	说明
Source	指定要拷贝的对象
Count	要创建拷贝的数量
Radius	指定圆周的半径
DeltaAngle	指定拷贝间的角度

3. 传感器子组件

（1）CollisionSensor

CollisionSensor 用于检测第一个对象和第二个对象间的碰撞和接近丢失。如果其中一个对象没有指定，将检测另外一个对象在整个工作站中的碰撞。激活传感器后，检测对象发生碰撞或接近丢失并且组件处于活动状态时，会在属性编辑器的第一个碰撞部件或第二个碰撞部件中报告发生碰撞或接近丢失的部件，并且发出信号。CollisionSensor 的属性和信号说明见附表 23。

附表 23 CollisionSensor 属性和信号说明

属性	说明
Object1	检测碰撞的第一个对象
Object2	检测碰撞的第二个对象
NearMiss	接近丢失的距离
Part1	与第一个对象发生碰撞的部件
Part2	与第二个对象发生碰撞的部件
CollisionType	None 无 Near miss 接近丢失 Collision 碰撞
信号	说明
Active	设置为 High（1）时，激活传感器
SensorOut	当发生碰撞或将要发生碰撞时，变成 High（1）

（2）LineSensor

LineSensor 线传感器会根据 Start、End 和 Radius 定义一条线段，当 Active 信号为 High（1）时，线传感器将检测与该线段相交的对象。相交的对象会显示在 SensedPart 属性中，相交对象距线传感器起点最近的点会显示在 SensedPoint 属性中，出现相交时 SensorOut 输出信号。LineSensor 的属性和信号说明见附表 24。

附表 24 LineSensor 属性和信号说明

属性	说明
Start	线段起始点
End	线段终点
Radius	线段检测半径
SensedPart	与 Line Sensor 相交的部件，如果有多个部件相交，则列出距起始点最近的部件
SensedPoint	相交对象上距离线传感器起始点最近的点
信号	说明
Active	设置为 High（1）时，激活线传感器
SensorOut	当线传感器与某一对象相交时，信号为 True

（3）PlaneSensor

PlaneSensor 面传感器会根据 Origin、Axis1 和 Axis2 定义平面，设置 Active 输入信号为 High（1）时，面传感器会检测与平面相交的对象。相交的对象将会显示在 SensedPart 属性中，出现相交时 SensorOut 输出信号。Plane Sensor 的属性和信号说明见附表 25。

附表 25　PlaneSensor 属性和信号说明

属性	说明
Origin	平面的原点
Axis1	平面的一条边
Axis2	平面的另一条边
SensedPart	指定与 PlaneSensor 相交的部件，如果多个部件相交，则在布局窗口中第一个显示的部件将被选中
信号	说明
Active	设置为 High（1）时，激活面传感器
SensorOut	当面传感器与某一对象相交时，信号为 True

（4）VolumeSensor

VolumeSensor 用于检测是否有对象完全或部分位于箱形物体内。箱形物体用角点、边长、边高、边宽和方位角定义。Volume Sensor 的属性和信号说明见附表 26。

附表 26　VolumeSensor 属性和信号说明

属性	说明
CornerPoint	箱形物体的角点
Orientation	相对于参考坐标和对象的方向
Length	箱形物体的长度
Width	箱形物体的宽度
Height	箱形物体的高度
PartialHit	检测仅有一部分位于箱形物体内的对象
SensedPart	检测到的对象
信号	说明
Active	设置为 High（1）时，激活传感器
SensorOut	检测到对象时，变为 High（1）

（5）PositionSensor

PositionSensor 用于监控对象的位置和方向，对象的位置和方向仅在仿真期间才会被更新，其属性说明见附表 27。

附表 27　PositionSensor 属性说明

属性	说明
Object	要监控的对象
Reference	参考坐标系（Object 或 Global）
ReferenceObject	如果将 Reference 设置为 Object，指定参考对象
Position	相对于参考坐标对象的位置
Orientation	相对于参考坐标对象的方向

（6）ClosestObject

ClosestObject 用于查找最接近参考物或参考点的对象。如果定义了参考对象或参考点，会检测到 ClosestObject、ClosestPart 和 Distance（如未定义参考对象）；如果定义了 RootObject，则会将搜索的范围限制为该对象和其同源对象。完成搜索并更新相关属性后，将改变

Executed 信号。ClosestObject 的属性和信号说明见附表 28。

附表 28 ClosestObject 属性和信号说明

属性	说明
ReferenceObject	设置参考对象，查找距该对象最近的对象
ReferencePoint	设置参考点，查找距该点最近的对象
RootObject	查找指定对象和其同源对象，该属性为空表示整个工作站
ClosestObject	距参考对象或参考点最近的对象
ClosestPart	距参考对象或参考点最近的部件
Distance	参考对象和最近的对象之间的距离
信号	说明
Execute	设置为 High（1）时，去找最接近的对象
Executed	当操作完成时，变成 High（1）

（7）JointSensor

JointSensor 用于仿真期间监控机械的接点值，其属性和信号说明见附表 29。

附表 29 JointSensor 属性和信号说明

属性	说明
Mechanism	要监控的机械
信号	说明
Update	设置为 High（1）时，更新节点值

（8）GetParent

GetParent 用于获取对象的父对象，其属性说明见附表 30。

附表 30 GetParent 属性说明

属性	说明
Child	子对象
Parent	父对象

4. 动作子组件

（1）Attacher

Attacher 用于安装一个对象，设置 Execute 信号时，Attacher 将 Child 安装到 Parent 上。如果 Parent 为机械装置，还必须指定要安装的 Flange。如果勾选 Mount 复选框，还会使用指定 Offset 和 Orientation 将子对象装配到父对象上。完成时，将置位 Executed 输出信号。Attacher 的属性和信号说明见附表 31。

附表 31 Attacher 属性和信号说明

属性	说明
Parent	安装的父对象
Flange	要安装在机械装置的哪个法兰上
Child	要安装的法兰

续表

属性	说明
Mount	如果为 True，子对象装配在父对象上
Offset	当使用 Mount 时，指定相对于父对象的位置
Orientation	当使用 Mount 时，指定相对于父对象的方向
信号	说明
Execute	设置为 High（1）时，开始安装
Executed	安装完成时，变成 High（1）

（2）Detacher

Detacher 用于拆除一个已安装的对象，设置 Execute 信号时，Detacher 会将 Child 从其所安装的父对象上拆除。如果勾选了 KeepPosition 复选框，被拆除对象的位置将保持不变，否则被拆除的对象将返回其原始位置。完成时，将置位 Executed 信号。Detacher 的属性和信号说明见附表 32。

附表 32　Detacher 属性和信号说明

属性	说明
Child	要拆除的对象
KeepPosition	如果未勾选，被拆除的对象将返回其原始位置
信号	说明
Execute	设置为 High（1）时，移除已安装的物体
Executed	拆除操作完成时，变成 High（1）

（3）Source

Source 用于创建一个图形组件的拷贝。在收到 Execute 输入信号时开始拷贝对象，要拷贝对象的父对象由 Parent 定义，收到输出信号 Executed 时表示拷贝已完成。Source 的属性和信号说明见附表 33。

附表 33　Source 属性和信号说明

属性	说明
Source	要拷贝的对象
Copy	完成的拷贝件
Parent	要拷贝对象的父对象。如果未指定，则拷贝件与源对象是相同的父对象
Position	拷贝件相对于其父对象的位置
Orientation	拷贝件相对于其父对象的方向
Transient	勾选后，仿真时创建的拷贝件自动被删除。这样可以避免在仿真过程中过分消耗内存
信号	说明
Execute	设置为 High（1）时，创建一个对象的拷贝件
Executed	拷贝操作完成时，变成 High（1）

（4）Sink

Sink 用于删除图形组件。置位 Execute 输入信号时，开始删除 Object 中参考的对象，删除完成时，置位 Executed 输出信号。Sink 的属性和信号说明见附表 34。

附表 34　Sink 属性和信号说明

属性	说明
Object	要删除的对象
信号	说明
Execute	设置为 High（1）时，删除物体
Executed	删除操作完成时，变成 High（1）

（5）Show

Show 用于在画面中使该对象可见。设置 Execute 信号时，将显示 Object 中参考的对象，完成时，将置位 Executed 信号。Show 的属性和信号说明见附表 35。

附表 35　Show 属性和信号说明、

属性	说明
Object	要显示的对象
信号	说明
Execute	设置为 High（1）时，显示物体
Executed	显示操作完成时，变成 High（1）

（6）Hide

Hide 用于在画面中将对象隐藏。设置 Execute 信号时，将隐藏 Object 中参考的对象，完成时，将置位 Executed 信号。Hide 的属性和信号说明见附表 36。

附表 36　Hide 属性和信号说明

属性	说明
Object	要隐藏的对象
信号	说明
Execute	设置为 High（1）时，隐藏物体
Executed	隐藏操作完成时，变成 High（1）

（7）SetParent

SetParent 用于设置图形组件的父对象。设置 Execute 信号时，将 Child（子对象）移至新建 Parent（父对象）。SetParent 的属性和信号说明见附表 37。

附表 37　SetParent 属性和信号说明

属性	说明
Child	子对象
Parent	新建父对象
KeepTransform	保持子对象的位置和方向
信号	说明
Execute	设置为 High（1）时，以将子对象移至新建父对象

5. 本体子组件

（1）LinearMover

LinearMover 用于按指定的速度沿指定的方向移动对象（线性移动对象）。置位 Execute 信号时开始移动，复位 Execute 信号时停止移动。LinearMover 的属性和信号说明见附表 38。

附表 38　LinearMover 属性和信号说明

属性	说明
Object	要移动的对象
Direction	移动方向
Speed	移动速度
Reference	参考坐标系，可以是 Global、Local 或 Object
ReferenceObject	如果将 Reference 设置为 Object，指定参考对象
信号	说明
Execute	设置为 High（1）时，开始移动对象

（2）LinearMover2

LinearMover2 用于移动一个对象到指定位置，其属性和信号说明见附表 39。

附表 39　LinearMover2 属性和信号说明

属性	说明
Object	要移动的对象
Direction	移动方向
Distance	移动距离
Duration	移动时间
Reference	参考坐标系，可以是 Global、Local 或 Object
ReferenceObject	如果将 Reference 设置为 Object，指定参考对象
信号	说明
Execute	设置为 High（1）时，开始移动对象
Executed	移动完成时，变成 High（1）
Executing	移动的时，变成 High（1）

（3）Rotator

Rotator 用于按照指定的旋转速度绕轴旋转对象。旋转轴通过 CenterPoint 和 Axis 进行定义。置位 Execute 输入信号时开始运动，复位 Execute 输入信号时停止运动。Rotator 的属性和信号说明见附表 40。

附表 40　Rotator 属性和信号说明

属性	说明
Object	要旋转的对象
CenterPoint	旋转中心
Axis	旋转轴
Speed	旋转速度

续表

属性	说明
Reference	参考坐标系，可以是 Global、Local 或 Object
ReferenceObject	如果将 Reference 设置为 Object，指定相对于 CenterPoint 和 Axis 的对象
信号	说明
Execute	设置为 High（1）时，开始旋转对象

（4）Rotator2

Rotator2 用于绕着一个轴将对象旋转指定的角度，其属性和信号说明见附表 41。

附表 41　Rotator2 属性和信号说明

属性	说明
Object	要旋转的对象
CenterPoint	旋转中心
Axis	旋转轴
Angle	旋转角度
Duration	旋转时间
Reference	参考坐标系，可以是 Global、Local 或 Object
ReferenceObject	如果将 Reference 设置为 Object，指定相对于和 CenterPiont 和 Axis 的对象
信号	说明
Execute	设置为 High（1）时，开始旋转对象
Executed	旋转完成时，变成 High（1）
Executing	旋转的时，变成 High（1）

（5）PoseMover

PoseMover 用于将机械装置运动到给定姿态。置位 Execute 输入信号时，机械装置的关节值移向给定姿态；达到给定姿态时，置位 Executed 输出信号。PoseMover 属性和信号说明见附表 42。

附表 42　PoseMover 属性和信号说明

属性	说明
Mechanism	要进行移动的机械装置
Pose	给定姿态
Duration	机械装置运动到给定姿态的时间
信号	说明
Execute	设置为 High（1）时，开始或重新开始移动机械装置
Pause	设置为 High（1）时，暂停移动
Cancel	设置为 High（1）时，取消移动
Executed	移动完成时，变成 High（1）
Executing	移动时，变成 High（1）
Paused	移动被暂停时，变为 High（1）

（6）JointMover

JointMover 用于运动机械装置的关节。当置位 Execute 信号时，机械装置的关节向给定的位姿移动；当达到位姿时，将置位 Executed 输出信号。使用 GetCurrent 信号可以重新找回机械装置当前的关节值。JointMover 的属性和信号说明见附表 43。

附表 43　JointMover 属性和信号说明

属性	说明
Mechanism	要进行移动的机械装置
Relative	指定 J1-Jx 是否是起始位置的相对值，而非绝对值
Duration	机械装置移动到指定位姿的时间
J1-Jx	关节值
信号	说明
GetCurrent	设置为 High（1）时，返回当前的关节值
Execute	设置为 High（1）时，开始或重新开始移动机械装置
Pause	设置为 High（1）时，暂停移动
Cancel	设置为 High（1）时，取消移动
Executed	移动完成时，变成 High（1）
Executing	移动时，变成 High（1）
Paused	移动被暂停时，变为 High（1）

（7）Positioner

Positioner 用于设置对象的位置与方向。置位 Execute 信号时，开始将对象向 Reference 给定的位置移动。完成时，置位 Executed 输出信号。Positioner 的属性与信号说明见附表 44。

附表 44　Positioner 属性与信号说明

属性	说明
Object	要放置的指定对象
Position	指定对象要放置到的新位置
Orientation	指定对象的新方向
Reference	指定参考坐标系，可以是 Global、Local 或 Object
ReferenceObject	如果将 Reference 设置为 Object，指定相对于 Position 和 Orientation 的对象
信号	说明
Execute	设置为 High（1）时，开始设置位置
Executed	操作完成时，变成 High（1）

（8）MoveAlongCurve

MoveAlongCurve 用于沿几何曲线移动对象（使用常量偏移），其属性和信号说明见附表 45。

附表 45　MoveAlongCurve 属性和信号说明

属性	说明
Object	要进行移动的对象
WirePart	包含移动所沿线的部分
Speed	移动速度
KeepOrientation	勾选后，可保持移动对象的方向

续表

信号	说明
Execute	设置为 High（1）时，开始或重新开始移动机械装置
Pause	设置为 High（1）时，暂停移动
Cancel	设置为 High（1）时，取消移动
Executed	移动完成时，变成 High（1）
Executing	移动时，变成 High（1）
Paused	移动被暂停时，变为 High（1）

6. 控制器子组件

（1） RapidVariable

RapidVariable 用于设置或获得虚拟控制器中 RAPID 任务中的变量的值，其属性和信号说明见附表 46。

附表 46 RapidVariable 属性和信号说明

属性	说明
DataType	指定变量的 RAPID 数据类型
Controller	指定虚拟控制器
Task	指定含变量的 RAPID 任务
Module	指定含变量的 RAPID 模块
Variable	指定 RAPID 变量的名称
Value	RAPID 变量的值
信号	说明
Set	设置为 High（1）时，设置该变量值
Get	设置为 High（1）时，获得该变量值
Executed	操作完成时，变成 High（1）

7. 物理子组件

（1） PhysicsControl

RapidVariable 用于控制指定对象的物理特性，包括指定对象的静力学的、运动学的或动力学的特性，同时可以设置物体的表面速度。PhysicsControl 的属性和信号说明见附表 47。

附表 47 PhysicsControl 属性和信号说明

属性	说明
Object	指定要控制的对象
Behavior	规定物理行为的类型
SurfaceVelocity	设置物体的表面速度（毫米/秒）
信号	说明
Enabled	设置为 High（1）时，启动物理行为
SurfaceVelocityEnabled	设置为 High（1）时，启用表面速度

（2）PhysicsJointControl

PhysicsJointControl 用于控制关节的特性，可设置关节的电机速度。PhysicsJointControl 的属性和信号说明见附表 46。

附表 48　PhysicsJointControl 属性和信号说明

属性	说明
Joint	指定受控制的关节
MotorSpeed	设置关节电机的速度
信号	说明
MotorEnabled	设置为 High（1）时，启用关节电机；设置为 Low（0）时，禁用关节电机

8. PLC 子组件

（1） OpcUaClient

OpcUaClient 用于设置 OPC UA 客户端的参数，其属性和信号说明见附表 49。

附表 49　OpcUaClient 属性和信号说明

属性	说明
ServerAddress	设置待连接 OPC UA 服务器的 IP 地址和端口编号
UseSecurity	启用加密连接并且需要可信服务器证书
AutoConnect	加载工作站时和连接失败后，自动连接
信号	说明
Connect	连接 OPC UA 服务器
Disconnect	与 OPC UA 服务器断开
Configure	配置 OPC UA 服务器接点与 RobotStudio 信号之间的映射
ImporConfiguration	导入 OPC UA 服务器接点与 RobotStudio 信号之间的映射
ExportConfiguration	导出 OPC UA 服务器接点与 RobotStudio 信号之间的映射

（2） SIMITConnection

SIMITConnection 的作用是通过共享存储器实现与西门子 SIMITl 连接，其属性和信号说明见附表 50。

附表 50　SIMITConnection 属性和信号说明

属性	说明
ShareMemoryName	指定 SIMIT 共享存储器名称
信号	说明
Connect	与 SIMIT 连接
Disconnect	与 SIMIT 断开

9. 虚拟现实子组件

（1）VrHandController

VrHandController 用于在 VR 中使用手动控制器移动组件，其属性和信号说明见附表 51。

附表 51 VrHandController 属性和信号说明

属性	说明
Hand	指定左手或右手控制器
TrackTip	选择是否追踪手动控制器的顶端或底部
信号	说明
TriggerDown	主触发器按下时，变成 High（1）

（2）VrSession

VrSession 的作用是添加自定按钮到 VR 菜单窗格，并在用户退出或进入 VR 时发出信号，其属性和信号说明见附表 52。

附表 52 VrSession 属性和信号说明

属性	说明
NumCommands	需要添加的命令数
信号	说明
SessionStarted	用户启动 VR 时，变成 High（1）
SessionEnded	用户退出 VR 时，变成 High（1）

（3）VrTeleporter

VrTeleporter 用于将 VR 用户传送到组件所在的位置，其信号说明见附表 53。

附表 53 VrTeleporter 信号说明

信号	说明
Executed	执行传送时，变成 High（1）

10. 其他子组件

（1）Queue

Queue 用于表示 FIFO（first in，first out）队列，可作为组进行操作。当信号 Enqueue 被置位时，在 Back 中的对象将被添加到队列，队列前端对象将显示在 Front 中。当置位 Dequeue 信号时，Front 对象将从队列中移除。如果队列中有多个对象，下一个对象将显示在前端。当置位 Clear 信号时，队列中所有对象将被删除。如果 Transformer 组件以 Queue 组件作为对象，该组件将转换 Queue 组件中的内容而非 Queue 组件本身。Queue 的属性和信号说明见附表 53。

附表 53 Queue 属性和信号说明

属性	说明
Back	指定 Enqueue 的对象
Front	队列的第一个对象
NumberOfObjects	队列中的对象数目
信号	说明
Enqueue	将在 Back 中的对象添加值队列末尾
Dequeue	删除队列中前面的对象

续表

信号	说明
Clear	将队列中所有对象删除
Delete	在工作站和队列中移除 Front 对象
DeleteAll	清除队列和删除所有工作站中的对象

（2）ObjectComparer

ObjectComparer 用于比较 ObjectA 是否与 ObjectB 相同，通过一个数字信号输出比较结果，其属性和信号说明见附表 54。

附表 54　ObjcctComparer 属性和信号说明

属性	说明
ObjectA	要进行对比的第一个对象
ObjectB	要进行对比的第二个对象
信号	说明
Output	如果两对象相等，变成 High（1）

（3）GraphicSwitch

GraphicSwitch 的作用是通过单击图形中的可见部件或重置输入信号在两个部件间进行转换，其属性和信号说明见附表 55。

附表 55　GraphicSwitch 属性和信号说明

属性	说明
PartHigh	在信号为 High（1）时可见
PartLow	在信号为 Low（0）时可见
信号	说明
Input	输入信号
Output	输出信号

（4）Highlighter

Highlighter 用于临时将所选对象显示为定义了 RGB 值的高亮色彩。高亮色彩混合了对象的原始色彩，通过 Opacity 进行定义。Highlighter 的属性和信号说明见附表 56。

附表 56　Highlighter 属性和信号说明

属性	说明
Object	指定要高亮显示的对象
Color	指定高亮颜色的 RGB 值
Opacity	指定对象原始颜色和高亮颜色混合的程度
信号	说明
Active	设置为 High（1）时，改变颜色，设置为 Low（0）时，恢复原始颜色

（5）MoveToViewPoint

MoveToViewPoint 的作用是当置位输入信号 Execute 时，在指定时间内移动到已定义的视角；当操作完成时，置位输出信号 Executed。MoveToViewPoint 的属性和信号说明见附表 57。

附表 57 MoveToViewPoint 属性和信号说明

属性	说明
ViewPoint	指定要移动到的视角
Time	指定完成操作的时间
信号	说明
Execute	设置为 High（1）时，开始操作
Executed	操作完成时，变成 High（1）

（6）Logger

Logger 的作用是在输出窗口显示信息，其属性和信号说明见附表 58。

附表 58 Logger 属性和信号说明

属性	说明
Format	字符串，支持变量如 {id:type}，类型可以为 d（double），i（int），s（string），o（object）
Message	格式化信息
Severity	信息等级 0（Information）、1（Warning）、2（Error）
信号	说明
Execute	设置为 High（1）时，显示信息

（7）SoundPlayer

SoundPlayer 用于播放声音。当输入信号被置位时，播放 SoundAsset 指定的声音文件，必须为“.wav”格式的文件。SoundPlayer 的属性和信号说明见附表 59。

附表 59 SoundPlayer 属性和信号说明

属性	说明
SoundAsset	指定要播放的声音文件，必须为“.wav”格式的文件
Loop	设置为“True”时，可使声音循环
信号	说明
Execute	设置为 High（1）时，播放声音
Stop	设置为 High（1）时，停止播放

（8）Random

Random 用于生成一个随机数。当输入信号 Execute 被触发时，生成最大值和最小值间的任意值。Random 的属性和信号说明见附表 60。

附表 60 Random 属性和信号说明

属性	说明
Value	最大值和最小值间的随机数
Min	指定最小值

续表

属性	说明
Max	指定最大值
信号	说明
Exrcute	设置为 High（1）时，生成一个新的随机数
Executed	操作完成时，变成 High（1）

（9）StopSimulation

StopSimulation 用于停止仿真。当置位输入信号 Execute 时，停止仿真。StopSimulation 的信号说明见附表 61。

附表 61　StopSimulation 信号说明

信号	说明
Execute	设置为 High（1）时，停止仿真

（10）TraceTCP

TraceTCP 用于开启或关闭机器人的 TCP 跟踪，其属性和信号说明见附表 62。

附表 62　TraceTCP 属性和信号说明

属性	说明
Robot	指定跟踪的机器人
信号	说明
Enabled	设置为 High（1）时，打开 TCP 跟踪
Clear	设置为 High（1）时，清空 TCP 跟踪

（11）SimulationEvents

SimulationEvents 用于在仿真开始和停止时发出脉冲信号，其信号说明见附表 63。

附表 63　SimulationEvents 信号说明

信号	说明
SimulationStarted	仿真开始时，输出脉冲信号
SimulationStopped	仿真停止时，输出脉冲信号

（12）LightControl

LightControl 用于控制光源，其属性和信号说明见附表 64。

附表 64　LightControl 属性和信号说明

属性	说明
Light	指定光源
Color	设置光线颜色
CastShadows	允许光线投射阴影
AmbientIntensity	设置光线的环境光强
DitfuseIntemsity	设置光线的漫射光强
HighlightIntensity	设置光线的反射光强

续表

属性	说明
SpotAngle	设置聚光灯光锥的角度
Range	设置光线的最大范围
信号	说明
Enabled	启用或禁用光源

（13）MarkupControl

MarkupControl 用于控制图形标记的属性，其属性和信号说明见附表 65。

附表 65　MarkupControl 属性和信号说明

属性	说明
Markup	控制标记
Text	标记的文字
Visible	如果标记为可见，为“True”
Position	标记箭头的位置
BackColor	标记的背景颜色
ForeColor	标记的文本颜色
FontSize	标记的文本大小
Topmost	若为“True”，则标记不会被其他对象掩盖
信号	说明
GetValues	设置为 High（1）时，选中标记的检索属性值

（14）ApplicationWindowPanel

ApplicationWindowPanel 可作为图形中显示应用程序窗口内容的面板，其属性说明见附表 66。

附表 66　ApplicationWindowPanel 属性说明

属性	说明
ApplicationName	可执行的应用程序名称
ApplicationTitle	待捕捉的主窗口标题
Width	面板宽度
Height	面板高度
ClipLeft	从左边缘开始点击的像素点
ClipRight	从右边缘开始点击的像素点
ClipTop	从上边缘开始点击的像素点
ClipBottom	从下边缘开始点击的像素点

（15）ColorTable

ColorTable 可用作存储颜色列表，其属性说明见附表 67。

附表 67　ColorTable 属性和信号说明

属性	说明
NumColors	列表中的颜色数
SelectedColorIndex	列表中当前选中的颜色索引
SelectedColor	当前选中的颜色

（16）ConveyorControl

ConveyorControl 用于使用 I/O 信号控制传送带，其属性和信号说明见附表 68。

附表 68　ConveyorControl 属性和信号说明

属性	说明
Conveyor	指定受控制的传送带
信号	说明
Stop	停止传送带
Velocity	设置传送带速度
Acceleration	设置传送带的加速度

（17）DataTable

DataTable 用于存储一系列数据对象，其属性说明见附表 69。

附表 69　DataTable 属性说明

属性	说明
DataType	数据类型，支持数字、文本和颜色等
NumItems	列表中各项数量
SelectedIndex	列表中当前选中项索引
SelectedItem	当前选中项的数值

（18）ExecutedCommand

ExecutedCommand 的作用是执行 RobotStudio 明亮，其属性和信号说明见附表 70。

附表 70　ExecutedCommand 属性和信号说明

属性	说明
CommandID	待执行的命令 ID
信号	说明
Execute	如果已启用，则执行该命令

（19）PaintApplicator

PaintApplicator 的作用是往某一部位涂漆，其属性和信号说明见附表 71。

附表 71　PaintApplicator 属性和信号说明

属性	说明
Part	待涂油漆部位
Color	油漆颜色
ShowPreviewCone	显示预览油漆锥时为“True”

续表

属性	说明
Strength	每一时间步添加的油漆量
Range	油漆锥的范围
Width	覆盖区域最大宽度
Height	覆盖区域最大高度
信号	说明
Enabled	设置为 High（1）时，在其模拟期间启用涂漆功能
Clear	清除所有涂装